Kellie Snider

Vorsicht, bissig!

CAT-Training für aggressive und reaktive Hunde

Titel der englischen Originalausgabe:
Turning Fierce Dogs Friendly. © 2017 by Fox Chapel Publishers International Ltd., Selsey (Chichester), West Sussex, U.K.

Aus dem Englischen übersetzt von Dr. Jeanette Ludwig

Konrad-Zuse-Straße 3 • D-54552 Nerdlen/Daun
Telefon: 06592 957389-0
Telefax: 06592 957389-20
www.kynos-verlag.de

Gedruckt in Lettland

ISBN 978-3-95464-191-8

Bildnachweis siehe Seite 219

Inhaltsverzeichnis

Einleitung

In diesem Buch geht es darum, einem Tier beizubringen, sichere und freundliche Verhaltensweisen zu zeigen anstatt sich aggressiv und gefährlich oder ängstlich und schwach zu benehmen. Dr. Israel Goldiamond prägte den Ausdruck „konstruktiver Ansatz" in den 1970er Jahren für eine Methode des Aufbaus neuer Verhaltensweisen bei menschlichen Schülern – Verhaltensweisen, die besser funktionieren als die bisherigen und die sie befähigen, mit ihrer Umwelt auf sozial akzeptable Art und Weise zu interagieren. Das konstruktive Aggressionstraining (bekannt als CAT, *Constructional Aggression Treatment*) ist Bestandteil einer Forschungsreihe zum Aufbau angemessenen Verhaltens bei aggressiven Hunden – ein Prozess, den Dr. Jesús Rosales-Ruiz angeleitet hat und den ich als seine Forschungsassistentin umgesetzt habe. Es war für mich eine großartige und manchmal furchteinflößende Gelegenheit zu lernen, wofür ich ewig dankbar sein werde.

Wir haben CAT für aggressive Hunde entwickelt, aber es ist mir wichtig, darauf hinzuweisen, dass sich der konstruktive Ansatz nicht nur für aggressionsbedingte Verhaltensprobleme eignet, sondern auch für andere Tiere als Hunde. Dr. Rosales und seine graduierten Studenten haben mit Ziegen, Schafen, einem Hamster, Katzen, Lamas, einem Spatz, Hunden, einer Kuh, Pferden und Menschen gearbeitet. CAT wurde von anderen Trainern auch bei einem Flughund angewendet (diese große Fledermaus schlich sich gerne hinterrücks an ihre Halter an und trampelte ihnen auf dem Kopf herum) sowie bei verschiedenen Papageienarten, einem Leguan, Schweinen, Chamäleons, grünen Fröschen, Rotkronenkranichen, einem Menschen mit Angst vor Ratten, Ratten mit Angst vor Menschen, einer Krähe, Kaninchen, einem Schimpansen, einer

Giraffe, einer Elenantilope, Wüstenfüchsen, einem Jaguar, einem Pavian, blauäugigen Lemuren, Gänsegeiern, Stinktieren, Wanderfalken, Hängebauchschweinen, einem Pekari, einem Adler und einem Hasen. Und das sind nur diejenigen, die ich kenne. Ich habe all diese Tierarten aufgezählt, damit es nicht mehr so seltsam erscheint, wenn ich Ihnen erzähle, wie ich zur Arbeit mit aggressiven Hunden kam.

Nach vielen Jahren mit Neuanfängen und Abbrüchen meiner Ausbildung ging ich in der Mitte meines Lebens wieder zur Schule. Ich hatte fünf Universitätsstudiengänge begonnen, die mich nicht dauerhaft interessieren konnten oder die mich zwar dauerhaft interessierten, aber für mich nicht zweckmäßig waren. Ein Thema, das mich fesselte, waren Tiere, aber ich wollte keine Tierärztin sein, und das war ziemlich das Einzige, das mir durch den Kopf ging, wenn ich an Arbeit mit Tieren dachte.

Mitte der 1990er Jahre bekam meine Familie einen großen rosafarbenen Papagei, einen Molukkenkakadu namens Coral. Sie gehörte offiziell mir, aber sie liebte meinen Mann und gewöhnte sich an, wie ein Tacker nach mir zu schnappen, um mich von ihm fernzuhalten. Sie sprang von seinem Arm und landete wegen ihrer gestutzten Flügel auf dem Boden. Dann streckte sie ihren Hals, bis sie aussah wie ein kleiner rosa Bibo aus der Sesamstraße, und verfolgte mich kreischend und über den Teppich hüpfend, während ich versuchte, in ein anderes Zimmer zu entkommen. Sie packte mit ihrem Schnabel meine Hose oder meinen Rock und schwang sich unter Schreien und Schimpfen herum. Während dieser Zeit hatte ich eine Menge Kleidungsstücke mit Löchern.

Coral war mein erster und einziger großer Vogel. Ich hatte vorher einige kleine Papageien gehabt, aber Coral war in mancherlei Hinsicht ein wesentlich größeres Projekt. Wie gesagt liebte sie meinen Mann, aber mir gegenüber wurde sie immer aggressiver und in geringerem Maße auch gegenüber meinen Söhnen, die zu dem Zeitpunkt noch klein waren. Die Jungen waren nach einiger Zeit so vernünftig, ihr aus dem Weg zu gehen. Dies gelang mir nicht, und außerdem musste jemand sie täglich füttern und ihren sehr großen Käfig saubermachen.

Ein großer Papagei kann Ihnen mit dem Schnabel die Finger brechen, und Coral versuchte genau das regelmäßig bei mir. Sie konnte mit diesem Schnabel stählerne Löffel verbiegen und Paranüsse öffnen, diese hartschaligen Nüsse, die die meis-

Der Molukkenkakadu ist ein großer Papagei.

ten Leute eher übriglassen als zu versuchen, sie zu knacken. Ihr Schädel war für die Zerstörung solchen Materials konstruiert. Einmal hat sie eine Konservendose mit Le Sueur-Babyerbsen durchbohrt. Diese Erbsen waren ihre Lieblingsbelohnung, und sie mochte nur diese Marke. Bis heute habe ich von Corals Bissen eine taube Stelle und eine kleine Narbe am Daumen. Ich erinnere mich an die Szene, wie ich mich mit zusammengebissenen Zähnen und unter Tränen über das Waschbecken beugte, während mir mein Mann über die Schulter blickte und mein Blut in den Abfluss rinnen sah. Wir sagten beide kein Wort.

Dieser Biss ereignete sich Mitte der 1990er Jahre, zu einer Zeit, als sich das Internet noch in den Kinderschuhen befand und bevor ich Verhaltenswissenschaft studierte. Als Coral zunehmend aggressiv wurde, begann ich die frühen Versionen der sozialen Online-Medien, wie AOL und Prodigy, nach Antworten zu durchkämmen. Wie durch ein Wunder fand ich zwei professionelle Papageientrainer – Doug Cook und Linda Morrow – in einer alten Listserv-Diskussionsrunde namens rec.pet.birds. Das Paar arbeitete hauptsächlich mit Papageien, trainierte aber auch verschiedene exotische Tiere und war seiner Zeit weit voraus. Die Beiden hatten schon Jahre, bevor Karen Pryor diese Technik in den 1980er unter Tiertrainern populär machte, mit Clickern und Belohnungen gearbeitet. Karen hatte in den 1960ern mit dem Training von Delphinen begonnen, und ihr waren neben Anderen Marian und Keller Breland, Bob Bailey und natürlich der große Psychologe Burrhus Frederic Skinner vorausgegangen. Cook und Morrow empfahlen mir Pryors Buch *„Don't shoot the dog"*[1], und ich war fasziniert von der neuen Erkenntnis, dass es effektive Methoden gibt, um Verhalten zu ändern.

Verhalten ist spannend! Die einzige Methode, Tiere zu trainieren, war bis zu dieser Zeit das gewaltbasierte Training alter Schule, das zu meiner Frustration leider bis heute populär ist. Als Teenager hatte ich kurze Zeit Interesse am Training mit dem Familienhund, einem reinrassigen Scotch Terrier, und habe ihn einmal sogar in einer Unterordnungsprüfung vorgestellt. Ich kannte Leute, die ihre Hunde mit Hilfe von Strafen abrichteten, war aber an dieser Art Training für meinen Hund nicht interessiert und wandte mich anderen Dingen zu.

Und dann kam Coral. Man kann einem Papagei kein Würgehalsband und eine Leine anlegen, ohne attackiert zu werden oder den Vogel umzubringen. Linda Morrow empfahl mir schließlich die Trainerin Melinda Johnson, die mich nur über Emails durch den Trainingsprozess

1 Anm. d. Übers.: Karen Pryor: *Positiv bestärken – sanft erziehen*. Franck Kosmos Verlag, 3. Aufl. 2017

schleuste – bis dieser Vogel mich akzeptierte, schließlich seinen Schnabel sanft auf meiner Haut einsetzte und eine Menge wunderbarer Tricks lernte, ohne dass ich ihn jemals zu irgendetwas zwingen musste. Es funktionierte. Coral änderte ihre Meinung über mich.

Die Technik, die ich anwendete, ist eine andere als diejenige, über die ich hier schreibe, aber sie hatte grundsätzlich einen konstruktiven Ansatz. Johnson brachte mir bei, mich nicht ausschließlich auf Corals aggressives Verhalten zu fokussieren. Natürlich war ich mir dessen immer bewusst, aber ich konzentrierte mich darauf, alles zu belohnen, was nicht aggressiv war. Eine Menge Trainingstechniken, die moderne Trainer anwenden, sind prinzipiell konstruktiv. Bei dem CAT-Training, das ich hier beschreibe, geht es viel mehr darum, erwünschtes Verhalten aufzubauen als schlechte Verhaltensweisen zu zerstören.

Johnson lehrte mich, meinen Papagei anfangs nur dann in die Nähe meiner Haut zu lassen, wenn er sicher in seinem Käfig saß. Coral sollte keine Gelegenheit zum Beißen haben, sich besser fühlen und sich in einer Umgebung befinden, die ihr dabei half, das Richtige zu tun. Ab Trainingsbeginn habe ich Coral mehr als zwei Monate nicht angefasst. Weil mein Mann Corals Favorit war, den sie niemals biss, durfte sie mit ihm viel Zeit außerhalb ihres Käfigs verbringen und mit ihm spielen, üben und Spaß haben, während ich mir eine Auszeit von ihr nahm.

Ich lernte es, dem Papagei beizubringen, lieber Tricks für prompte Belohnungen ausführen anstatt mich totbeißen zu wollen. Durch die Anleitung meiner großartigen Trainer konnte ich Coral dabei helfen zu lernen, sich anders zu verhalten als gemein und niederträchtig. Interessanterweise fing Coral im Laufe der Zeit an, Tricks auf mein Zeichen hin auszuführen. Der Fokus war nicht mehr auf die Aggression gerichtet, und es baute sich eine schöne Beziehung zwischen uns beiden auf. Dies weicht etwas von dem ab, was ich Ih-

Mit einer populären Trainingsmethode für Hunde, dem Clickertraining, hat man Erfolg bei vielen Tierarten.

Hundetrainer wenden das Shaping an, um Signale und Tricks zu lehren.

nen hier im Buch erzählen möchte, aber einige Prinzipien sind gleich.

Während des Trainings mit Coral lernte ich die Methode des Shaping (Freies Formen) kennen, und in diesem Buch geht es auch darum, wie man das Shaping im CAT anwendet. Meine erste Trainingsaufgabe für Coral war es, sie für das einfache Berühren eines Stöckchens zu belohnen. Ich benutzte hölzerne Essstäbchen, die ich dutzendweise in einem Billigladen kaufte, weil Coral sie anfangs sofort in zwei Teile hackte. Ich sollte sie jedes Mal belohnen, wenn sie das Stäbchen nur ein winziges bisschen vorsichtiger behandelte als beim vorigen Mal, auch wenn es zerbrach. (Als Trainingsleckerchen gab es Le Sueur-Babyerbsen, weil ich wusste, dass dies bei ihr funktioneren würde.) Dann musste ich warten, bis sie etwas vorsichtiger zubiss und das Esstäbchen vielleicht nur beschädigte, ohne es in zwei Teile zu brechen.

Langsam, ganz langsam, Stückchen für Stückchen, gelang es, dass ich Coral den Targetstab hinhalten konnte und sie ihn immer vorsichtiger mit der Spitze ihres starken, aber trotzdem sensiblen Schnabels berührte. Dann gab ich ihr nur noch

hierfür eine Belohnung und nicht mehr, wenn sie härter zufasste. Nun zog sie es vor, das Stäbchen sanft zu berühren, weil sie mich damit zum Erbsenfüttern veranlasste. Das Verändern ihres Verhaltens war ein Weg, mit dem sie ihre Welt kontrollieren konnte. Es muss für eine so intelligente Kreatur wie einen Papagei (oder einen Hund) schrecklich frustrierend sein, keine Kontrolle über seine Welt zu besitzen. Diese Art von Bestärkungstraining gab Coral Einiges an Kontrolle zurück.

Coral lernte letztendlich, einen Spielzeug-Basketball zu versenken, Babysocken in einen winzigen Wäschekorb zu legen oder Spielzeug in einen kleinen Waggon zu legen und diesen zu ziehen. Sie verletzte mich nicht mehr, bis meine Arme blutüberströmt waren, sondern kuschelte sich an mich und hüllte mich in ihren Federstaub ein. Der Erfolg, den ich mit diesem Vogel erreicht hatte, entfachte meinen Wissendurst nach mehr Informationen über Verhalten und Verhaltensanalyse. *„Don't Shoot the Dog"* war eine wertvolle Grundlage, und obwohl es heute viele Bücher über positive Verstärkung gibt, empfehle ich das Buch immer noch jedem, der eine solide Basis für das Verständnis von Training und Verhalten sucht.

Ich las alles, was es seinerzeit an relevanten Tierbüchern in der Populärliteratur gab, aber es ging meistens um Strafmaßnahmen, die mich nicht interessierten. Ich hatte schließlich einen aggressiven Papagei ohne jede Strafe dazu gebracht, mich zu lieben, daher wusste ich, dass es geht. Also machte ich mit Fachbüchern weiter und erkannte schnell, dass ich ohne Instruktionen von Experten nicht weiterkommen würde.

Über die alte Listserv lernte ich ein Mitglied der „Königlichen Familie" der Tiertrainer kennen: Marian Keller Bailey hatte in den 1940ern bei dem berühmten Psychologen B. F. Skinner studiert. Nach dem Abschluss des Psychologie-Programms der Universität von Minnesota gründete sie mit ihrem Mann Breland Keller die *Animal Behavior Enterprises* (ABE). Dieser mutige Schritt ereignete sich während der „Großen Depression", zu einem Zeitpunkt, an dem Viele keine Arbeit hatten und um ihr Überleben kämpfen mussten[2]. Zu einer solchen Zeit ein so unseriös anmutendes Unternehmen zu starten, war riskant, aber diese beiden verrückten Menschen sahen das Potenzial in den Methoden zum Tierverhalten, die sie bei Skinner entdeckt hatten. Sie eröffneten und betrieben ein florierendes Geschäft mit dem Training hunderter Tiere für Fernsehen, Film, Theater, das Militär, Jahrmärkte und Kindergeburtstagsparties. Als Fünfjährige sah ich auf dem Jahrmarkt *Oklahoma State Fair* in Blackwell ihre Vorstellung *„Bird Brain"*, in der in Boxen untergebrachte Hühner und Enten Tricks zeigten: Sie zogen an einer Kette, um das Licht anzuschalten oder pickten auf Klaviertasten im Tausch für etwas Futter, das herunterfiel, wenn sie ihre Aufgabe korrekt lösten. Aber erst nach vierzig Jahren konnte ich zwei und zwei zusammenzählen; erst als Bob Bailey (Keller Baileys zweiter Mann) die Universität von Nordtexas besuchte und in einer Präsentation Bilder von den Boxen mit Brain Birds zeigte. Eine dieser Boxen befindet sich heute im Smithsonian Museum.

2 Peterson, G.B. (2001). *The Clicker Journal: The Magazine for Animal Trainers.* Issues 49 & 50 (July/August/September/October), pp. 14-21

Marian Keller Bailey hatte meine Online-Postings gelesen, in denen ich meinen Wunsch, Tierverhalten zu studieren, zum Ausdruck gebracht hatte. Sie machte mich in einer E-Mail auf den renommierten Fachbereich Verhaltensanalyse der Universität von Nordtexas aufmerksam. Nach ihrer Meinung gäbe es nichts Besseres für mich, als zu versuchen, in das Studienprogramm von Dr. Jesús Rosales-Ruiz aufgenommen zu werden. Dies war mein sechster Anlauf auf eine Universität und dieses Mal passte es. Ich machte meinen Abschluss als Bachelor of Science in Angewandter Verhaltensanalyse mit 47 und meinen Master of Science mit 50 Jahren.

Nun war ich wieder Studentin und saß eines Tages in einem Treffen der *Organization of Reinforcement Contingencies with Animals* (ORCA), welches von dem Mann geleitet wurde, der der Betreuer meiner Diplomarbeit werden sollte: Dr. Jesús Rosales-Ruiz (genannt Dr. Rosales). Ich hatte geplant, die Forschung für meine Diplomarbeit mit Papageien durchzuführen, aber es erschien etwas anderes am Horizont. Dr. Rosales fragte den Kreis von etwa zwanzig Teilnehmern, ob jemand an einer Forschungsarbeit zum konstruktiven Ansatz bei aggressiven Hunden interessiert sei.

Nur eine Hand ging hoch. Es war die Hand einer mittelalterlichen Frau, die zur Universität zurückgekehrt war und den Verstand verloren hatte. An diesem Tag verpflichtete ich mich, in den folgenden Jahren absichtlich wieder und wieder aggressiven Hunden von Angesicht zu Angesicht gegenüberzustehen. Meine Erfahrungen im Hundetraining und im Verstehen der Körpersprache von Hunden waren zu diesem Zeitpunkt minimal. Aber das Thema interessierte mich und ich war dabei. Es stellte sich als eine der befriedigendsten Aufgaben heraus, die ich jemals hatte.

Schon gewusst?

Erinnern Sie sich an Ross Perot?[1] Bob Bailey erzählt mir, dass er und Marian Keller Bailey regelmäßig Geburtstagsparties für die Perot-Kinder veranstaltet haben. Dort stellten sie eine Vielzahl trainierter Tiere vor, einschließlich in seidene Jockey-Anzüge gekleidete Schweine, die auf einer Rennbahn liefen.

1 Anm. d. Übers.: US-amerikanischer Unternehmer und Politiker,*1930 in Texas

Nur sehr Wenige in der Welt des Tiertrainings haben ähnlich wie auf die hier beschriebene Weise mit Tieren gearbeitet, bevor Dr. Rosales und ich mit dieser speziellen Forschung anfingen. Weder Dr. Rosales noch ich beanspruchen die Rechte an den Verhaltensprinzipien, die unsere Forschung beschreibt – das wäre, als würde Newton (oder einer seiner Studenten) beanspruchen, die Schwerkraft erfunden zu haben. Unser Ansatz ist ein natürlicher Weg des Lernens. Was Dr. Rosales getan hat und immer noch tut, ist, durch Ausprobieren tief in das Verständnis dieses natürlichen Prozesses einzudringen, um Leuten mit existierenden Problemen Lösungswege an die Hand zu geben. Dr. Rosales hat auch den Rat vieler anderer Trainer, nicht nur seiner Studenten, – Hundetrainer, Zootrainer, Pferdetrainer, Tierbesitzer und vieler andere mehr – eingeholt, um die Verhaltenswissenschaft auszuschöpfen. Zugegeben, er kennt eine Menge wirklich außergewöhnlicher Leute (die Betroffenen wissen, wen ich meine).

Beim Schreiben dieses Buches habe ich an Tierbesitzer und ihre Trainer gedacht. Mit Dr. Rosales war ich einige Jahre auf Reisen, und wir haben Trainer und Verhaltensexperten im CAT unterrichtet. Wir lehrten in den Vereinigten Staaten, in Kanada, in Großbritannien und Irland und in anderen Ländern – sowohl zusammen als auch alleine. Während meiner Arbeit fiel mir aber auf, dass wir uns zu wenig mit dem wichtigsten Publikum beschäftigten: mit den Menschen, die ihre aggressiven Hunde lieben und die mit ihnen ihre Zeit, ihr Zuhause und ihre Liebe teilen. Mit den Menschen, an die diese sich ankuscheln, wenn die grausame Welt ausgesperrt ist. Dieses Buch ist für Sie und Ihren Hund. Ich hoffe, dass es Ihnen dabei hilft, Ihren Hundefreund besser zu verstehen und für Ihren Hund und Ihre Familie die besten Entscheidungen treffen zu können.

Das Vorgehen, das ich in den folgenden Kapiteln beschreibe, basiert auf den Naturgesetzen. Es kann von Trainern, Verhaltensexperten und Tierbesitzern angewendet werden, um das Problemverhalten des Tiers durch ein sicheres und freundliches Verhalten in seinem Lebensraum zu ersetzen. Einer meiner alten Listserv-Trainer, Doug Cook, war der Erste, der ein solches Vorgehen beschrieben hat. Aber ich habe dies erste einige Zeit nach seinem Tod erkannt.

Er erklärte, wie er mit ungezähmten Papageien in ihrer Voliere gearbeitet hat. Er näherte sich ihnen bis zu einer Distanz, die den Vögeln unbehaglich war; kam ihnen aber nicht so nahe, dass sie in Panik gerieten – diesen Abstand nennen Hundetrainer die „kritische Distanz".

Cook wartete geduldig und entfernte sich, sobald er sah, dass das Tier ein Verhalten zeigte, welches nach seiner Erfahrung auf eine Beruhigung hinwies: Der Vogel schüttelte sich, streckte ein Bein oder einen Flügel aus oder putzte seine Schulterfedern.

Weil die Vögel anfänglich Angst vor ihm hatten, war sein Weggehen eine Belohnung. Sie wiederholten das, was auch immer sie gerade getan hatten, als er wegging. Wir denken normalerweise in diesem Zusammenhang nicht an eine Belohnung; sondern für uns ist die Belohnung etwas, das wir geben: ein Leckerchen, ein Streicheln oder ein Lob. Aber wenn das Tier den Menschen als Bedrohung empfindet, ist es aus seiner Sicht die beste Belohnung von allen, wenn er sich entfernt. Doug belohnte ein etwas weniger ängstliches Verhalten, und allmählich lernten die Vögel, dass sie ihn mit dem erwünschten Verhalten kontrollieren konnten. Nach einer Weile hatten sie keine Angst mehr und lernten, ihm zu vertrauen.

Dr. Rosales hat eine Freundin und Kollegin namens Alexandra Kurland. Sie ist eine außergewöhnliche Pferdetrainerin und Autorin verschiedener Bücher über die Arbeit mit Pferden, meistens mit dem Clicker. Zusammen mit Dr. Rosales ist sie regelmäßig Referentin auf Karen Pryors ClickerExpo. Ihre Arbeit mit Pferden hat ihn inspiriert und seine Forschung beeinflusst. Dr. Eduardo Fernandez, ein ehemaliger Student von Dr. Rosales, hat mir über ihr gemeinsames Training im Frank Buck Zoo in Gainsville, Texas, erzählt. In dieser kleinen Anlage wurden auch einige Schafe und Ziegen im Streichelzoo gehalten. Unglücklicherweise wurden die Tiere aggressiv – ein harter Fall. Als Fernandez (zu der Zeit ein Master-Student) von Kurlands Arbeit erfuhr, rannte er in Dr. Rosales' Büro und rief „Jesús! Jesús! Ich weiß, was wir mit ihnen tun müssen!“ Und so sam-

Positive Bestärkung funktioniert bei Hunden jeder Größe.

melten sie Fakten und Daten und stellten einen Ablauf zusammen, der ähnlich wie Doug Cooks Vorgehensweise mit den Vögeln aussah, nur mithilfe ihrer präzisen Datenerfassung. Und es funktionierte.

Bei der Arbeit mit Pferden wird häufig Druck und Entlastung im Training eingesetzt: Übe Druck aus und entlaste, wenn das Pferd tut, was Du willst. Ein Schlüsselelement von Kurlands Technik ist, dass – anders als bei vielen anderen Trainern – der Druck, den sie ausübt, weder sehr stark noch schmerzhaft ist. (Viele neigen zu Gewalt und Schmerz im Training, weil es scheinbar schneller geht, aber es gibt bessere Methoden.)

Kurland wählt die Trainingsbedingungen sehr sorgfältig aus, damit die Pferde sich beim Lernen frei fühlen. Sie werden nicht am Gebiss im Maul gezerrt oder im Round-Pen herumgejagt. Sie bekommen die Gelegenheit, Verhaltensweisen anzubieten, anstatt zu etwas gezwungen zu werden. Auf diese Weise bekommen sie das wichtige Gefühl der Kontrolle. Der Trainer bestärkt winzige Fortschritte im gewünschten Verhalten entweder durch Distanzierung oder Belohnung mit etwas, das sie mögen. Und nach und nach verstärkt sich das gewünschte Verhalten. Dies macht den riesigen Unterschied aus, wie bereitwillig Tiere lernen und besonders, was sie am Ende wirklich gelernt haben. Lernen sie zu kooperieren, um Schmerzen zu vermeiden, oder lernen sie, weil sie im Trainingsspiel die Kontrolle behalten und sich nicht verteidigen oder fürchten müssen?

Genau wie bei Coral müssen wir ihnen das Gefühl der Kontrolle vermitteln. So haben wir Erfolg. So lernen sie, mit uns zu kooperieren und sozial akzeptable und sichere Verhaltensweisen zu entwickeln.

Wenn wir mit den Tieren zusammenarbeiten, anstatt sie zu zwingen und wenn wir ihnen Wahlmöglichkeiten und Kontrolle innerhalb sicherer Grenzen geben, können wir oft Aggression in Freundlichkeit verwandeln. Können wir jeden aggressiven Hund retten? Nein. Manchmal ist das Risiko einfach zu groß. Kann man ohne Risiko mit aggressiven Hunden arbeiten? Nein. Können wir das Thema Euthanasie aus der Diskussion über aggressive Hunde ausklammern? Es tut mir sehr leid, aber ich glaube nicht, dass wir das können. Aber manchmal können wir für einige Hunde Wege finden, wenn wir ihre Aggression verstehen und wenn wir ihre Umgebung so anpassen können, dass sie ihre Meinung darüber ändern, was sie brauchen, um sich in ihrer Welt sicher zu fühlen.

Im Jahr 2008 habe ich damit angefangen, in einem texanischen Tierheim Verhaltensprogramme einzuführen. Ich habe viele Tiere gesehen, die zu gefährlich waren, um vermittelt werden zu können. Haben sie schon ernsthafte Verletzungen verursacht? Haben sie sich angewöhnt, fest zuzubeißen, sobald etwas nicht nach ihrem Kopf geht? Sind sie so stark, dass niemand sie halten kann? Brausen sie auf und können sich nicht beruhigen? Wir müssen all diese Faktoren berücksichtigen, wenn wir uns entscheiden müssen, ob wir trainieren, das Verhalten modifizieren, ein neues Zuhause vermitteln, eine Kombination hieraus einsetzen oder euthanasieren. Wir sind mit sehr schwierigen und quälenden Entscheidungen konfrontiert. Wenn Sie so sind wie ich und glauben, dass wir alles in unserer Macht Stehende tun müssen, um Euthanasien bei Tierheimtieren

zu vermeiden, dann werden Sie verstehen, was man abwägen muss: Die Chancen für eine Rehabilitation, die Vorgeschichte des Hundes als Verursacher von Verletzungen, sein Potenzial, erneut Verletzungen zu verursachen (vielleicht schlimmer als zuvor) und traurigerweise auch die vielen anderen Hunde, die gesund, freundlich und sofort vermittelbar sind, die aber in einem Tierheim vielleicht einfach deswegen eingeschläfert werden, weil alle Plätze durch gefährliche Hunde belegt sind. Niemand trifft solche Entscheidungen leichtfertig.

Viele Hundetrainer sagen, dass kein Hundebesitzer ohne professionelle Hilfe an der Aggression seines Hundes arbeiten soll. In Wirklichkeit arbeiten aber viele Trainer gar nicht mit aggressiven Hunden. Ich kann ihnen keinen Vorwurf machen. Es ist eine riskante und manchmal herzzerreißende Arbeit. Manchmal ist es richtig, dass Sie nicht alleine versuchen sollten, mit Ihrem aggressiven Hund zu arbeiten. Deshalb klingt es vielleicht etwas widersprüchlich, wenn ich Ihnen erkläre, wie Sie vorgehen können. Aber ist es nicht eine Tatsache, dass Sie schon jetzt auf irgendeine Art und Weise mit Ihrem Hund und seinem Verhalten fertigwerden? Sie kennen ihn am besten. Sie lieben ihn am meisten. Wenn Sie mehr darüber lernen, wie Verhalten funktioniert und wie Sie mit Ihrem Hund umgehen, lernen Sie vielleicht genug, um das Problem zu lösen. Ein Hund hat die größte Chance auf Rehabilitation in einer Familie, die ihn liebt und bereit ist, mit ihm zu arbeiten. Stellen Sie sich die schrecklichste Situation vor, wenn ein geliebter Familienhund zur Sicherheit seiner Familie und der Gesellschaft human euthanasiert werden muss. Wäre es Ihnen lieber, dass ein Trainer, eine Kontrollbehörde oder ich – Menschen, die für Ihren Hund Fremde sind – diese Entscheidung treffen?

Ich werde Sie durch den Entscheidungsprozess begleiten, was Sie tun können, und Ihnen erklären, wie Sie vorgehen, aber auf

Dauer werden Sie derjenige sein, der die meiste Arbeit hat. In diesem Buch werde ich Ihnen ehrlich meine Meinung sagen. Unabhängig davon, welche Entscheidungen Sie letztlich treffen, hoffe ich, dass dieses Buch Ihnen dabei helfen kann, die bestmögliche Lösung für Ihren Hund zu finden.

Nicht von jedem Hund mit reaktiven oder aggressiven Verhaltensweisen geht das gleiche Risiko aus. Ein Fünf-Kilo-Hund ist manchmal leichter handzuhaben als ein Fünfzig-Kilo-Hund mit Aggressionen, aber Hunde jeder Größe können Menschen und anderen Tieren Schaden zufügen. In diesem Buch werde ich viel über Sicherheit schreiben. Sie müssen an Sicherheit an einem normalen Tag ohne besondere Vorkommnisse denken, ob Sie einen perfekten Hund haben oder einen Hund, der schon einmal gebissen hat und in Quarantäne war, und Sie Angst haben, er könnte wieder zubeißen. Sie müssen an Sicherheit denken, wenn Sie nach draußen gehen, zum Spaziergang oder zum Tierarzt und an Tagen, wenn Sie Verhaltensveränderungen trainieren. Als Besitzer eines Hundes – jedes Hundes – können Sie Sicherheit nie ignorieren, Ihre eigene Sicherheit und Haftpflicht, die Sicherheit Ihrer Umgebung, die Sicherheit und das Wohlbefinden Ihres Hundes.

Funktioniert das CAT-Training? Ja. Es hat sich wieder und wieder bewährt, und es wird heute von vielen Trainern auf der ganzen Welt bei allen Tierarten, die ich oben aufgezählt habe, und vielleicht bei einigen mehr eingesetzt. Wie bereits erwähnt, wurde CAT auch in verschiedenen Formen von vielen Trainern angewendet, deren Namen ich nicht kenne, und einigen, die ich glücklicherweise kannte, bevor wir damit anfingen, es zu analysieren. Seit wir mit der CAT-Forschung begonnen haben, wird die Methode kontinuierlich benutzt und sogar unter anderen Namen und in anderen Kontexten imitiert. Das hat uns zuerst wehgetan, aber jetzt finden wir es schmeichelhaft. Als Dr. Rosales unsere Arbeit aufnahm, betonte er – und er hat dies oft wiederholt, während ich seine Studentin und später seine Kollegin war –, dass niemand versuchen sollte, die Methode zu besitzen, sondern sie lieber jedem beizubringen, der genug Interesse hat, sie zu erlernen. Niemand besitzt die Prinzipien des Verhaltens, aber wir haben viel darüber gelernt, wie sie funktionieren. Wir konnen heute selbstbewusst sagen, dass das CAT-Training wirksam angewendet werden kann, weil es auf den wissenschaftlichen Grundsätzen des Verhaltens basiert und durch Forschungsarbeit bestätigt wurde. Aber ich möchte hier kein Fachchinesisch verbreiten, sondern lieber darüber sprechen, was Sie tun können, wenn Sie einen aggressiven Hund haben. Ich hoffe inständig, dass ich Ihrer Familie, Ihren Kunden, Ihren Nachbarn und – am meisten – Ihnen und Ihrem Hund helfen kann.

Während meines Lebens und meiner Arbeit in dieser Forschung konnte ich eine Menge Erfahrung mit aggressiven Hunden sammeln. Daher schreibe ich in diesem Buch manchmal über meine eigenen Erfahrungen und Meinungen, die nicht unbedingt Forschungsergebnisse und die Auffassung von Dr. Rosales repräsentieren. Das bedeutet, wenn Ihnen hier sachliche Fehler auffallen, so sind es meine Fehler und nicht die Fehler von Dr. Rosales.

1 Aggression und das konstruktive Aggressionstraining CAT

Es ist nicht verkehrt, darauf hinzuweisen, dass Cujo immer versuchte, ein guter Hund zu sein.

~ Stephen King

Riley[1] gehörte ursprünglich meinen nächsten Nachbarn. Er war etwa ein Jahr alt, als seine erste Familie wegzog und ihn ganz alleine im Hof zurückließ. Angeblich sollte er ein Dobermann-Mischling sein, aber ich vermute, er war ein Australischer Kelpie. Aber dies ist auch nicht wichtig – er war Riley. Seine freundlichen Nachbarn bemerkten, dass er verlassen wurde und nahmen ihn zu sich. Er war bei ihnen ein guter Hund, ging behutsam mit dem halbwüchsigen Sohn um und kam in jeder Hinsicht mit seiner neuen Familie zurecht, die sich schnell in ihn verliebte.

Aber nach einer Woche stürzte er sich bei einem Spaziergang mit seinem neuen Frauchen knurrend auf einen Passanten. Und seine Familie merkte schnell, dass er zuhause überhaupt nicht freundlich zu Besuchern war, folglich sperrten sie ihn ein, wenn sie jemanden erwarteten. Einmal kam eine Freundin zu früh, während Riley noch frei war. Sie klopfte an die Tür und als sie keine Reaktion hörte, betrat sie das Haus, um einen Topf in die Küche zu bringen. Die Familie waren schließlich ihre Freunde, die auf sie warteten. Riley stellte die verängstigte Frau sofort und laut in der Küche. Sie war ein Katzenmensch und im Umgang mit Hunden nicht sicher, sodass der ganze Vorfall für sie besonders schrecklich war. Die Familie konnte Riley wegzerren, ohne dass der Gast verletzt wurde, aber es war eine bestürzende Situation und nicht das einzige Mal, dass Riley so etwas machte.

Als ich Riley kennenlernte, war er elf Jahre alt. Das ist ziemlich alt für einen relativ großen Hund, aber er war noch sehr vital und stark und lebte auch noch einige Jahre länger. Wie die meisten Hundebesitzer liebte auch seine Familie ihren Hund und war bereit, für ihn viele Zugeständnisse zu machen. Außer ihn in seine Box einzusperren, wenn Besuch kam, hatten sie nur eine Option, wenn sie Riley irgendwo unterbringen mussten: ihre Tierarztpraxis. Riley mochte den Tierarzt überhaupt nicht, aber er liebte eine seiner Angestellten, so dass sie ihn dort hinbringen konnten, wenn diese verfügbar war. Wenn die Tierarztmitarbeiterin

1 Riley gab es wirklich, aber er hatte einen anderen Namen. Ich habe in diesem Buch die Namen der aggressiven Hunde geändert, um ihre Familien zu schützen.

Sich in die Leine zu werfen kann Teil des aggressiven Verhaltens eines Hundes sein.

für die Betreuung ausfiel, fuhr die Familie getrennt in Urlaub, damit jemand zuhause bei Riley bleiben konnte. Dies war eine wertvolle Information für mich. Es sagte mir, dass Riley erfolgreich Freundschaften außerhalb seiner aktuellen Familie schließen konnte. Er mochte auch die Großmutter, die ein bis zwei Mal im Jahr zu Besuch kam. Aber das waren auch die einzigen Freunde.

Das Trainingsziel für Riley war, ihm dabei zu helfen, mehr Freunde zu finden. Sein Besitzer sagte: „Wir möchten, dass er mehr Freunde finden kann. Er hat außer uns niemanden." Vielleicht war das für Riley nicht wichtig, aber für seine Familie, und die Familie spielt immer eine große Rolle[2].

Es ist schwer, einen Hund zu haben, der keine anderen Menschen und Tiere mag, aber es ist viel schwerer, wenn der Hund ihnen gegenüber aggressive Gebärden und Handlungen zeigt. Für die Besitzer bedeutet dies sowohl Frustration als auch Herausforderung, und es beeinflusst die Lebensqualität der ganzen Familie – egal, ob Menschen oder Hunde. Viele Rileys enden im Tierheim, und manche werden sogar wegen ihrer Aggressionen euthanasiert, wenn ihre Familien nicht zurechtkommen. Nachdem ich mit vielen dieser Hunde gearbeitet habe, verstehe ich diese Entscheidungen und unterstütze sie normalerweise, auch wenn es mir das Herz zerreißt. Ich habe großes Mitgefühl für diese Familien.

2 Es ist für Hundetrainer und Verhaltensspezialisten einfach, für die Hunde einen Plan zur Verhaltensmodifikation aufzustellen, weil das unser Spezialgebiet ist. Aber wir bekommen meistens keine Schulung in der notwendigen Beratung von Familien. Ein Trainer für Hundeverhalten sieht den Hund nur während einiger kurzer Sitzungen und gibt dann die Leine wieder an den Besitzer zurück. Als Besitzer eines aggressiven oder reaktiven Hundes sind Sie immens wichtig im Training. Ohne Sie kann es nicht funktionieren.

Ob mit dem Handy oder der Videokamera, bereiten Sie sich darauf vor, das Training mit Ihrem Hund aufzuzeichnen.

Als ich mit dem CAT und der Arbeit mit aggressiven Hunden anfing, war ich noch sehr naiv. Ich war mit Papageien und Katzen vertraut, aber das spielte keine Rolle. Ich habe auch nicht direkt mit Hunden gearbeitet, sondern mit ihrem Verhalten. Das hört sich vielleicht nach einer unnötigen Unterscheidung an, aber in gewisser Weise gelten die Verhaltensgrundsätze, die wir erforscht haben, für alle Spezies. In diesem Buch sollen Sie lernen, das Verhalten Ihres Hundes zu studieren.

An der Universität von Nordtexas gab es keinen Stall voller aggressiver Hunde zu Studienzwecken, aber es war nicht schwer, Familien zu finden, die Hilfe für ihre aggressiven Hunde suchten.

Dr. Rosales führte seine Studenten oft durch die Arbeit mit Tieren in deren Zuhause, und das blühte auch mir. Die meisten Hunde, mit denen ich gearbeitet habe, lebten bei ihren Familien und nur wenige im Tierheim. Zur Forschungsarbeit gehörte es, in die Wohnungen der Hundebesitzer zu gehen oder diese an Orten zu treffen, an denen das aggressive Verhalten bekanntermaßen auftrat, das heißt ich habe mit den Hunden in ihrer vertrauten Umgebung gearbeitet. Ich habe die Arbeit mit jedem Hund aufgezeichnet – entweder habe ich eine Videokamera auf ein Stativ montiert oder uns von jemandem filmen lassen. Dies fand in den frühen 2000er Jahren statt, bevor jeder eine gute Kamera in einem leicht mitnehmbaren Smartphone besaß. Heutzutage müssen Sie wahrscheinlich kein neues Equipment kaufen, um Ihre Arbeit aufzunehmen, aber stellen Sie sicher, dass Ihr Smartphone aufgeladen ist.

Wichtig!

Bevor ich fortfahre, möchte ich Sie warnen: Unternehmen Sie nichts von dem, was ich Ihnen hier erzähle, bevor Sie das ganze Buch gelesen haben und bevor Sie sich akribisch davon überzeugt haben, dass jeder in Sicherheit ist, wenn Sie an einer Aufgabe arbeiten. Sie und andere können verletzt werden, wenn Sie mit aggressiven oder reaktiven Hunden arbeiten. Wenn Ihnen eine Stimme im Hinterkopf sagt: „Du kannst das nicht alleine machen", hören Sie darauf. Wenn Sie diese Stimme hören, suchen Sie einen kooperativen Trainer, der dieses Buch liest und bereit ist, mit Ihnen zu arbeiten.

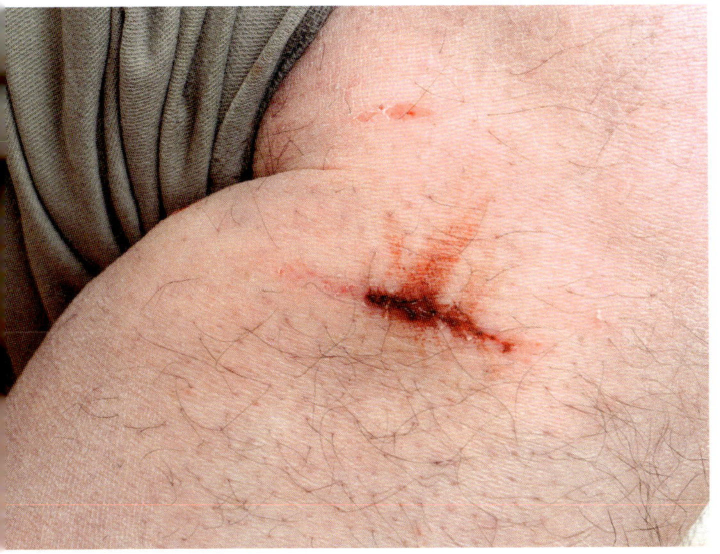

Kein Biss ist akzeptabel, egal ob schwer oder nicht.

Nach jeder Sitzung habe ich die Videos mit in Dr. Rosales' Büro genommen, um sie anzuschauen und zu diskutieren, was richtig und was falsch gelaufen ist, was ich anderes versuchen könnte, was ich ausgelassen hatte und was ich zusätzlich tun könnte. Wir trafen uns jeden Mittwoch um 14 Uhr zu einem „Come to Jesús"-Meeting. Ausgiebige Videoaufzeichnungen und das gemeinsame Anschauen mit dem Professor sind ein sehr effektiver Weg, um die Scheu zu überwinden, sich selbst im Film zu sehen. Die Videoaufnahmen waren extrem hilfreich und es wert, dass sie mir manchmal peinlich waren.

Zu meinem großen Glück ging während meiner Arbeit an diesem Training, hinsichtlich der Sicherheit nur sehr wenig schief. Ich wurde einmal von einem großen Mischling namens Max gebissen und zehn Jahre später noch einmal von einem Deutschen Schäferhund namens Gunther. Ich bedauere beide Zwischenfälle zutiefst, und das nicht wegen der Verletzungen, die ich davontrug – wegen meines dicken Sweatshirts eine sehr kleine durch Max und eine schwerere, aber nicht lebensbedrohliche durch Gunther; ich habe für immer eine Narbc, dic mich daran erinnert.

Ich gebe zu, dass der Biss von Max absolut mein Fehler war. Ich habe dem Ehemann, der den Hund führte, oder dem Hund selbst zu wenig Aufmerksamkeit gewidmet. Während ich der Frau, die vor mir stand, etwas erklärte, sah ich plötzlich Max links neben mir. Er war mir viel näher als noch einen Moment zuvor und starrte mich aus geringem Abstand an. Der Ehemann hielt die Leine locker. Ich hatte einen sehr kurzen Augenkontakt zu Max, bevor er sich auf mich stürzte und riss meinen Arm hoch, um seinen Angriff auf mein Gesicht abzublocken. Mein Lieblingssweatshirt trug einen Riss davon, mein Handgelenk war geprellt, aber meine Haut unverletzt. Es hätte viel schlimmer ausgehen können.

Wenn Sie mit Ihrem aggressiven Hund arbeiten möchten, müssen Sie aufmerksam sein. Ablenkung ist nicht akzeptabel, und ich war abgelenkt. Die Verletzung, die Sie erleiden, muss sich nicht auf das Handgelenk beschränken. Was wäre passiert, wenn ich nicht just in dem Moment nach unten geschaut hätte? Max hätte vielleicht meinen Hals oder mein Gesicht attackiert. Aus der Richtung, in die der Hund starrt, kann man abschätzen, wohin er beißen wird, und er wollte meinen Kopf.

Abgesehen von den Schmerzen, die es dem Hund zufügt, kann ein Schockhalsband aggressives Verhalten verschlimmern.

Bei Gunther ist mir nicht ganz klar, was passiert ist. Ich grüble bis heute darüber nach, aber der beste Rat, den ich mir geben kann, ist, dass ich hätte langsamer vorgehen sollen. Wenn Sie Zweifel haben, machen Sie eine Pause, sehen Sie Ihre Videos an und denken Sie nach. An diesem speziellen Tag wollte ich mindestens bis zu dem Punkt gelangen, den wir in der vorhergehenden Sitzung erreicht hatten, aber Gunther war nicht bereit dafür.

Während der Entwicklung des CAT-Trainings ging nur sehr wenig schief; wir mussten nur justieren und optimieren. Zunächst war es noch unvollständig, aber im Laufe der Zeit wurde es immer besser. Unter der Anleitung von Dr. Rosales hatte ich bei der Arbeit mit solchen Hunden einen Erfolg nach dem anderen. Ich möchte keine fremden Lorbeeren einheimsen, denn ich habe nur die Anweisungen befolgt und hatte einen sehr guten Lehrer. Während dieses Prozesses habe ich gelernt, gut zu beobachten und konnte verstehen, was ich sah und sofort entsprechend handeln.

Zur ersten Trainingssitzung mit Riley nahm ich meinen damals 18-jährigen Sohn als Videofilmer mit. Ich hatte an diesem Tag mehrere Stunden mit Rileys Familie gearbeitet, aber nur etwa 45 Minuten nach der CAT-Methode. In der Welt der Hundetrainer kursiert der Irrtum, dass CAT zu lange dauert, aber ich setzte immer 45 Minuten für jeden Tag einer ersten erfolgreiche Modifizierung von Aggressionsverhalten an. Später konnte ich auch gelungene Erstsitzungen in einer halben Stunde durchführen. Danach gibt es noch viel Arbeit, aber es ist ein wirklich guter Start. Alle humanen Methoden zur Verhaltensänderung brauchen Zeit. Um ehrlich zu sein, war es nicht üblich, einen so schnellen Erfolg in einer solch kurzen Zeit zu haben, aber es war auch schon vorgekommen. Aber die meisten Sitzungen dauern länger.

Es gibt andere Techniken, die schneller wirken, aber sie sind riskant und lassen Sie mit zu vielen Problemen zurück, z. B. Schockhalsbänder, die den Hund ohnmächtig zu Boden werfen. Ich muss leider sagen, dass diese antiquierten und gefährlichen Techniken auch heute noch in den Vereinigten Staaten in Gebrauch sind. Sie besitzen ein hohes Potenzial, den Hund noch gefährlicher werden zu lassen. Sie erschweren es, ihn zu lesen und unterdrücken seine Warnsignale, was dazu führen kann, dass jemand ernsthaft verletzt wird. Um es unverblümt zu sagen: Diese Methoden sind unethisch und grausam. In einigen Ländern sind sie verboten, aber in den Vereinigten Staaten werden sie in Fernsehshows vorgeführt.

Menschen, die diese harten Methoden anwenden, lehren und verbreiten, haben auch eine andere Vorstellung davon, „was funktioniert“. Für sie muss der Hund die Situation nicht mögen, sondern er muss nur herunterfahren und nichts anderes tun als gehorchen, wenn er Angst hat oder sich verteidigen möchte. Das ist mir nicht gut genug und für mich keine „funktionierende“ Methode. Unser Ziel beim CAT-Training und das Ziel anderer moderner und effektiver Trainer – ob nun CAT ihre bevorzugte Methode zur Ver-

Futterbelohnungen werden im Hundetraining am häufigsten eingesetzt, aber sie werden nicht im CAT verwendet.

haltensänderung ist oder nicht – ist die Änderung der Einstellung des Hundes von schrecklicher Angst und Abwehrbereitschaft zu friedlichem Vertrauen. Die erwähnten harten Methoden können Aggression eliminieren, wenn – und nur wenn – das Problemverhalten auftritt; der Hund weiß dann, was er wann tun muss, um die negativen Konsequenzen zu vermeiden. Aber sie bringen sehr wahrscheinlich einen heimtückischen Hund hervor, der sich ruhig verhält, bis er eine günstige Gelegenheit findet, jemanden zu beißen.

Sie dürfen keine harten Techniken einsetzen, wenn Sie einen sicheren, glücklichen Hund möchten. Niemand ist glücklich, wenn sein Leben aus dem Warten auf den nächsten Stromstoß besteht. Wenn Sie den „richtigen" Moment für einen Schock um eine Millisekunde verpassen, können sie gutes statt schlechtem Verhalten löschen.

Und wenn Sie einen Hund in Gegenwart eines anderen Hundes oder eines Menschen schocken, verknüpft der Hund möglicherweise den Schock mit dem anderen Hund oder Menschen. Wenn er dann das nächste Mal einen Hund oder Menschen sieht, interpretiert er den Stromstoß als Hinweis darauf, dass er angreifen muss, um sich zu verteidigen – sogar, wenn der Hund oder Mensch ganz unschuldig vorbeigehen oder sich zufällig in der Nähe aufhalten. Der aggressive Hund entwickelt einen Irrglauben: „Wenn ich einen Fremden sehe, bekomme ich einen Schock, weil ich einen Schock bekommen habe, als ich das letzte Mal einen Fremden sah." Der „Schock" kann ein wirklicher Schock sein, ein Ruck mit dem Stachelhalsband, ein Schlag vom eigenen Besitzer oder fast jede andere Situation, die der Hund nicht mag.

Die wissenschaftlich bestätigten, effektiven und humanen Techniken brauchen Zeit. Trotzdem habe ich mit dem CAT manchmal relativ schnelle Resultate erzielt. Ein möglicher, aber nicht bewiesener Grund hierfür könnte sein, dass ich an einem Tag soviel wie möglich arbeite. Ich plane den Tag mit dem Besitzer und dem Team, das wir benötigen, und wir arbeiten mehrere Stunden zusammen. Wir decken uns mit Wasser und Snacks für uns selbst und für die Hunde ein und machen mehrere Pausen, aber wir bleiben einige Stunden an der Arbeit. Wenn Sie ab und zu eine halbe oder volle Stunde arbeiten, sehen Sie zwar Fortschritte, aber Sie brauchen mehr Sitzungen. Und mit jeder Sitzung verlieren Sie wieder etwas Boden, den Sie zurückerobern müssen. Sie werden in jeder Sitzung den Hund wieder vielen Situationen aussetzen, die Sie nicht eingeplant haben, wie anderes Wetter, andere Kleidung, ein anderer Helfer oder irgendeine andere Veränderung gegenüber der vorigen Sitzung. Das ist nichts Falsches, sondern es ereignet sich zwangsläufig in unserem hektischen Alltag. Aber wenn Sie viel schaffen wollen, wette ich, dass es besser ist, wenn Sie lange Trainingssitzungen wählen.

CAT zeigt Ihrem Hund, wie er vorgehen muss, um für den Rest seines Lebens in seiner Welt sicher zu sein. Der Vorteil langer Sitzungen ist – besonders am Anfang –, dass Sie schneller einen deutlichen Fortschritt erzielen. Natürlich gibt es auch Nachteile. Erstens ist es teuer, wenn Sie sich einen Hundetrainer dafür nehmen. (Das gilt auch für die anderen Methoden und ist ein Grund, dass Trainer kurze Sitzungen wählen.) Ein Trainer, der mit aggressiven Hunden arbeitet, kostet häufig mehr, weil er eine höhere Haftpflichtversicherung benötigt, einem größeren Risiko ausgesetzt ist, und einfach deshalb, weil sich nur wenige Trainer mit aggressiven Hunden abgeben und daher die Nachfrage den Preis regelt. Trainer, die sich auf Aggressionen spezialisiert haben, sind sehr gesucht, aber es ist eine harte, erschöpfende und oft auslaugende Arbeit.

Wenn Sie einen aggressiven Hund haben, sind Managementtechniken zwingend notwendig. Unter „Management" verstehen wir hier, wie Sie die Leine halten, wie Sie den Hund bei Begegnungen kontrollieren, wie Sie ihn von etwas ablenken, auf das er aggressiv reagieren könnte und viele andere Maßnahmen, die Sie ergreifen können, um zu verhindern, dass er sich schlecht benimmt. Dies nimmt oft den Löwenanteil der Arbeit des Trainers mit den Besitzern ein, weil es sehr wichtig ist, Probleme vor ihrer Entstehung zu lösen. Und aus diesem Grund fand ich es wichtig, ein Buch zu schreiben, das sich an die Besitzer richtet. *Sie* werden die meiste Arbeit haben. *Sie* müssen es verstehen.

Es gibt einige kurze Maßnahmen, die Sie ohne großes Training sofort durchführen können, wenn ein Problem auftaucht. Vielleicht wenden Sie ja schon etwas davon an. Beispielsweise sehen Sie auf dem Spaziergang am Ende der Straße einen fremden Hund und wissen, dass Ihr Hund sich auf ihn stürzen wird, sobald er die Gelegenheit dazu hat. Wenn Ihr Hund den anderen noch nicht gesehen hat, können Sie in einem solchen Fall sofort umdrehen und in eine andere Richtung gehen, um das Problem zu vermeiden. Es kann nichts schaden, sondern hat nur Vorteile. Das ist Management. Regeln Sie die Situation so, dass Ihr Hund keine Chance hat, aggressiv zu reagieren, oder falls er aggressiv ist, kontrollieren Sie sein Verhalten sicher.

Wenn Sie wissen, dass Ihr Hund auf Spaziergängen aggressiv zu Menschen und Hunden ist, planen Sie Ihre Gänge zu solchen Zeiten, in denen nur wenige Leute mit ihren Hunden unterwegs sind.

Wie wollen Sie mit einem Hund umgehen, der seinen Platz auf dem Sofa bewacht?

Sie sollten einige Arbeit investiert haben, bevor Sie versuchen, an einem wunderschönen Tag nach dem Essen mit Ihrem Hund an der Leine in der Nachbarschaft herumzuspazieren - zu einer Zeit, in der alle mit dem Hund unterwegs sind. Besser ist es, wenn möglich, mit dem Hund in einem sicher eingezäunten Hof zu üben, bevor Sie die Anforderungen ein wenig schwieriger gestalten. Das hat nichts mit der CAT-Prozedur zu tun, sondern nur damit, Probleme zu vermeiden. Es ist sowohl notwendig als auch schlau.

Was tun Sie, wenn Ihr Hund den anderen Hund schon erspäht hat, steif wird, knurrt und losstürzen will? Wenn der andere Hund in der entgegengesetzten Richtung ist, bleiben Sie stehen und warten Sie, bis Ihr Hund irgendetwas weniger Bedrohliches zeigt, und wenn es nur für eine Sekunde ist. Dann drehen Sie um und gehen in eine andere Richtung fort. Ja, solange Ihr Hund nicht überstimuliert ist, schlage ich vor, dass Sie ihn den anderen Hund beobachten lassen, bis sein aggressives Benehmen nachlässt. Tun Sie dies aber nur, wenn der andere Hund weit genug weg ist, damit Ihr Hund sich soweit beruhigen kann, um etwas anderes als aggressives Verhalten zeigen zu können.

Schaffen Sie für Trainingsstunden eine Lernumgebung und verhindern Sie, dass Ablenkungen wie andere Hunde auftauchen können. Wenn sich doch ein Hund oder Mensch nähert und Ihr Hund die Fassung verliert, können Sie nur noch Schadensbegrenzung betreiben. Bringen Sie Ihren Hund an einen sicheren Ort und, wenn nötig, teilen Sie der anderen Person mit, dass Ihr Hund im Training ist und bitten Sie sie, sich fernzuhalten. „Stopp! Mein Hund ist im Training!“ Es ist möglich, dass eine solche Situation Sie im Training zurückwirft und Sie einige Ar-

Den Kopf abwenden und/ oder Gähnen sind neutrale Verhaltensweisen, die Sie belohnen können.

beit wiederholen müssen, aber so ist es nun einmal. Alles ist besser, als dass ein anderer Mensch oder Hund herankommt und Ihr Hund ihn verletzt.

Es bedeutet auch für Ihren Hund weniger Stress, die Situation zu verlassen als in den kompletten Angriffsmodus überzugehen.

Mein Sohn war mein Kameramann während meiner Arbeit mit Riley und folgte mir, als ich mich während des Trainings Riley annäherte und fortging, wenn er sich ein klein wenig besser benahm als zuvor. Wir haben das Vor und Zurück 45 Minuten lang praktiziert. Ich ging nur zurück, wenn Riley sich von mir abwendete, sich setzte, gähnte, nach einer Fliege statt nach mir schnappte, in meine Richtung schnüffelte, seinen Kopf zur Seite drehte, weniger bedrohlich bellte – irgendetwas tat, was ein bisschen freundlicher und sicherer war als das vorhergehende Verhalten. Am Anfang muss man das nehmen, was man bekommen kann – wie ein Fliegenschnappen des Hundes –, das Verhalten belohnen und abwarten, was der Hundes als Nächstes anbietet. Das Fliegenschnappen war seinerzeit ein hübsches Alternativverhalten und bedeutete, dass Riley sich nicht mehr zwanghaft darauf konzentrierte, mich fortzujagen. Er hatte sich genug beruhigt, um eine nervtötende Fliege wahrzunehmen, und das war eine Belohnung wert.

Als wir damit experimentierten, wo und wann sich Riley aggressiv verhält, benahm er sich interessanterweise mir gegenüber auf dem Bürgersteig vor dem Haus nicht aggressiv, obwohl er sich gegenüber anderen Menschen schon so verhalten hatte. Er bellte und knurrte nicht, wenn ich auf dem Gehweg ging, obwohl das seine übliche Verhaltensweise war. Er bellte selbst dann nicht, wenn ich direkt auf die Haustür zuging. Aber sobald ich einen Fuß in die Tür setzte, brach die Hölle los.

Solche Informationen sind in der Vorbereitung sehr wichtig. Aggression ist immer situationsspezifisch. Ihr Hund ist nicht immer zu jedem und zu jeder Zeit aggressiv, oder? Familien haben nur selten einen Hund, der sich gegenüber jedem – Familienmitglied oder Fremder – gleichermaßen aggressiv verhält. Daher möchten wir herausfinden, in welchen Situationen sich Ihr Hund schlecht benimmt. Dies sollte möglichst am Anfang Ihrer Arbeit stehen.

Zu Beginn der 45 Minuten mit Riley und seinem Besitzer konnte ich das Haus nicht betreten. Riley zerrte und tobte im Wohnzimmer, während sein Besitzer verzweifelt versuchte, ihn an der Leine zu halten. Riley meinte es ernst. Am Ende dieser 45 Minuten kniete ich neben ihm, und er kam zu mir (immer noch vom Besitzer an der Leine gehalten), schmiegte sich wedelnd unter meinen Arm und lehnte sich an mich. Ich nutzte die Situation und ließ auch meinen Sohn näherkommen, der schließlich auch beim Training dabei gewesen war. Wir konnten zwei Fliegen mit einer Klappe schlagen: Riley akzeptierte ihn genau so, wie er mich akzeptiert hatte.

Der Besitzer sagte: „Riley, Du hast eine neue Freundin! Nein, Du hast zwei neue Freunde!“ Das war großartig. Ich hege wirklich warme Gefühle für viele schwierige Hunde, die während unserer Zusammenarbeit weicher werden und sich öffnen, um mit mir, meinen Assistenten oder meinem Hund Freundschaft zu schließen. Riley gehört eindeutig dazu.

Aber Sie müssen noch etwas ganz Wichtiges beachten: Sie sind nach einer

Trainingsziel ist es, Ihren Hund dazu zu bringen, sich in der Öffentlichkeit wohlzufühlen.

erfolgreichen Trainingsstunde nicht fertig. Die Arbeit an Aggressionen lässt sich nicht in einer einzigen Sitzung erledigen. Viele Leute rufen mich an, um ein paar Tipps und Hilfe für ihre aggressiven Hunde zu bekommen. Am Telefon. Und nebenbei erfahre ich, dass die Familie nicht bereit ist, ihr eigenes Verhalten zu ändern. Das funktioniert nicht.

Die Rehabilitation eines aggressiven Hundes kann man nicht im Vorbeigehen bewirken. Sie erfordert, dass Sie auch vieles an Ihrem eigenen Verhalten ändern. Und es ist notwendig, dass Sie immer wieder mit Ihrem Hund und in verschiedenen Situationen arbeiten.

In der nächsten Sitzung verändern Sie ein Detail der Trainingsumgebung. Zum Beispiel, statt selbst die Leine zu halten, übergeben Sie sie an Ihren Partner oder an irgendeine Person, der Ihr Hund vertraut. Im Idealfall hat diese Person mein Buch gelesen; falls nicht, müssen Sie sie einweisen und sicherstellen, dass sie Ihre Instruktionen befolgt. Wenn Ihr Hund zulässt, dass sich jemand ihm nähert, können Sie einen Fremden oder einen anderen Hund einführen. Wenn Ihr Hund sich mit dem fremden Menschen oder Hund angefreundet hat, können Sie den Ort ändern. Sie können beispielsweise in den Garten wechseln, wenn Ihr Wohnzimmer zu einem sicheren Ort geworden ist. Oder vielleicht gehen Sie in eine abgelegene Ecke des Parks, die wenig beliebt ist, und üben dort. Oder Sie gehen einfach in ein anderes Zimmer.

Dies nennt man *Generalisierung.* Steve White[3], ein Ausbilder für Polizeihundetrainer, definiert eine gute Generalisie-

3 Steve ist Polizist und arbeitet mit nicht aversiven Techniken, um bei seinen Arbeitshunden das bestmögliche und verlässlichste Verhalten zu erzielen. Seine Webseite: www.proactivek9.com.

rung für einen Arbeitshund, wenn der Hund bei fünfzig verschiedenen Personen, an fünfzig verschiedenen Orten und in fünfzig verschiedenen Situationen jedes Verhalten zeigt, das mit ihm geübt wurde. Der Hund weiß dann, dass er unter all diesen Bedingungen die gleichen Kontrollmöglichkeiten hat und dass die gleichen Regeln gelten. Wenn Sie diese Generalisierungsarbeit leisten, werden Sie wirklich gute Ergebnisse erreichen. Aber wenn Sie nicht so viel Zeit haben, tun Sie so viel, wie Sie können und fügen Sie so oft wie möglich neue Situationen hinzu. Ihre Arbeit ist so lange nicht abgeschlossen, bis Ihr Hund mit allen Situationen umgehen kann, die in Ihrem Leben wichtig sind. Und auch dann müssen Sie immer aufmerksam bleiben.

Wenn Sie mit einer neuen Situation beginnen, rechnen Sie damit, dass Ihr Hund sich benimmt, als hätten Sie noch nie mit ihm geübt, sogar wenn er in der vorigen Situation über Wochen perfekt war. Karen Pryor meint dazu in ihrem Buch *Don't shoot the dog*: „Zurück in den Kindergarten!"

Es kann aber auch gut laufen. Oft (aber nicht immer) sind Folgesitzungen mit neuen Situationen kürzer, und es kann sein, dass Sie förmlich sehen, wie eine Glühbirne über dem Kopf Ihres Hundes aufleuchtet. Er realisiert: „Hey, diese neuen Regeln funktionieren nicht nur bei kleinen blonden Frauen sondern auch bei großen Männern mit Bärten und Hüten. Sie funktionieren im Wohnzimmer und auf der Spazierrunde. Sie funktionieren, wenn ich hungrig bin und wenn ich gerade gefressen habe. Wenn es dunkel ist und wenn es hell ist." Und eines Tages merken viele Hunde, dass die Welt nicht so beängstigend ist, wie sie geglaubt haben. „All diese Menschen und Hunde lassen mich in Ruhe, wenn ich freundlich bin, nicht nur, wenn ich aggressiv bin." (An dieser Stelle eine wichtige Anmerkung: Sie müssen sicherstellen, dass die Welt Ihrem Hund im Allgemeinen nicht mehr bietet, als er bewältigen kann. Auch dies ist eine Aufgabe, bei der Sie am Ball bleiben müssen.)

Drei Wochen nach Rileys Trainingssitzung, in der wir in 45 Minuten Freundschaft geschlossen hatten, nahm ich eine neue Assistentin mit zu ihm. Als er mich sah, grinste er, wedelte und begrüßte mich freundlich. Er erinnerte sich an mich. Beim Anblick meiner Assistentin war alles vorbei. Wir mussten wieder von vorn anfangen, und ich gab ihr Instruktionen. Wir arbeiteten zwanzig Minuten, dann näherte sich Riley ihr, ließ sich von ihr streicheln, nahm ein Leckerchen an und ließ sich von ihr an der Leine führen. Sein Körper war entspannt, er hatte ein breites Grinsen und wedelte leicht.

Rileys Besitzer hatten vermieden, dass er zu vielen Fremden Kontakt hat. Obwohl dies völlig zufällig geschah, war es wahrscheinlich das Beste, was sie hätten tun können. Hunde, die vielen beängstigenden Dingen ausgesetzt sind, lernen, sich in vielen verschiedenen Situationen aggressiv zu verhalten. Der allgemeine Rat, dass Hunde sozialisiert werden müssen, ist nicht ganz richtig, weil die meisten Leute – einschließlich Hundetrainer – nicht verstehen, was Sozialisierung bedeutet. Sie glauben, alles was sie tun müssen, ist ihren Hund nach draußen zu bringen und ihn mit vielen Dingen zu konfrontieren. Aber dies kann verheerende Folgen haben, wenn der Hund schon reaktiv ist oder durch die neue Erfahrung überfordert wird.

Hunde profitieren davon, wenn die Sozialisierung richtig angegangen wird. Welpen sollten Kontakt zu freundlichen Hunden und freundlichen Menschen haben, die in sicheren und lustigen Situationen Anweisungen befolgen. Die Konfrontation mit 25 fremden Hunden auf einer Hundewiese hilft ihm nicht, seine Reaktivität gegenüber Hunden zu überwinden, ebenso wenig wie der Aufenthalt auf einer Party mit grölenden Menschen und lauter Musik bei einer Reaktivität gegenüber Menschen. Das Hundeverhalten kann zerstört und die Korrektur sehr erschwert werden, wenn man die Hunde mit Situationen überfordert, die sie beunruhigen, einschüchtern oder überwältigen, besonders, wenn es sich um Welpen handelt. Solch schlechte Erfahrungen bilden die Basis für die Erfahrungen im gesamten weiteren Leben.

Die Sozialisierung erwachsener Hunde unterscheidet sich deutlich von der Welpensozialisierung. Ihr erwachsener Hund hat sich in seinem Leben schon an Einiges gewöhnt. In Tierheimen treffen wir auf viele Hunde, die bei „Hundesammlern" gelebt haben. Solche Hunde haben vielleicht mit fünfzig anderen Hunden in einem Wohnwagen gelebt, auf Bergen von Kot und wurden unregelmäßig gefüttert. Glauben Sie mir, so etwas passiert andauernd. Diese Hunde sind sozialisiert. Sie wurden nur in ungesunden Situationen sozialisiert. Sie sind an eine große Zahl anderer Hunde gewöhnt, die alle in den gleichen ungesunden Verhältnissen leben und manchmal um ihr Futter kämpfen oder sich gegen größere und stärkere Hunde verteidigen müssen. Aber sie sind sozialisiert.

Üblicherweise sind Hunde aus einem Animal Hoarding nicht besonders gesund, weil jemand, der fünfzig Hunde hält, sie in der Regel nicht adäquat versorgen kann. Und sie sind nicht an ein komfortables Leben mit Menschen sozialisiert. Die meisten Hoarder sind alleinstehende, ältere Personen, in der Regel Frauen, die alle Tiere sammeln, die sie bekommen können und den Nachwuchs behalten. Sie haben oft mentale oder emotionale Störungen und verstehen nicht, dass ihre Tiere trotz aller Liebe keine angemessene Fürsorge erhalten. Wenn Sie also einen Hund aus einem Animal Hoarding aufnehmen, hat er nicht die Sozialisation erfahren, die wir möchten. Auch wenn Ihr Hund in einem Hundepark von anderen, außer Kontrolle geratenen Hunden gemobbt wurde, wurde er nicht richtig sozialisiert.

Nehmen Sie Ihren hunde- oder menschenaggressiven Hund nicht mit in einen Hundepark. Ihr Hund braucht keine Zufallsbekanntschaften. Er braucht Si-

Spielen gehört zur normalen Welpensozialisierung.

Einige Hunde nehmen gerne Kontakt zu Fremden auf. Es ist aber niemals ratsam, mit seinem Gesicht einem fremden Hundegesicht zu nah zu kommen.

cherheit, und sich in einem Rudel aufzuhalten, gibt Ihrem hundeaggressiven Hund kein sicheres Gefühl. Sogar wenn er gut im Training voranschreitet und an einem Punkt ist, an dem er es unter Aufsicht für kurze Zeit mit anderen Hunden aushält, kann eine schlechte Erfahrung im Hundepark sein Training zunichte machen und Sie wieder an den Anfang zurückwerfen - oder das Verhalten wird noch schlechter als je zuvor.

Hunde-aggressive Hunde brauchen keinen Hundepark; sie brauchen große leere Plätze wie etwa einen eingezäunten Hof. Ein Hundepark ist auch kein geeigneter Ort für die Welpensozialisierung, denn ein böser Hund im Park kann sein Verhalten ruinieren, ihn verletzen oder sogar töten. Und es ist definitiv kein Ort für einen Hund, der bereits soziale Probleme hat.

Verlangen Sie nicht vor Ihrem Hund, Fremde zu begrüßen, bevor er gelernt hat, dass das Begrüßen von Fremden eine tolle Sache ist. Einige Hunde lassen sich nicht gerne anfassen. Für solche Hunde ist eine Begrüßung auf Distanz schon schwierig und vielleicht für immer genug. Wenn Ihr Hund bereit ist, stellen Sie ihm nur freundliche Menschen vor, die Ihre Anweisungen befolgen, und nur Hunde, die Sie kennen und denen Sie vertrauen. Das ist keine Party. Laden Sie nur ein oder zwei Personen ein und lassen Sie sie wissen, dass Sie bestimmte Regeln einhalten müssen. Wenn die Personen Ihre Instruktionen nicht beachten, bringen Sie Ihren Hund fort in einen separaten Bereich.

Ich habe eine hundeliebende Freundin, die so angenehm ist, wie man es sich nur vorstellen kann. Aber als ich versuchte, einem Welpen beizubringen, Menschen nicht anzuspringen, hörte sie nicht auf mich: „Das ist okay. Sie will doch nur „Guten Tag“ sagen. Lass sie doch Welpe sein!“ Na gut, aber was ist, wenn ich als Besitzer nicht möchte, dass der Welpe jeden anspringt? Ich entscheide für meinen Hund und Sie entscheiden für Ihren Hund. Auch wenn Sie wissen, dass jemand freundlich ist und auf Ihre Anweisungen hört, sollten Sie nicht jeden Ihren Hund anfassen lassen, bevor Ihr Hund ihn einlädt und Sie es erlauben. Erlauben Sie es nur, wenn Sie zu 99,9% sicher sind, dass Ihr Hund damit klarkommt.

Sie sollten nicht zustimmen, dass jeder unter der Annahme, Ihr Hund sei lieb, mit ihm auf seine eigene Weise umgeht. Sie können stattdessen beispielsweise sagen: „Wir wollen erst einmal anschauen, was er sagt.“ Dann beschreiben Sie die Körpersprache Ihres Hundes: „Sehen Sie, dass er seinen Kopf so wegdreht, dass man das Weiße in den Augen sieht? Und dass er versucht, den anderen Weg einzuschlagen? Das zeigt mir, dass er jetzt nicht „Guten Tag“ sagen möchte.“ (Dies gilt für alle Hunde, nicht nur für die aggressiven.) Wenn die Körpersprache Ihres Hundes aussagt, dass er sich unwohl fühlt, stoppen Sie die Interaktion. Sagen Sie: „Wir gehen jetzt nach Hause. Lassen Sie uns ein anderes Mal reden.“ Oder wenn das nicht funktioniert: „Mein Hund war heute lange genug draußen. Ich muss ihn jetzt heimbringen, bevor es ihm zuviel wird.“

Wenn Sie einer Interaktion mit Ihrem Hund zustimmen, während er lernt, neue Menschen zu akzeptieren, sorgen Sie dafür, dass sie kurz ausfällt. Lassen Sie Fido entscheiden, von wem er angefasst werden möchte, dann rufen Sie ihn schnell zu sich und belohnen ihn. Bleiben Sie nicht stehen und unterhalten sich eine halbe Stunde mit Ihrer Nachbarin, wenn Sie Ihren reaktiven Hund im Training an der Leine haben. Möchten Sie mir Ihrer Nachbarin reden, dann laden Sie sie ein oder fragen Sie sie, ob sie an Ihrem Training teilnehmen möchte. Verlangen Sie nicht mehr von Ihrem Hund, als er geben will. Es kann nach hinten losgehen.

Verhält sich Ihr Hund bereits aggressiv, dann wissen Sie, wie seine Aggressionen aussehen – sonst würden Sie nicht dieses Buch lesen, richtig? Nun müssen wir lernen, was Ihr Hund tut, *bevor* er aggressiv wird. Viele Leute glauben, ihr Hund würde ohne jede Vorwarnung beißen. Aber es gibt Warnsignale. Die Besitzer verstehen nur die Körpersprache der Hunde nicht, oder sie achten nicht auf die richtigen Zeichen.

Eine freundliche erste Begegnung in einer belebten Fußgängerzone. Viele Hunde sind in dieser Situation überfordert.

Wie sagt Ihnen Ihr Hund, dass es ihm zuviel wird? Sie wissen, wie er aussieht, wenn er losstürmt, aber es ist wichtig zu wissen, was er tut, *bevor* dies passiert. Vielleicht läuft folgende Verhaltenskette ab: Er sieht einen Fremden, er friert ein, er bellt und knurrt, er stürzt los, dann beißt er (oder versucht es) und versetzt alle – auch Sie – in Angst und Schrecken.

Wann sollten Sie im Idealfall eingreifen? Nicht, nachdem er jemanden gebissen hat. Sie müssen eingreifen, wenn Ihr Hund einen Fremden sieht und einfriert. Oder noch früher. Was macht er, wenn er eine andere Person bemerkt? Es ist notwendig, sich sehr auf seinen aggressiven Hund einzustellen.

Als ich mich auf dieses Buch vorbereitete, habe ich meine Trainerfreunde auf Facebook gefragt, was sie unter „Reaktivität" und „Aggression" verstehen, denn das sind wesentliche Vokabeln in der Welt aggressiver Hunde. Aber jeder der etwa zwei Dutzend Menschen umschrieb die Begriffe anders, und nur einer der Trainer definierte sie so wie ich. Die gute Nachricht ist, dass jeder Definitionen hatte, mit denen er arbeitete.

Man sagt, zwei Hundetrainer stimmen nur darin überein, dass der dritte Unrecht hat. Das Problem beruht teilweise darauf, dass sich unsere Sprache in einen Jargon gewandelt hat. Der Jargon im Hundetraining ist schlechter als andere, denn er hat sich an vielen Orten und in vielen Gemeinschaften entwickelt. Und er ist nur eines von vielen Problemen, wenn man lernen will, mit der Aggression von Hunden oder anderen Tieren umzugehen. Und die Informationen, die Sie online finden, gehen teilweise hinsichtlich Jargon und Wert meilenweit auseinander.

Sprechen Sie mit zwei Hundetrainern, können deren Definitionen von Ag-

Aero, der Hund der Autorin, zeigt einen sanften Ausdruck.

gressivität oder Reaktivität voneinander abweichen. Lesen Sie drei Bücher von verschiedenen Trainern, können Sie drei Definitionen lesen, selbst wenn alle drei im Prinzip die gleiche Trainingsphilosophie anwenden. Daher ist es wichtig, die Leute um ihre Definitionen zu bitten, bevor Sie sich zu tief auf Diskussionen einlassen.

Um die Situation klarzustellen, ist es meiner Meinung nach der beste Weg, die aktuellen Verhaltensweisen zu beschreiben, anstatt sofort Sammelbegriffe wie „Reaktivität" oder „Aggression" zu verwenden. Um das Verhalten des Hundes zu beschreiben, beobachten Sie ihn, sehen Sie sich genau an, was er tut, und machen Sie sich Notizen. In anderen Worten: Wenn Sie finden, dass Ihr Hund „aggressiv ist", dann tut er etwas, was Sie dazu veranlasst, sein Verhalten als aggressiv zu beurteilen. Aggression ist kein Verhalten, das man messen kann, aber Sie können das Verhalten beispielsweise so beschreiben: „Er sah zu dem anderen Hund; sein Körper wurde reglos; er knurrte, senkte den Kopf, krümmte den Rücken auf, rannte los und biss Sal ins Hinterteil."

Aggression und andere Vokabeln wie Furcht, Angst, Scheu und so weiter sind Sammelbegriffe für Verhaltensweisen, die wir sehen. Wenn Sie erzählen, dass Ihr Hund aggressiv war, sagt Ihr Mann vielleicht: „Oh nein, er war nicht aggressiv, sondern nur aufgeregt." Aber wenn Sie sagen: „Er rannte los und biss Sal ins Hinterteil", wird Ihr Gegenüber wahrscheinlich eher zustimmen, dass Ihr Hund sich nicht freundlich verhalten hat. Sie können es vielleicht sogar beweisen, wenn Sal Bissspuren hat.

Gestern Abend wollte ich hinter meinen Polsterhocker gehen. Mein Hund Aero folgte mir und sprang genau in dem Moment auf den Hocker, als mein Arm nach hinten schwang. Im Sprung stieß er mit seinem Auge vor meinen ausgestreckten kleinen Finger. Er stieß sofort ein bedrohliches Knurrbellen aus, bevor er sich mit der Pfote sein Auge rieb. Ich sprang zurück, weil er in dieser Schrecksekunde offensichtlich nicht sagte: „Frauchen, ich hab' Dich lieb." Er wurde verletzt, ich war da, und er reagierte. So definiere ich Reaktivität. Sowohl sein Verhalten („grrrrh") als auch meines (das Zurückweichen) waren Reaktionen. Sein Verhalten wäre auch reaktiv gewesen, wenn er sich nur erschrocken oder unwohl gefühlt hätte, auch ohne das schmerzende Auge.

Wenn ich ihm aus irgendeinem verrückten Grund immer wieder beim Springen auf den Hocker ins Auge stoßen würde, könnten sich mehrere Dinge ereignen. Möglicherweise spränge er nicht mehr auf den Hocker, wenn ich in der Nähe bin. Oder er stieße wieder dieses Knurrbellen aus, damit ich zurückspringe und nicht sein Auge verletze. Egal welche dieser Verknüpfungen sich in seinem Hundehirn ereigneten, er würde nicht mehr reagieren, sondern hätte gelernt, wie er die negative Erfahrung des schmerzenden Augens vermeiden kann. Er könnte die Situation vermeiden, indem er einfach nicht auf den Hocker springt oder indem er mich bedroht, damit ich fortgehe, ohne sein Auge zu verletzen.

Reaktivität erfolgt in neuen Situationen nur einige Male. Danach wird das Verhalten in diesem Buch als Aggression definiert. Dieses Verhalten geschieht nicht automatisch; der Hund hat es vielmehr erlernt, weil er die Erfahrung gemacht hat, was passiert, wenn er es tut. (Er knurrte und ich wich zurück.) Zu dem Zeitpunkt, an dem ein Verhalten Ihres Hundes zum Problem geworden ist, handelt es sich nicht mehr um Reaktivität. Es ist ein Verhalten, welches sich in der Vergangenheit ausgezahlt hat, und daher handelt er wieder genau so. Das ist Aggression.

Stellen wir uns einen Hund namens Bob vor, der in seiner neuen Nachbarschaft zum erstem Mal spazierengeführt wurde. Ein Mann kam auf Bob und seinen Besitzer zu, um Hallo zu sagen, und der Hund knurrte. Das kann man Reaktivität nennen. Aber stellen wir uns weiter vor, dass der Mann wegging, sobald Bob knurrte. Der Hund findet heraus, dass sein Knurren für ihn von Vorteil war. Er hat erfahren, mit seinem brummigen Benehmen das Verhalten von Menschen ändern zu können. Es ist egal, ob der Mann tatsächlich weggehen wollte. Der Hund weiß das nicht. Er ging fort, und das war genau das, was der Hund wollte.

Ist das nicht interessant? Der Hund wollte, dass der Mann sich entfernt, und dieser Mann ging tatsächlich weg. Da-

Wenn das Bellen dieses Hundes dazu führt, dass ein unheimlicher Fremder ihn in Ruhe lässt, wird er sehr wahrscheinlich auch in Zukunft bellen.

her wird der Hund wahrscheinlich beim nächsten Mal wieder auf dem Spaziergang Leute anknurren, die er vertreiben möchte. Nach meiner Definition hat sich sein Verhalten nun von Reaktivität zu Aggression verändert.

Aggression ist ein erlerntes Verhalten. Es kann auffallend sein, aber auch nicht nach besonders viel aussehen (beispielsweise jemanden nur anstarren), bevor Sie verstehen, was er wahrscheinlich als Nächstes tun wird. Es kann auch ernst sein, wie jemanden zu beißen. Jedenfalls hat der Hund gelernt, dass sein Verhalten effektiv ist, um mit den Problemen in der Welt zurechtzukommen. Dieses aggressive Verhalten ist nun erlerntes Knurren[4] und kein reaktives Knurren, und wir verwenden den Begriff *aggressiv* für all diese Verhaltensweisen, die der Hund in einem solchen Kontext zeigt. Bob knurrt den Mann an, damit dieser weggeht. Sein Knurren funktioniert und bringt ihm etwas Wertvolles ein: Distanz von den Dingen, die ihn beunruhigen.

Irgendwann wird Ihnen irgendjemand (Ihr Tierarzt, ein Trainer, ein Verhaltensexperte oder sogar Ihr Teenager, der nach Lösungen für die Aggressionen Ihres Hundes sucht) empfehlen, dem aggressiven Hund Medikamente zu geben. Ich empfehle eine gründliche tierärztliche Untersuchung, um irgendwelche gesundheitlichen Störungen abzuklären. Auch Probleme, die normalerweise nicht mit aggressivem Verhalten einhergehen, können im Einzelfall von Bedeutung sein. Ich habe einmal mit einem Hund gearbeitet, der wegen seines aggressiven Verhaltens neun Jahre nicht beim Tierarzt gewesen war. Diese Hund hatte große, hervorquellende Augäpfel, vermutlich wegen einer Erkrankung. Möglicherweise hätte man den Hund neun Jahre zuvor behandeln und seine Verhaltensprobleme vermeiden können, aber das werden wir niemals wissen.

Vielleicht muss Ihnen Ihr Tierarzt ein mildes Beruhigungsmittel verschreiben, damit Sie Ihren Hund zu ihm bringen können. Als Alternative können Sie auch versuchen, eine der mobilen Tierarztpraxen zu finden, die immer häufiger werden. Eine solche Praxis wird einfach an Ihrem Straßenrand stehen und Sie müssen keine Angst haben, mit Ihrem Hund auf andere Hunde und Menschen zu treffen.

Viele Menschen konsultieren ihren Tierarzt bei jedem Problem des Hundes, sei es die Gesundheit, das Verhalten oder die Ernährung. Tierärzte sind aber nicht grundsätzlich in Verhaltenskunde ausgebildet, auch wenn dies wünschenswert wäre. Wenn Sie möchten, dass Ihr Tierarzt der erste Ansprechpartner für das Verhalten Ihres Haustieres ist, sollten Sie fragen, welche Aus- und Weiterbildung er oder sie in Bezug auf Verhaltensprobleme hat. In Amerika können Sie sich glücklich schätzen, wenn Ihr Tierarzt einer der wenigen tierärztlichen Verhaltensexperten ist, die durch das American College of Veterinary Behaviorists (ACVB) zertifiziert wurde oder ein spezifisches Verhaltenstraining absolviert hat. Tierärzte mit dreißig Jahren Berufserfahrung können auf Grund ihrer Erfahrung wahrscheinlich mit jedem Tier umgehen, aber das heißt nicht, dass sie auch Experten darin sind, kreative Programme zur Verhaltensänderung zu entwickeln. Tierärzte sind unverzichtbare Profis für die Versorgung Ihres Hundes,

4 Verhaltensexperten nennen diese Art erlernten Verhaltens *operantes Verhalten*, weil der Hund durch das Verhalten einen Einfluss auf die Umgebung ausübt, um ein erwünschtes Ergebnis zu erzielen.

Ein Tierarzt kann die Untersuchung manchmal variieren, um sie für den Hund angenehmer zu gestalten.

aber stellen Sie Fragen, wenn Sie mit ihnen über die Aggressionen Ihres Hundes sprechen möchten. Es gibt eine Reihe wunderbarer Tierärzte, aber Sie müssen vielleicht einige ausprobieren, um den Besten für Sie und Ihren Hund zu finden.

Die Meisten von uns möchten ihre Haustiere genau so wenig unter Medikamente setzen wie sich selbst, aber seien Sie nicht so schnell mit Ihrer Ablehnung. Manchmal können Medikamente, die für eine kurze Zeit verschrieben werden, dabei helfen, mit der Intensität der Hundeaggression zurechtzukommen. Wenn der Prozess der Verhaltensmodifikation voranschreitet, können die Arzneimittel dann allmählich abgesetzt werden. Für manche Hunde ist es auch vorteilhaft, die Medikation beizubehalten, und wenn Ihr Tierarzt das für eine gute Idee hält, ist es nicht falsch. Wenn Sie zusammen mit Ihrem Tierarzt entscheiden, die Medikamente auszuschleichen, müssen Sie parallel zu der Arzneimittelreduzierung mit der Verhaltensmodifikation weitermachen. Denn möglicherweise fällt Ihr Hund in einige seiner alten Verhaltensweisen zurück, wenn der Einfluss der Medikamente nachlässt.

Sprechen Sie mit Ihrem Tierarzt darüber, wie verschiedene Medikamente das Verhalten Ihres Hundes beeinflussen können und wie Ihr Hund sich fühlt. Es gibt einige Arzneimittel, die für Hunde mit Aggressionen nicht empfehlenswert sind. Beispielsweise dämpft Acepromazin („Ace“) das zentrale Nervensystem und reduziert körperlich erkennbare Verhaltensweisen Ihres Hundes, aber es verändert seine emotionalen Reaktionen nicht. Manchmal wird es deshalb auch als chemische Fessel bezeichnet. Acepromazin hat seinen Platz in der Veterinärmedizin, aber kein Hund lernt dadurch, sich weniger aggressiv zu verhalten. Es verhindert nur für eine Weile, dass der Hund auf etwas Beunruhigendes reagieren kann. Eine chemische Fesselung ist aber überhaupt nicht das Ziel, wenn wir versuchen, einen aggressiven Hund zu rehabilitieren.

Glücklicherweise gibt es einige Medikamente, die besser geeignet sind; sprechen Sie Ihren Tierarzt darauf an. Viele Arzneimittel putschen Ihren Hund nicht auf und sedieren ihn nicht. Solange sich Ihr Hund unter einer Medikation normal verhält und der Tierarzt sie für geeignet hält, kann sie für viele Hunde ein hilfreicher Ansatz sein. Sie werden Ihren Hund aber genau beobachten müssen und Ihren Tierarzt ansprechen, wenn Sie das Gefühl haben, dass Ihr Hund nicht gut auf das Medikament anspricht. Vielleicht muss die Dosis angepasst oder auf ein anderes Arzneimittel umgestiegen werden. Einige Pharmaka zeigen ihre volle Wirksamkeit erst nach einigen Wochen, und selbst wenn Sie über Nacht eine Wirkung beobachten, werden Sie nicht plötzlich einen Hund haben, der sich gut benimmt. Ihr Hund braucht auch weiterhin Unterstützung bei der Verhaltenskomponente der Aggression. Medikamente sind keine Wunderwaffe, aber sie können manchmal dazu beitragen, dass die Besitzer aggressiver Hunde sich sicherer fühlen und sich den Ruck geben, mit einer Verhaltensmodifikation anzufangen.

Es gibt Hunde, die bei einer Langzeitmedikation bleiben. Wenn das Ausschleichen zusammen mit einem Verhaltenstraining nicht gut funktioniert oder wenn Sie glücklich damit sind, wie sich Ihr Hund unter dem Arzneimittel verhält, suchen Sie gemeinsam mit Ihrem Tierarzt nach dem besten Weg für sich und Ihren Hund.

Wenn Ihr Tierarzt Ihrem Hund keine Medikation geben möchte, fragen Sie sie oder ihn nach den Gründen, die beispielsweise mit dem Gesundheitszustand Ihres Hundes oder auch mit der Einstellung des Tierarztes gegenüber angstlösenden Arzneimitteln für Tiere in Zusammenhang stehen können. Sie können auch immer eine zweite Meinung einholen, genau so, wie Sie dies für sich selbst tun würden.

Seien Sie proaktiv im Umgang mit der Aggression Ihres Hundes. Manchmal ist auch ein perfekter Tierarzt in Ihrem speziellen Fall nicht der Richtige.

Für die Entscheidung, die Aggression Ihres Hundes zu behandeln, ist es extrem wichtig, dass Ihr Hund gesund ist. Schmerz ist ein häufiger Grund für Aggressionen. Mein Greyhound Bravo war der liebste Hund, den Sie sich vorstellen können: Sie war süß und freundlich, liebte alle Menschen und war mein hauptsächlicher Assistenzhund während der CAT-Forschung. Aber als sie acht Jahre alt war, würde sie ganz untypisch brummig. Eines Tages lag sie auf ihrem Bett und ich fühlte beim Streicheln eine Beule, die ich bis dahin nicht bemerkt hatte. Als ich mich hinkniete, um die Stelle zu untersuchen, schnappte sie nach mir. Das war ihre erste Aggression. Dies war der Hund, der mit einem kleinen Hund gemeinsam aus einem Napf fraß. (Das ist nicht mein normales Fütterungs-Arrangement und ich würde es auch nicht empfehlen. Aber der Kleine versuchte oft, etwas von ihrem Futter zu ergattern, während sie fraß, und es war nie ein Problem.) Wir nahmen an, es handele sich um eine normale Alterserscheinung, Beschwerden und Schmerzen, vielleicht auch eine Arthritis. Es war Winter und sie war fast neun Jahre alt. Sogar in Texas schmerzen alte Knochen an einem kalten Tag.

Aber eines schrecklichen Tages stand Bravo auf und ihr Hinterbein brach. Es brach einfach. Sie schrie. Ich raste mit ihr zum Tierarzt. Sie hatte ein Osteosarkom, Knochenkrebs. Sie war ein lieber alter Hund, der aggressiv wurde, weil er Schmerzen hatte. Wenn ich angefangen hätte, sie wegen ihrer Aggression zu behandeln, wäre dies ein furchtbarer Bärendienst gewesen. Sie brauchte eine Tierarzt.

Schilddrüsenprobleme können bekanntlich zu Aggressionen führen, ebenso weniger schwere Probleme wie Bauchschmerzen oder eine Erkältung. Jede gesundheitliche Störung kann schlechte Laune auslösen und zu einer Aggression führen. Wenn Sie sich nicht gut fühlen, sind Sie auch nicht immer freundlich. Gesundheitliche Probleme verursachen an sich keine Aggression, aber sie machen es für den Hund erstrebenswerter, in Ruhe gelassen zu werden. In einer Situation, in der ein gesunder Fido seinen Besitzer normalerweise freudig begrüßt, schnappt ein kranker Fido vielleicht, weil er sich nicht wohlfühlt und allein sein möchte.

Ohne eine Behandlung gesundheitlicher Probleme kann jedes Verhaltenstraining mit Ihrem Hund weniger effektiv sein oder sogar völlig wirkungslos. Lernen funktioniert nicht, wenn der Lernende unter Stress steht. Denken Sie beim ersten Zeichen einer Veränderung des Temperaments an die häufigste Ursache – die Gesundheit. Je eher ein gesundheitliches Problem behandelt wird, desto besser. Und je eher ein Verhaltensproblem behandelt wird, desto besser.

Alle Hunde sollten vor Beginn eines Verhaltenstrainings zur Behandlung von Aggressionen tierärztlich untersucht werden. Suchen Sie nach einem Fear Free-zertifizierten Tierarzt[5] in Ihrer Umgebung oder bitten Sie Ihren Tierarzt, sich dort zertifizieren zu lassen. Fear Free-Tierärzte

5 Anm. d.. Übers.: Fear Free ist eine Organisation, die 2016 in den Vereinigten Staaten gegründet wurde. Sie bietet ein umfangreiches Weiterbildungsprogramm für Tierärzte und Personen, die sich beruflich um Tiere kümmern, und hat das Ziel Angst, Furcht und Stress bei Haustieren vorzubeugen oder zu erleichtern. [www.fearfreepets.com]

Wenn Ihr Hund anfängt, sich aggressiv zu verhalten, ist der erste Schritt ein Besuch beim Tierarzt.

haben ein spezielles Training durchlaufen und kennen Techniken, die Stress bei den Tieren in ihrer Obhut sicher und human reduzieren. Sie wissen, wie man die Tiere richtig anfasst, haben ihre Praxis entsprechend eingerichtet und helfen Ihnen bei der Vorbereitung, wie Sie Ihren Hund mit minimalem Stress von der Wohnung zur Praxis und zurück bringen können.

Weiter oben habe ich Ihnen erzählt, dass verschiedene Trainer und Verhaltensexperten die Begriffe Reaktivität und Aggression unterschiedlich definieren. Das ist richtig. Aber wenn Sie danach fragen, wie sich aggressive Hunde verhalten, werden Sie ähnliche Antworten bekommen. Letztendlich haben wir doch alle die gleichen Kurse besucht und dieselben Bücher gelesen. Und am wichtigsten: Wir alle haben eine Menge Hunde mit einer Menge Verhaltensweisen beobachtet.

Nach meiner Definition sind die Begriffe reaktiv und aggressiv nur Bezeichnungen für Gruppen von Verhaltensweisen. Reaktivität ist eine Reaktion, die ein paar Mal gezeigt wird und dann entweder eingestellt oder fortgesetzt wird, weil der Hund gelernt hat mit dieser Reaktion ein gewünschtes Ergebnis zu erzielen, wie etwa eine bedrohliche Person fortzujagen. Aggression ist ein Verhalten, das wegen seines Ergebnisses gezeigt wird. Es scheint so, als müssten wir nur herausfinden, wie wir die aggressiven Verhaltensweisen loswerden können, richtig? Würde es Sie überraschen, wenn ich Nein sage? Wir müssen nicht herausfinden, wie wir die Aggression loswerden, sondern welches Verhalten wir uns anstelle der Aggression vom Hund wünschen.

In einem Seminar, das Dr. Rosales und ich in San Francisco abhielten, sprach er über das Erkennen bedeutsamer Verhaltensweisen für die Arbeit mit Ihrem Hund. Er sagte: „Was tut Ihr Hund, bevor er beißt? DAS ist das wichtige Verhalten." Wir müssen nicht unbedingt nach der vorhersehbaren Verhaltenskette Einfrieren – Starren – Losstürzen – Beißen Ausschau halten, außer wenn dies gerade für Ihren Hund typisch ist. Welches Verhalten zeigt Ihr Hund zwei Verhaltensweisen, bevor er beißt? Oder drei? Überlegen

Sie, wie ein Verhalten Ihres Hundes in das nächste übergeht, bis schließlich das finale Verhalten entsteht, das Ihnen die meisten Probleme verursacht. Wir arbeiten mit dieser spezifischen Verhaltenskette, die Ihr Hund zeigt, nicht mit einer Liste von Verhaltensweisen, die Sie in einem Buch oder auf einer Webseite finden. Das Verhalten Ihres Hundes lernen Sie am besten *von Ihrem Hund selbst.*

Sie sollten aber wissen, dass ethologische Studien wertvolle allgemeingültige Regeln liefern. Sie müssen Ihre Tierart genau kennen. Wir wissen, dass viele Hunde bemerken, schauen, starren, einfrieren, knurren, losstürzen und beißen, aber einige Hunde haben diese Bücher nicht gelesen. Sie überschlagen einige Schritte, vermischen die Reihenfolge und fügen Extraschritte ein. Es ist wichtig, das bei dem einzelnen Hund zu wissen.

Aggressives Verhalten verläuft in einer Abfolge wie die Glieder einer Kette und jedes Kettenglied hat seinen Zweck. Ein Hund kann Sie nicht beißen, bevor er nahe genug bei Ihnen ist, und er kann nicht nahe genug herankommen, wenn er zu langsam ist und Sie wegrennen, also stürmt er los. Bevor er losrennt, muss er Schwung holen, also vielleicht sich etwas rückwärts bewegen. Und er wird das alles nicht tun, bevor er den „Bösewicht" sieht, also muss er als erstes die Person oder das Tier bemerken. Wenn Sie all diese Schritte aneinanderreihen, erkennen Sie die Abfolge *bemerken, etwas zurückbewegen, losstürzen und beißen.* (Noch einmal: Nicht jeder Hund zeigt die gleiche Verhaltenskette.) Wenn Sie sicher mit Ihrem aggressiven Hund arbeiten wollen, müssen Sie herausfinden, was Ihr Hund tut, *bevor* er sich aggressiv verhält. Sie erkennen vielleicht, dass Zurückweichen ein Problem für Ihren Hund ist, wenn sich etwas Furchterregendes nähert. Sie müssen sich dessen bewusst sein, was er tut, wenn er eine andere Person oder einen Hund bemerkt. Sie können nicht zur gleichen Zeit am Handy sein und mit Ihrem aggressiven Hund sicher spazierengehen. Sie müssen Ihre Aufmerksamkeit auf Ihren Hund richten.

Ist Starren ein Teil der Verhaltenskette Ihres aggressiven Hundes?

Wenn Sie eine dieser Verhaltensweisen bestrafen, zerstören Sie vielleicht nur ein Glied, aber nicht die gesamte Verhaltenskette, weil sich der Hund immer noch wegen der Situation sorgt und immer noch keinen anderen Weg kennt, mit ihr umzugehen. Viele Menschen bestrafen ein warnendes Knurren innerhalb der Verhaltenskette Ihres Hundes und erreichen damit, dass Ihre Hunde zubeißen, ohne vorher auf die für sie unerträgliche Situation hinzuweisen. Das Knurren ist Ihr Freund, bestrafen Sie es nicht. Alle Bestandteile der proagressiven Verhaltenskette können gute Warnsignale sein, wenn Sie sie erkennen.

Sie müssen Ihrem Hund etwas geführte Kontrolle über seine eigene Welt zurückgeben, über die Dinge, die Leinen und Zäune ihm nehmen. Die Idee ist, ihm etwas zu geben, das er tun kann, um den Bösewicht zu vertreiben oder eine schlechte Situation zu verhindern, ohne aggressiv zu werden. Je mehr Sie seine Auswahlmöglichkeiten einschränken, desto wahrscheinlicher wird er sich aggressiv verhalten. Geben Sie ihm Auswahl und Alternativen.

Sogar, wenn Sie noch nie irgendein Training im Hundeverhalten absolviert haben, verfügen Sie als Hundebesitzer über einen unschätzbaren Vorteil. Sie können von Anfang an logisch über die spezifischen Verhaltensweisen Ihres Hundes nachdenken – das ist besser, als zuerst eine Menge Hundetrainings-Folklore zu lernen. Vielleicht haben Sie gedacht, Ihr Hund habe

Das proaggressive Verhalten dieses Hundes ist unmissverständlich.

jemanden aus heiterem Himmel gebissen. Oder Sie denken, dass seine Aggression nicht vorhersehbar ist. Aber ist gibt Verhaltensweisen, die der Aggression vorausgehen, und Sie können lernen, diese zu bemerken. Es kann sein, dass Ihr Hund eine Kurzschlussreaktion zeigt und das alles so schnell passiert, dass man die Abfolge des Verhaltens schlecht erkennen kann, aber es gibt Dinge, die er vorher tut.

Sie können nicht abstreiten, dass Ihr Hund viele Verhaltensweisen der übrigen Mitglieder seiner Spezies zeigt, sogar, wenn er von einer Katze in einem Wurf Eichhörnchen aufgezogen wurde und niemals zuvor einen anderen Hund gesehen hat. Er ist ein Hund. Er benimmt sich wie ein Hund. Aber ein von einer Katze aufgezogener Hund wird auch Katzenverhalten zeigen, und ein Hund, der von einer Katze in einem Eichhörnchenwurf aufgezogen wurde, wird auch Verhaltensweisen von Eichhörnchen annehmen, die bei einer Katze zusammen mit einem Hundezwilling großwurden. Ihr Hund ist nun Mitglied einer Menschenfamilie, daher wird er einige Dinge tun, die die Menschenwelt erwartet. Zum Beispiel wird er einem Konflikt nicht aus dem Weg gehen, weil er an einer Leine hängt und Sie ihn nicht fortlassen. Sie müssen ihm helfen, zu lernen, dass Sie ihn dabei unterstützen, gute Entscheidungen zu treffen.

Ich hörte über eine neu aufgenommene Hündin, die zusammen mit ihren neuen Besitzern faulenzte. Sie hatte ihrer neuen Familie große Zuneigung entgegengebracht. Während die Familie auf der Couch saß und Fernsehen guckte, lag sie auf dem Boden. Die Besitzerin bückte sich vor, um der Hündin den Kopf zu kraulen, und sie schoss sofort hoch. Die Frau duckte sich weg, um einem Biss auszuweichen, aber der Hund biss in ihre Kopfhaut und ließ nicht los. Sie endete mit 25 Klammern mitten auf dem Kopf.

Wenn wir mit dieser Hündin wegen ihrer Aggression trainieren möchten, mit welcher Verhaltenskette sollen wir arbeiten? Sie hat definitiv etwas gemerkt. Aber diese Information reicht nicht. *Wie* hat sie es gemerkt? *Was* hat sie gemerkt? Hunde merken, wenn jemand sie streichelt, sie merken, wenn jemand einen Schläger in ihre Richtung schwingt, und sie merken, wenn Futter in ihrem Napf ist. Das Bemerken ist nicht das Problem. Aber wenn das Bemerken von Menschen darin resultiert, sie zu beißen, sollten wir lieber das Gleiche bemerken wie unsere Hunde.

Ein Ansatz bei der Arbeit mit Aggression ist es, dem Hund beizubringen, den Besitzer anzuschauen anstelle einer Person, die er nicht leiden kann. Das kann ein sehr wertvolles Werkzeug sein, aber es lehrt den Hund nicht den Umgang mit irgendetwas, das er nicht mag. Es scheint, als hätte diese Hündin ihre Besitzerin nicht lange genug beobachten können. Die Besitzerin streichelte ihren Hund und wurde sofort angegriffen. Wenn die Hündin einfror oder starrte, tat sie dies nur kurz. Wir können kein Knurren oder Bellen in unsere Beobachtung aufnehmen. Warum? Weil sie es nicht tat. Sie schoss los, biss zu und ließ nicht locker. Sie biss so fest, dass der andere Besitzer seine Frau nur mit Schwierigkeiten befreien konnte, um zum Krankenhaus zu fahren. Die Besitzer haben nicht die Verhaltensweisen gesehen, die wir vor einer Aggression erwarten. Vielleicht hatten sie auch gar nicht die Zeit, um auf sie zu achten. In der Situation zeigte sie eine Kurzschlussreaktion.

Wenn wir mit ihr arbeiten wollten, müssten wir in der Verhaltenskette vor dem Losstürzen und Beißen anfangen, um zu verhindern, was sie getan hat. Wie Ihr Hund ist auch diese Hündin einzigartig und hat ihre eigene, einzigartige Geschichte. Sie tat, was sie tat und nicht was in Büchern steht. Manchmal sind wir ratlos bei Hunden, die „aus heiterem Himmel" zu beißen scheinen, weil die Leute annehmen, dass Aggression immer ein breites Verhaltensmuster aufweist. Vielleicht haben Sie gedacht, ein Hund würde vor dem Beißen immer knurren, bellen oder die Zähne fletschen. Daher haben Sie die subtilen Versuche Ihres Hundes verpasst, wegzugehen oder seine extremen Bemühungen, Ihrer Hand auszuweichen, um seinen Kopf zu streicheln, oder sein regelmäßiges Kratzen, wenn Sie sich über ihn beugen. Ihr Hund kann sehr wohl einiges von dem zeigen, was in Büchern steht, und einige Bücher sind eine große Hilfe beim Lernen des Hundeverhaltens im Allgemeinen. Aber wenn Sie mit Ihrem individuellen Hund trainieren wollen, werden Sie erkennen, dass er seine eigenen Verhaltensmuster zeigt. Die Beobachtung Ihres Hundes ist unerlässlich. Was tat Ihr Hund unmittelbar, bevor er zubiss? Und davor? Und davor?

Was passierte mit dieser Hündin, bevor sie hochschoss und zubiss? Ich vermute, auch wenn ich nicht sicher bin, sie hat geschlafen. (Um sie fair zu beurteilen, müsste ich mir sicher sein, und auch Sie müssen sich bei der Beobachtung Ihres Hundes sicher sein.) Es kommt hinzu, dass bei dieser Hündin Missbrauch in der Vorgeschichte bekannt war. Die neue Besitzerin hat sie liebevoll während des Schlafs berührt und sie erwachte in einer noch ungewohnten Umgebung, ging auf den vermuteten Angreifer los und erwiderte die Attacke. Wenn ich mit dieser Hündin arbeiten sollte, würde ich zunächst ihre Besitzer anweisen, sie niemals während des Schlafs zu berühren. Stattdessen könnten Sie sie mit einem Geräusch aufwecken oder sie nur in einer Box schlafen lassen. Das Management muss Teil der Verhaltensmodifikation sein.

Das Verhalten, an dem Sie arbeiten, ist nicht der Biss. Fangen Sie nicht mit dem riskanten Verhalten an, weil das zu spät und zu gefährlich ist. Beginnen Sie mit dem Verhalten unmittelbar vor dem Biss oder mit dem noch davorliegenden Verhalten oder am besten mit der Verhaltensweise Nr. 6, 7 oder 8 vor dem Biss. Konzentrieren Sie sich auf die Verhaltensweisen, die konsequent zum Zubeißen führen. Sie werden dem Hund zeigen, dass er nicht schauen, starren, knurren, losstürzen und beißen oder andere proaggressive Verhaltensweisen zeigen muss, um sicher zu sein, weil Sie ihn niemals dafür bestrafen werden. Stattdessen werden Sie ihm Alternativen geben.

CAT will Ihren Hund lehren, dass er einfach schauen kann, seinen Kopf drehen, sich setzen oder den Kopf schieflegen. Oder er kann zu dem anderen Hund gucken, Frauchens Hand anstupsen, um gekrault zu werden, und wieder zu dem anderen Hund gucken. Der Schlüssel ist herauszufinden, wo das sichere Verhalten wie das Anschauen eines anderen Hundes endet und wo das aggressive Verhalten wie Losstürmen und Beißen beginnt. Die sicheren Verhaltensweisen sollen sich für den Hund so lohnend auszahlen, dass er sein aggressives Verhalten nicht länger braucht.

Zurückgehen und Bellen sind bei diesem Hund Bestandteile seiner Verhaltenskette.

Die gesamte Verhaltenskette, die zur Aggression führt, kann in vielen Fällen als ein einziger Verhaltenskomplex behandelt werden, wenn Sie den konstruktiven und nicht den bestrafenden Ansatz für Ihr Training wählen. Wenn Ihr Hund immer einfriert, starrt, etwas zurückweicht, losrennt und dann beißt, können Sie damit anfangen, das Einfrieren als unerwünschtes Verhalten zu behandeln. Es ist für sich allein genommen überhaupt nicht gefährlich, aber wenn Sie beobachten, dass es immer oder üblicherweise der erste Schritt in der Beiß-Verhaltenskette ist, können Sie damit anfangen. Wie ich bereits sagte, lässt die Bestrafung des Einfrierens den Hund darüber im Unklaren, was er stattdessen tun soll, und es verkürzt die Verhaltenskette bis zum Zubeißen, das heißt es macht ihn noch gefährlicher. Wir wollen ihm lieber beibringen, was er anstelle des Einfrierens tun kann. Sie werden eine Trainingsprozedur entwickeln, die ihm genau das gibt, was er will und braucht, um sich in seiner Welt sicher zu fühlen. Lassen Sie uns den Hund eine Alternative zum Einfrieren lehren, die einfach auszuführen ist und und mit deren Hilfe er unliebsame Fremde sicher loswird. Dies macht das Training für Sie und jeden anderen in der Nähe sicherer, und Ihr Hund bekommt wahrscheinlich eine Vorstellung davon, dass seine ganze aggressive Verhaltenskette nicht nötig und viel zu aufwändig ist. Wir wollen ihm leichtere Wege zu dem Frieden und der Sicherheit zeigen, die er will und braucht.

Sie sollten Ihrem Hund das Erlernen neuen Verhaltens so leicht wie möglich machen. Ihr Ziel ist es, ihn von dem Ge-

Den Kopf wegdrehen und die Lefzen lecken sind zwei Beispiele für alternative Verhaltensweisen.

und warten. Der Lockvogel soll sich alle 15-60 Sekunden wieder nähern und sich entfernen, wenn der Hund nicht aggressiv ist.

Das klingt nicht intuitiv, oder? Weggehen als Belohnung? Aber es funktioniert. Warum funktioniert es? Weil der Hund sich nichts mehr wünscht als Erleichterung. Er will, dass der Bösewicht weggeht und ihn in Ruhe lässt. Und genau damit fängt unser Programm an. Wir vermitteln ihm, dass wir verstehen, wie schwer er

fühl einer drohenden Gefahr zu befreien, die von der normalerweise aggressionsauslösenden Ursache oder auch von irgendeiner Bestrafung durch Sie ausgeht. Ein möglicher Weg ist es, mit dem Hund oder dem Menschen, auf den Ihr Hund aggressiv reagiert oder mit einem Freiwilligen in größtmöglicher Entfernung zu beginnen. (Wir bezeichnen diesen Hund oder Menschen als „Helfer".) Im CAT-Training fangen wie mit der physischen Distanz an, die groß genug ist, dass Fido nicht beunruhigt ist, wenn er die Person oder den Hund sieht. Dies ist sehr wichtig. Es wird Zeiten im Training geben, an denen Sie diese Distanz verpassen oder Ihr Hund Sie überrascht, aber das Ziel ist, es ihm leicht zu machen.

Der Helfer wird auf den Hund zugehen, bis er bemerkt wird und dann anhalten. Wenn der Hund entschieden hat, dass der Helfer weit genug entfernt ist und keine Bedrohung darstellt, kann er weggehen

es hat und wie sehr er eine Pause braucht. Deshalb bringen wir den beunruhigenden Menschen (oder Hund) dazu, sich zu entfernen.

Ich möchte betonen, dass es hierbei um mehr geht als das Vermeiden aggressiven Verhaltens. Es geht auch darum, neutrale oder freundliche Verhaltensweisen aufzubauen, die Sie als sicheres Verhalten verstärken können und die der Hund als Alternative zur Aggression verwenden kann. Er dreht den Kopf zur Seite – super. Er setzt sich – hervorragend. Wenn er weggehen möchte, gehen Sie mit ihm.

Aber was passiert, wenn der Hund eine der Verhaltensweisen zeigt, die wir ersetzen wollen? Wenn er einfriert, knurrt, bellt und sich in die Leine wirft? Sie möchten vermeiden, Ihren Hund in die Aggression zu treiben, aber manchmal gelingt dies nicht. Sofern alle notwendigen Sicherheitsvorkehrungen getroffen wurden, rührt sich in einem solchen Fall der Helfer nicht vom Fleck und lässt den Hund herausfinden, was wirksamer ist als sein chaotisches Benehmen. Wenn Bellen, Knurren und sich wie ein Wahnsinniger Aufführen nicht zum gewünschten Ergebnis führt, wird der Hund etwas anderes ausprobieren. Ihr Ziel ist es, dem Hund zu zeigen: „Hey, Aggression funktioniert jetzt nicht, aber Du kannst eine riesige Palette von sicherem, freundlichem oder neutralem Verhalten zeigen und der Bösewicht wird verschwinden. Und nun? Du kannst alles ausprobieren, was Du willst!"

Im Laufe der Zeit werden Sie von Ihrem Hund etwas mehr verlangen, beispielsweise kommt der Helfer etwas länger ein bisschen näher oder er geht etwas umher, oder Sie arbeiten zu anderen Tageszeiten und an anderen Orten. Aber wir werden diese Veränderungen in mundgerechte Häppchen aufteilen, damit Ihr Hund möglichst leicht Erfolg hat. Wir erwarten von ihm keinen Riesenschritt mit vorprogrammiertem Scheitern.

Nach einem erfolglosen Versuch, bei dem der Hund aggressiv wurde, müssen wir oft vor dem nächsten Anlauf einige Änderungen vornehmen. Wenn er den Helfer gesehen und dann geknurrt hat, sind wir vielleicht zu schnell vorgegangen und müssen aus einer größeren Entfernung neu starten. Oder wir haben von ihm erwartet, einen anderen Hund zehn Sekunden ruhig anzuschauen, obwohl er nur für drei Sekunden bereit war. In diesem Fall müssen wir den Helfer anweisen, den anderen Hund schon nach zwei Sekunden wegzuführen und nicht so lange zu warten, bis unser Kandidat ein unerwünschtes Verhalten zeigt. Warum zwei Sekunden, obwohl unser Hund drei Sekunden aushält? Weil wir es ihm so leicht wie möglich machen wollen, das Richtige zu tun. Versuchen Sie es mit zwei Sekunden, wenn er wahrscheinlich schon für drei Sekunden bereit ist, und arbeiten von dort aus weiter. Wenn Sie die Anforderungen zu rasch steigern und er aggressiv wird, müssen Sie noch weiter zurückgehen.

Sieht der Hund den Helfer und steht auf, um wegzugehen, ist das wunderbar. Weil wir immer aufmerksam sind, sehen wir, dass er die Person oder den Hund gesehen hat, ohne aggressiv zu werden und selbständig entschieden hat, sich zu entfernen. Daher belohnen wir dieses Verhalten, indem wir mit ihm weggehen. Der Schlüssel ist es, ihm zu zeigen, dass er eine Alternative zur Aggression hat und diese sogar effektiver ist. Lehnt er sich an seinen Besitzer? Super! Entfernt er sich von etwas, das er normalerweise angreift? Großartig!

Als die Aggression Ihres Hundes begann, hat er Folgendes gelernt: Wenn er bellt, knurrt, losstürzt und beißt, laufen die anderen Menschen und Hunde fort und lassen ihn allein. Ein guter Unterricht besteht daraus, den Schüler innerhalb bestimmter Grenzen etwas selbst herausfinden zu lassen. Dann könnte seine Antwort

Schon gewusst?

Aggression bedeutet Stress für den Hund, nicht nur für den Besitzer. Es ist für den Hund belastend und anstrengend, immer in Alarmbereitschaft zu leben, und der Stress kann zu gesundheitlichen Problemen führen.

Der Helfer bleibt in Entfernung zum Hund.

Der Helfer hat einen Punkt erreicht, an dem der Hund reagiert.

Wenn der Hund sich ruhig oder neutral verhält, belohnt ihn der Helfer, indem er sich umdreht und fortgeht.

so ausfallen: „Okay, ich habe es gesehen und den anderen Weg eingeschlagen. Dann war alles ruhig und ich musste keinen Kampf austragen. Mein Mensch sieht das locker, alles ist gut.“ Offensichtlich ziehen Sie Ihren ganz beiläufig aus dem Verkehr und dirigieren ihn aus der Schusslinie eines entgegenkommenden Hundes.

Wir müssen uns mit einem wichtigen Einwand beschäftigen. Wenn der Hund versucht, vor etwas auszuweichen, das er üblicherweise anbellt, und Sie es dabei bewenden lassen, dann lernt er nicht mehr, als dass er nur weglaufen muss und alles ist gut. Wie soll ihm das helfen, wenn Menschen oder Tiere in der Nähe sind, die ihn beunruhigen? Wenn er in einer Wohnung lebt, muss er trotzdem jeden Tag nach draußen, um seine Geschäfte zu verrichten. Und wenn ein Tierarztbesuch ansteht, muss er manchmal andere Menschen und Tiere aushalten. Sie werden sehr hart arbeiten müssen, um ihm dies so leicht wie möglich zu machen, aber wie jeder gute Lehrer werden Sie Ihr Bestes geben, um die Arbeit in kleine Portionen aufzuteilen. Sie tun ihm nichts Gutes, wenn Sie ihm erlauben, seine Hausaufgaben nicht zu machen (immer die aversiven Situationen zu vermeiden) oder ihm die Arbeit abnehmen (ihn wegziehen).

Habe ich gesagt, dass Sie Ihren Hund niemals wegziehen sollten, wenn er aggressiv wird? Es gibt eine Ausnahme. Wenn alles schiefgeht, müssen Sie die Verluste gering halten. Wenn der andere Hund sich losreißt oder ein quietschender Teenager Ihren Hund umarmen will, dann brüllen Sie: „Holen Sie Ihren Hund!“ oder „Stopp! Fass meinen Hund nicht an!“ und ergreifen Sie die Flucht. Ja, es kann sich sehr gemein anfühlen, ein hübsches aufgeregtes Kind so anzugehen. Aber besser so, als ein Teenager mit einer Narbe im Gesicht oder Ihr Hund in amtstierärztlicher Quarantäne.

Schadensbegrenzung ist nicht ideal. Sie kann Sie in Ihrem Training etwas zurückwerfen, aber sie ist manchmal der beste Weg. Bewahren Sie Ihren Hund vor dem freilaufenden Hund, bewahren Sie den Teenager vor einem Biss, gehen Sie nach Hause und denken Sie erneut über Ihre Strategie nach. Betrachten Sie jeden Gang mit Ihrem Hund als Trainingsstunde. Vielleicht sollten Sie vorläufig überhaupt nicht mit Ihrem Hund spazierengehen, sondern mit ihm im Hof üben, wenn Sie einen haben. Oder Sie könnten mit Ihrem Hund spätabends oder frühmorgens Gassi gehen, wenn es sicher ist, und dies solange tun, bis Sie genug gearbeitet haben, um einen neuen Versuch zu einer Zeit zu wagen, in der nur wenig Menschen draußen sind.

Achten Sie darauf, was in der Umgebung passiert, wenn Ihr Hund das Problemverhalten zeigt. Sie können viele Verhaltensweisen ändern, indem Sie irgendetwas in der Umgebung verändern. Geschieht es üblicherweise, während er frisst? Liegt sein Spielzeug in der Nähe? Verteidigt er seinen Lieblingsplatz? Erschreckt ihn etwas? Was passiert, wenn ihn jemand überrascht, zum Beispiel eine Person plötzlich hinter ihm steht? In diesem Fall bitten Sie Ihre Mitmenschen darum, sich nicht an Ihren Hund anzuschleichen. Tut ihm etwas weh? Haben Sie ihn vom Tierarzt untersuchen lassen? Hat er Hunger? Manchmal kann es sich positiv auf das Verhalten auswirken, wenn Sie statt einer einzigen täglichen Mahlzeit das Futter auf zwei Rationen morgens und abends aufteilen und ihm mittags ein mit Futter befülltes Kauspielzeug geben. Wir haben vor Jahren in dem ersten Tierheim, in dem ich gearbeitet habe, entdeckt, dass die Hunde umgänglicher sind, wenn sie zwei Mal täglich gefüttert werden. Hat er seinen eigenen Platz, an den er sich zurückziehen kann, wenn die Kinder toben? Gibt es irgendetwas anderes in der Umgebung, das sie verändern können, um das Verhalten Ihres Hundes zu verbessern?

Schon gewusst?

Die Lektion, die ein Hund durch harte Behandlung lernt, ist wahrscheinlich, sich zu wehren. Ich verstehe den Wunsch, der Hund solle „seine Lektion lernen", aber wir möchten ihm zeigen, dass die Welt nicht so gefährlich ist, wie er denkt, und dass er bessere Alternativen hat.

Wir haben im Tierheim auch beobachtet, dass sich frierende Hunde oft nicht gut benehmen. Sie springen herum, sind laut und reizbar, was das Risiko von Bissen oder Verletzungen erhöht. Wir haben dies entdeckt, als in einem Winter die Zentralheizung ausgefallen war. Während sich einige Hunde winselnd in ihren Betten zusammenrollten, rannten und sprangen andere unaufhörlich herum. (Überflüssig zu sagen, dass wir Heizlüfter aufstellten und die Heizung so schnell wie möglich repariert wurde.)

Auf wen reagiert Ihr Hund aggressiv? Aggression ist situationsspezifisch, und auch Dinge, auf die Ihr Hund aggressiv reagiert, sind für ihn spezifisch. Ein Hund

Nicht wegziehen

Folgendes ist sehr wichtig: Wenn Ihr Hund sich entscheidet, wegzugehen, ist das prima, klasse, cool, großartig, einfach gut! Aber Sie sollten ihn niemals wegziehen, damit er etwas Nichtaggressives tut, außer, um jemanden vor einer Verletzung zu schützen. Wegziehen ist nicht Erziehen; es ist nur Wegziehen. Der Hund lernt dadurch nicht, dass Umkehren und Weggehen das Problem löst. Er lernt: „Wenn dieses furchteinflößende Etwas kommt, flippt mein Besitzer aus, würgt mich und wir rennen weg." Natürlich lernt er dabei, aber eben nicht das Richtige.

kann sich gegenüber der einen Person sehr freundlich verhalten, aber gegenüber der anderen sehr aggressiv. Oder er zeigt gegenüber Fremden ein problematisches Verhalten und wird dann langsam warm mit ihnen. Er mag einige Hunde und andere nicht. Er liebt Menschen und hasst Hunde. Er ist freundlich zu Erwachsenen, aber nicht zu Kindern. Manchmal ist es sehr schwierig, herauszufinden, was das aggressive Verhalten triggert – es kann extrem spezifisch sein.

Ich habe einmal mit einer Familie gearbeitet, deren Bullterrierhündin Blanca zu jedem freundlich war – außer zu Sara, der Schwester der Ehefrau. Sara kam oft zu Besuch und wurde viele Male gebissen. Ein paar Mal hat Blanca sie nicht aus ihrem Schlafzimmer gelassen und sie musste dort bleiben, bis der Ehemann von der Arbeit nach Hause kam und den Hund zurückrief. Er konnte es nicht glauben. Wenn er zu Hause war, benahm sich Blanca wie eine perfekte Lady, und er fand es lächerlich, dass er wegen des Hundes seinen Arbeitsplatz verlassen musste.

Als wir versuchten, die Ursache herauszufinden, sagten seine Frau und Sara, dass es nur passiert, wenn er bei der Arbeit ist. Das habe auch ich beobachtet. Blanca benahm sich gegenüber Sara großartig, wenn alle drei zusammen waren. Als ich den Ehemann bat, in einem anderen Zimmer zu warten, war Blanca immer noch freundlich zu Sara. Er ging in die Garage. Keine Veränderung. Er ging in den Garten. Nichts. Er ging zum Auto und fuhr davon. Bingo! Der Hund knurrte und bedrohte Sara. Blanca war nur aggressiv, wenn der Mann mit dem Auto von zu Hause wegfuhr. Was für eine Herausforderung! Aber nachdem wir das einmal wussten, konnten wir Fortschritte mit Blanca machen, indem Ehefrau und ihre Schwester mit ihr arbeiteten, wenn der Mann nicht zuhause war. Der Mann konnte das Ganze nicht glauben, bis er im Video sah, wie sein Hund seine Schwägerin angriff. Blanca hatte sich ihm gegenüber nie so verhalten. Also glauben Sie nicht, Sie seien verrückt, wenn Ihr Hund anscheinend eine sehr spezifische Aggression hat.

Denken Sie auch an die Tageszeit, ob der Hund hungrig ist und ob die Umgebung gerade sehr lebhaft oder geräuschvoll ist, zum Beispiel, wenn die Familie abends heimkommt, wenn Gäste oder Handwerker im Haus sind. Grenzen Sie die spezifischen Umstände ein, unter denen Ihr Hund aggressiv ist und erarbeiten Sie Wege, um Ihrem Hund solche Umstände erträglicher zu gestalten.

Den Hund wegzuziehen ist der letzte Ausweg und nur geeignet, um Verletzungen oder Schäden zu verhindern.

Das Wort „konstruktiv“ ist wichtig. Wie bereits erwähnt, ist dies der Schlüsselbegriff im CAT-Training. „Konstruieren“ bedeutet „aufbauen“. Unser Ziel ist es, wünschenswerte Verhaltensweisen aufzubauen, die den Platz des Problemverhaltens einnehmen. Die meisten Methoden zur Aggressionsbewältigung konzentrieren sich darauf, das Problemverhalten loszuwerden. Wir werden uns darauf fokussieren, wünschenswertes Verhalten aufzubauen, indem wir als Basis solche Verhaltensweisen nutzen, die sich schon im Repertoire Ihres Hundes befinden. Wir wollen erwünschtes Verhalten lehren, das der Hund anstelle der Aggression zeigen kann und mit dem er genauso effektiv – oder sogar noch effektiver – das für ihn wichtige Ergebnis erzielen kann (insbesondere Menschen und Hunde loszuwerden, die er nicht mag). Wir wollen ihm beibringen, dass er mit einfachen Mitteln zum selben Ziel kommt.

Bringen Sie Ihrem Hund so viele alternative Verhaltensweisen wie möglich bei. Während meiner CAT-Forschung mit Dr. Rosales habe ich mit einem Greyhound namens Trixie gearbeitet. Wie Blanca hatte auch Trixie ein sehr spezifisches Aggressionsmuster. Trixie wurde nur im heimischen Wohnzimmer aggressiv. Anders als Blancas Aggression gegen eine bestimmte Person und nur in Abwesenheit des Ehemanns richtete sich Trixies Aggression gegen alle Besucher, aber nur in Anwesenheit des Besitzers, den sie liebte.

Trixie war einer der ersten Hunde, mit denen ich gearbeitet habe, und ich setzte darauf, ein von ihr häufig angebotenes Verhalten aktiv zu verstärken: den Kopf von mir wegzudrehen. Zuerst starrte sie mich an und bellte. Sobald sie ihren Kopf abwandte, ging ich fort. Ich habe dieses Verhalten sehr gefördert, indem ich jedesmal wegging, wenn sie es zeigte.

Ein Hund kann auch nur an einem bestimmten Platz aggressiv sein, z. B. am Lieblingsplatz auf dem Sofa.

Aber dann passierte das: Die gute Trixie drehte ihren Kopf so weit zur Seite, dass sie mich gerade noch anschielen konnte und bellte. Nennen Sie es einen Anfängerfehler, aber seien Sie nicht überrascht, wenn sich im Aggressionstraining verrückte Dinge ereignen. Verhalten läuft nach bestimmten Regeln ab, aber manchmal ist es schwierig, diese zu erkennen.

Ich habe mir Trixies Videos einige Male mit Dr. Rosales zusammen angesehen. Er riet mir, nicht mehr wegzugehen, wenn sie den Kopf drehte. Stattdessen sollte ich mich abwenden, wenn sie irgendein nicht aggressives Verhalten zeigte – den Kopf drehen, hinsetzen, sich kratzen, sich an den Besitzer lehnen.

Ein anderes Mal leiteten Dr. Rosales und ich ein CAT-Seminar in Kanada. Am zweiten Tag des Seminars wollten wir live einige aggressive Hunde präsentieren. Einer von ihnen, eine Kurzhaarcollie-Hündin, war schon seit einigen Jahren wegen ihrer Aggressionen bekannt. Die Besitzerin hatte schon gewissenhaft Technik um Technik durchprobiert, um ihrem Hund zu helfen. Wir fanden einen Hund vor, der bei unserem Anblick nichts tat. Sie tat auch nichts, als wir uns ihr immer mehr näherten. Aber irgendetwas stimmte nicht. Tatsächlich, sobald ich in Reichweite war, schaltete sie blitzschnell vom Nichtstun um und preschte brüllend in meine Richtung. Was die Hündin in all ihrem Aggressionstraining gelernt hatte, war liegenzubleiben, bis der Bösewicht (ähhh, ich) nah genug gekommen war. Dies war ganz sicher kein Verhalten, das wir vervollkommnen wollten.

In Zusammenhang mit dem Aggressionstraining wird oft das Wort „ruhig“ verwendet. Sie möchten Ihrem Hund dabei helfen, in Anwesenheit des sogenannten Feindes ruhig zu bleiben. Aber ruhig ist nicht das Gleiche wie still. Man kann leicht glauben, der Hund sei entspannt, wenn er einfach nur daliegt. Das muss aber nicht so sein. Vielleicht hat er aber auch gelernt: Je weniger er sich bewegt, desto weniger Probleme hat er. Und wenn die gruselige Person nahe genug kommt, gibt ihm das Stillsein die Chance zum Zuschlagen.

Ja, wir wollen, dass der Hund sich in seiner Welt sicher fühlt und sich keine Sorgen machen muss. Anstatt ihm beizubringen, weniger Verhalten zu zeigen, ist es einfacher, wenn er viele Verhaltensweisen anbietet, mit denen wir arbeiten können. Ich arbeite viel lieber mit einem Hund, der sich wie ein brüllender Löwe aufführt, als mit einem Hund, der still und reglos ist. Einige der furchteinflößendsten Hunde, die ich jemals kennengelernt habe, waren sehr still.

Als ich das nächste Mal einem stillen Hund begegnete, machte ich nicht den Fehler, ihn für einen ruhigen Hund zu halten. Ich wusste, dass es sich auch um einen Hund handeln konnte, der es gelernt hatte, still zu sein – in anderen Worten: reglos –, weil dies bei ihm wirkte. Wenn Sie es mit einem Hund zu tun haben, der gelernt hat, sehr still zu sein, müssen Sie bei jeder kleinen Bewegung weggehen, sei es ein Anheben der Augenbraue oder eine leichte Gewichtsverlagerung oder ein hörbares Ausatmen. Arbeiten Sie sich langsam vor, bis der Hund Bewegungen zeigt, die Sie leichter belohnen können. Das ist eine sehr mühsame Arbeit, aber sie ist möglich. In diesem Prozess ist das Belohnen von Bewegung am besten.

Wenn sich der Hund mehr bewegt, können Sie allmählich Verhaltensweisen auswählen, die sicherer und freundlicher sind. Stellen Sie sich vor, dass ich als Helfer mit einem Hund arbeite. Wie schon drei Mal zuvor steht der Hund und schaut mich an, wenn ich mich ihm nähere, aber jetzt dreht er sich zur Seite. Diese seitliche Drehung kann ich nun als das Verhalten

Sie können eine Vielzahl sichtbarer Verhaltensweisen belohnen, z. B. ein Wegdrehen des Kopfes.

wählen, das ich verstärken möchte. Der Hund hat bereits gelernt, dass er mich mit bestimmten Dingen vertreiben kann, also gehe ich ab jetzt fort, wenn er sich zur Seite wendet. Auf diese Weise kann ich weitermachen, wenn er geht, sitzt, seinen Kopf neigt oder nach einer Fliege schnappt. Und er wird gezielt dieses Verhalten einsetzen, bis er zum Beispiel statt wie sonst zu knurren und zu bellen perfekt still liegt.

Wir bringen ihm so viele sichere Alternativen bei, wie wir können, und nutzen die gesamte Palette an nicht aggressiven Verhaltensweisen, die der Hund einsetzt, um den Bösewicht zu verscheuchen. Je mehr, desto besser. Auf diese Weise lernt Fido nicht, dass Stillsitzen und den Besitzer anschauen der einzige Weg zur Lösung seiner Probleme ist. Er lernt auch nicht, dass, bevor er aggressiv wird, regloses Warten auf den näherkommenden Fremden effektiv ist. Er lernt, dass Sitzen und Frauchen angucken oder Weggehen oder sich wälzen oder mit einem Spielzeug spielen oder ganz viele andere sichere Verhaltensweisen ein Weg zur Problemlösung sein können.

Auch wollen wir unseren Hund nicht lehren, Belohnungen seien der Schlüssel, um Probleme zu vermeiden. Ich will es ganz deutlich sagen. Belohnungen sind ein sehr, sehr, SEHR gutes Trainingsinstrument, sogar beim Aggressionstraining. Aber wir müssen uns jetzt in erster Linie damit auseinandersetzen, warum der Hund sich aggressiv verhält. Versucht er, Ihren Lieblingsonkel zu beißen, weil dieser ihm Leckerchen gibt? Unwahrscheinlich. Er beißt Onkel Matt vermutlich, damit dieser weggeht oder irgendetwas unterlässt. Was hilft uns dabei ein Stückchen Käse? Fido frisst es, oder er frisst es nicht. Aber der Käse ist nicht das, was er sich in diesem Moment am meisten wünscht. Warum nutzen wir nicht die stärkste Belohnung – die Belohnung, auf die uns der Hund bereits aufmerksam gemacht hat und die genau das ist, was er sich in dieser speziellen Situation am meisten wünscht – als Prämie für nicht aggressives Verhalten[6]?

Leckerchen als primäre Belohnung im Aggressionstraining sagen Fido nur, dass etwas, das mit seinem tatsächlichen Problem nichts zu tun hat, gut genug sein muss. Fido möchte das nicht kaufen. Wenn es nicht gut genug ist, ist es eben nicht gut genug. Fido soll aber begreifen, dass die Welt kein schrecklicher Ort ist. Er hat versucht, uns mitzuteilen, was er will, und er bekommt genau dies, wenn er sich gut benimmt. Er will Onkel Matt vertreiben. Und wenn er einmal verstanden hat, dass Matt weggeht, wenn er Frauchen anguckt oder sitzt oder sich herumrollt oder auf seiner Decke liegt, wird er dieses erwünschte Verhalten in Zukunft öfter zeigen.

Es gibt im Aggressionstraining viele gute Gelegenheiten, um Leckerchen zu geben. Sie können damit eine Vielzahl von Fähigkeiten belohnen, die im CAT-Prozess hilfreich sind, wie beispielsweise das Tragen eines Maulkorbs, auf einer Decke liegen oder weggucken, um den Anblick von irgendjemandem zu vermeiden. Aber Sie werden all diese Verhaltensweisen spielerisch üben, wenn kein Bösewicht in der Nähe ist. Sie werden diese Dinge nicht trainieren, wenn es ernst wird und wenn Ihr Hund bereits weiß, wie er die bösen Buben aggressiv in die Flucht schlagen kann.

6 Der Fachausdruck hierfür ist *funktioneller Verstärker*.

Achtung, nun kommt etwas sehr Wichtiges!

Wenn Fido tut, was wir möchten, geben wir ihm keine Belohnung, sondern nehmen etwas Bedrohliches weg. Der Grund dafür ist, dass wir für diesen individuellen Hund in dieser Situation den kräftigsten Verstärker verwenden wollen. Ist der Hund aggressiv, um sich Leckerchen zu verdienen? Unwahrscheinlich. Er ist aggressiv, damit er sich sicherer fühlen kann. Also helfen wir ihm dabei, sich sicher zu fühlen. Wir bitten Onkel Matt, immer dann wegzugehen, wenn Fido etwas Positives tut oder wenn wir es ihm sagen. Und Fido wird dieses Positive immer öfter tun, weil er damit wirklich gute Ergebnisse erzielt.

An dieser Stelle höre ich oft den Einwand: „Aber ich möchte nicht, dass mein Lieblingsonkel jedes Mal geht, wenn mein Hund nett zu ihm ist." Und jetzt die gute Nachricht. Ich habe während meiner Forschung überhaupt nicht damit gerechnet, obwohl Dr. Rosales es schon vorher gesehen hatte. Es war eine wirklich schöne Überraschung. Wenn Sie arbeiten und Ihr Hund immer mehr gute Verhaltensweisen zeigt, wird er irgendwann neugierig werden. Er wird sich merkwürdig verhalten, wie in der Luft in Onkel Matts Richtung zu schnuppern oder ganz zaghaft mit herunterhängendem Schwanz wedeln oder vielleicht wird sogar sein Körper weich, wenn Onkel Matt kommt. Zu diesem Zeitpunkt machen Sie einen großen Fortschritt. Sie bleiben solange dabei, Onkel Matt fortzuschicken, bis Sie sicher sind, dass Fido diesen Onkel durchchecken möchte. Sie lassen Fido etwas näher heran, damit er in der Luft schnuppern kann – aber ohne Berührung, wir wollen das Schicksal nicht herausfordern. Als Nächstes können Sie mit Fido spazieren gehen und Onkel Matt geht ein bis zwei Meter neben Ihnen her. Oder Onkel Matt geht vor Ihnen, damit Fido ihn aus der Nähe sehen und kontrollieren kann, ohne dass Matt sich nach ihm umschaut. Als Nächstes geht Onkel Matt hinter Ihnen und Fido hat ihn nicht die ganze Zeit im Blick. Schön, wenn der Hund anhalten, sich umdrehen und gucken möchte. Bitten Sie Onkel Matt, stehenzubleiben und Fido nachsehen zu lassen. Dann gehen Sie wieder weiter.

An diesem Punkt kann etwas wirklich Schönes passieren. Fido wird anfangen, Onkel Matt zu mögen. Und er wird herausfinden wollen, ob Onkel Matt das verstanden hat. Onkel Matt versucht keine faulen Tricks. Er geht weiterhin weg, wenn sich Fido gut benimmt. Übertreiben Sie es nicht. Aber wenn Fido sich Onkel Matt nähern will und sein Körper weich und geschmeidig ist, gestatten Sie eine kurze Begegnung. Jetzt wird Onkel Matt vielleicht Fidos Stupser erwidern wollen, aber erlauben Sie das noch nicht. Ein Schritt nach dem anderen. Ein kurzes Schnüffeln an Matts Jeans, und dann geht jeder wieder locker seiner Wege.

Viele Hunde entscheiden sich dafür, dass Onkel Matt nun nicht mehr weggehen muss. Das ist großartig. Halten Sie die Begegnungen trotzdem kurz. Onkel Matt kann als Nächstes mit dem Spiel anfangen, er sei „schwer herumzukriegen", während Fido mehr will.

2 Die Veränderung liegt in Ihrer Hand: Ergreifen Sie die Initiative

Es spielt nicht unbedingt eine Rolle, ob Sie schon langjährige Erfahrungen mit verschiedenen Hunden haben oder ob es um Ihren ersten und einzigen Hund geht. Wichtig ist nur Ihr Wille, dort anzufangen, wo Sie jetzt stehen, und zu lernen. Viele Leute haben jahrelang in Tierheimen, Hundepensionen oder Tierarztpraxen gearbeitet, sind den Umgang mit Hunden gewöhnt oder sind sogar vielleicht selbst Hundetrainer und haben trotzdem nicht die richtigen Fähigkeiten für die Arbeit mit aggressiven Hunden. Andere haben vielleicht kaum mit Hunden zu tun gehabt und besitzen trotzdem die natürliche Gabe, Hunde zu beobachten und wissen, wie man sie überzeugt, ihr Verhalten zu ändern. Wenn jemand zum zweiten Typ gehört, sich gründlich weiterbildet, Seminare und Workshops über das Lesen des Verhaltens und über Hundetraining besucht und viel praktische Erfahrung sammelt, dann kann er oder sie es schaffen. Klingt das nach Ihnen? Ich weiß, dass viele Leute Hundetrainer werden, nicht weil sie Hunde lieben, sondern weil sie einen speziellen, aggressiven Hund lieben und ihm helfen möchten. Viele, viele von ihnen waren nicht von vornherein Profis, als dieser Hund in ihr Leben kam – dieser Hund, der sie an ihre Grenzen führte. Sie erkannten den Bedarf und sie sind dabei geblieben.

Eine der großen Herausforderungen bei der Arbeit mit aggressiven Hunden ist es, Menschen zu finden, die wissen, was sie tun. Bei der Online-Suche werden sie viele Webseiten von Personen finden, die sich als Experten für Hundeaggressionen bezeichnen. Aber wenn Sie herausfinden wollen, wie solch ein Trainer arbeitet, werden sie schnell merken, dass die Webseite die angewendeten Techniken nicht genau beschreibt. Oft fallen Ihnen auch schnell rote Flaggen auf: Beispielsweise, wenn ein Trainer Ihnen Erfolg garantiert, und das nach wenigen Stunden und für einige hundert Dollar. Oder ein Trainer bietet an, den Hund für einige Wochen aufzunehmen und zu trainieren. Einige stationäre Trainings sind exzellent, aber manche wenden Schockhalsbänder und andere Bestrafungen an. Wenn der Hund dann nach Hause kommt, ist er entweder „ruhig“ in dem oben beschriebenen Sinn (d. h. in Wirklichkeit ist er gebrochen) oder einiges hat sich noch verschlimmert. Wenn man Ihnen nicht erlaubt, den Hund während des stationären Trainings zu sehen – noch nicht einmal per Videoaufzeichnung –, sollten Sie sich darüber Gedanken machen, ob der Trainer etwas vor Ihnen verbergen will. Vielleicht wird Ihr liebster Hundefreund während seiner „Ferien“ misshandelt. So etwas kommt vor. Ein Schockhalsband bei einem völlig überforderten Hund anzuwenden, ist nicht human und bringt dem Hund nicht bei, sich angemessener zu verhalten.

Eine andere rote Flagge ist ein Trainer, der behauptet, mit Belohnungen zu arbeiten, später aber einschränkt, man könne nicht zwei Hunde auf die gleiche Weise trainieren. Das ist ein Vorwand und heißt, dass er einige Hunde mit Leckerchen und andere mit Bestrafung und Korrekturen trainiert. Es wird „balanciertes Training“ genannt und kann zu einem „vergifteten Signal“ führen. Der Begriff „vergiftetes Signal“ bezieht sich auf ein Verhalten, das sowohl mit positiver Verstärkung als auch mit kräftigem Zwang trainiert wurde. Der Hund wird dadurch verwirrt und weiß nicht, ob er durch seine Bemühungen eine Belohnung verdienen kann oder der Bestrafung entgeht. Er wird Stresssymptome zeigen, weil er nicht weiß, wie er korrekt auf die Kommandos oder Signale reagieren soll. Er steckt in einem Konflikt und kann niemals sicher sein, ob er belohnt

oder bestraft wird, wenn er ein bestimmtes Signal als Aufforderung für ein Verhalten hört.

Karen Pryor hat während ihrer Arbeit mit Meerestieren als Erste das Phänomen des vergifteten Signals erkannt, und später haben es Dr. Rosales und eine Studentin namens Nicole Murray an der Universität von Nordtexas noch tiefgehender untersucht. Das balancierte Training mit vergifteten Signalen ist nicht empfehlenswert. Ich möchte Hunde, die vertrauensvoll Alternativen zu ihrem aggressiven Verhalten entwickeln.

Viele exzellente Trainer arbeiten nicht mit aggressiven Hunden. Vielleicht empfehlen sie Ihnen stattdessn, einen tierärztlichen Verhaltensexperten aufzusuchen. Es ist großartig, wenn man hierzu Gelegenheit hat. Es gibt in den USA etwa 60 Absolventen des *American College of Veterinary Behaviorists*, von denen einige wenige auch in Großbritannien arbeiten. Aber selbst, wenn jemand in erreichbarer Nähe ist, ist es schwierig, einen Termin zu bekommen, oder diejenigen beschäftigen sich nicht nur mit dem Verhalten oder sie nehmen keine privaten Kunden an. (*In Deutschland lautet die entsprechende Bezeichnung „Tierarzt mit Zusatzbezeichnung Verhaltenstherapie, Anm. d. Übers.).*

Manchmal sind Sie selbst die einzige Hilfe, die zur Verfügung steht. Sie haben ja Erfahrung mit Ihrem Hund, aber Sie müssen sich fragen, ob Sie Ihren Hund sicher und gut trainieren können. In diesem Kapitel werden ich Ihnen einige herausfordernde Fragen stellen. Lesen Sie es am besten zusammen mit einem Partner, der Ihren Hund ebenso liebt wie Sie. Die Gegenüberstellung kann Ihnen Klarheit verschaffen und Ihnen ein Gefühl dafür geben, was wirklich machbar ist. Der Partner muss aber jemand sein, dem Sie vertrauen und der Ihnen gegenüber offen und ehrlich ist.

Wenn Sie Ihren Hund wirklich lieben, wenn Sie sich Sorgen um die Menschen und Tiere machen, gegenüber denen sich Ihr Hund aggressiv verhält, und wenn Sie das Beste für Ihren Hund wollen, ist es unverzichtbar, dass Sie meine Fragen ehrlich beantworten. Wenn Sie zweifeln oder wissen, dass Sie die Arbeit nicht tun wollen oder können, müssen Sie sich jemand anderen suchen. Dieser Hund braucht Ihre Unterstützung, auch dann, wenn er sich nicht besonders liebenswert verhält, und Sie müssen sich engagieren (für Ihren Hund, nicht für eine Institution).

Ich verstehe, wie hart es ist, sich den Problemen seines Hundes zu stellen. Schließlich lieben wir unsere Hunde doch, oder? Außerdem verhält sich Ihr Hund Ihnen gegenüber nicht aggressiv, oder? Zumindest nicht die ganze Zeit. Also lesen Sie dieses Kapitel mit offenem Herzen und seien Sie sich gegenüber ehrlich, wenn Sie meine Fragen lesen. Lesen Sie das Kapitel, wenn nötig, auch mehrmals. Lesen Sie langsam und lassen Sie die Fragen auf sich wirken, bevor Sie über den nächsten Schritt entscheiden.

Macht jedes Familienmitglied mit?

Aggressives Hundeverhalten ist oft ein Problem, an dem die einen Familienmitglieder arbeiten möchten, während die anderen dagegen sind, Angst haben oder aus einer Vielzahl von Gründen nicht dazu bereit sind. Vielleicht verhält sich der Hund gegenüber einer Person aggressiv, die nichts dagegen unternehmen will. Es ist nicht lustig, derjenige zu sein, der immer in höchster Alarmbereitschaft sein muss. Vielleicht glaubt diese Person auch, dass ein Kind, ein anderes Familienmitglied oder Tier in Gefahr ist. Manchmal ist auch das Gegenteil der Fall. Gelegentlich möchten die Eltern ihren Kindern nicht das Herz brechen, indem sie den Hund aufgeben. Um die beste Lösung zu finden, muss jeder verantwortliche Erwachsene im Haushalt einbezogen werden. Die Bedürfnisse der Kinder müssen abgewogen werden, aber letzlich müssen die Erwachsenen die Entscheidungen treffen.

In Abhängigkeit von der Schwere der Aggression und der Handhabbarkeit des Hundes kann es möglich sein, dass sich ein Familienmitglied aus dem Training heraushält und nicht teilnimmt. Allerdings bedeutet dies für die anderen eine große Verantwortung: die Verantwortung, zu 100% konsistent zu sein. Trainer sagen oft: „Management geht immer schief." Wir verstehen hier unter Management die Einführung von Hilfsmitteln und Techniken, um Problemen vorzubeugen, wie beispielsweise dem Hund einen Maulkorb

anzulegen, ihn bei Besuch in eine Box zu sperren oder manchmal auch, ihn vor einem Tierarztbesuch zu sedieren. Es heißt nicht, dass Sie sich nicht mit dem Management belasten sollten – das müssen Sie definitiv. Es heißt, dass früher oder später der Zeitpunkt kommt, an dem jemand das Tor offen lässt oder beim Klingeln zur Haustür geht und vergisst, dass der Hund frei herumläuft. Lesen Sie weiter. Ich werde Ihnen dabei helfen herauszufinden, ob Ihr Management-Plan für Sie funktionieren kann, bevor Sie sich entscheiden.

Hat Ihr Hund jemals jemanden gebissen? Wie schlimm war es?

Wenn Ihr Hund schon einmal jemanden gebissen hat, wissen Sie, warum ich diese Fragen stelle. Aber denken Sie auch dann über meine Fragen nach, wenn Ihr Hund noch nicht gebissen hat, damit Sie eine Vorstellung bekommen, wie schwer Ihr Hund möglicherweise jemanden verletzen kann. Der Tierarzt Dr. Ian Dunbar hat eine Beiß-Skala entwickelt, mit deren Hilfe die Schwere des Bisses in sechs Stufen von 1 bis 6 beurteilt wird. Wir behandeln alle aggressiven Hunde ähnlich, unabhängig davon, ob es sich um Stufe 1- oder Stufe 6-Beißer handelt. Aber die Sicherheitsvorkehrungen, die Sie während des Trainings und zwischen den Trainingssitzungen ergreifen müssen, können je nach Einstufung dramatisch variieren. Mehrere schwere Bisse werfen zusätzlich sehr ernste Überlegungen auf. Auch die Größe und Stärke Ihres Hundes sind wichtige Faktoren.

Es gibt auf Dr. Dunbars Skala sechs Stufen, die ich im Folgenden mit meinen eigenen Worten beschreibe und kommentiere.

Stufe 1

Der Hund knurrt, stürzt los, schnappt oder fletscht die Zähne, aber berührt mit seinen Zähnen nicht die Haut.

Stufe 2

Die Zähne berühren die Haut, aber durchdringen sie nicht. Man sieht vielleicht rote Kratzer oder blaue Flecken vom Maulkorb oder den Zähnen.

Ich bin mit Dr. Dunbar einer Meinung: Mehr als 99% aller Hundebisse oder versuchten Bisse gehören zu Stufe 1 oder 2. Der Hund ist noch nicht gefährlich, und man wird wahrscheinlich mit einem Training zur Verhaltensmodifikation Erfolg haben. Solange er zusätzlich zu diesen leichten Bissen entweder gleichzeitig oder zu einem anderen Zeitpunkt noch keine schwerwiegenderen Bisse produziert hat, können Sie sicher mit ihm arbeiten. Der Hund braucht ein Basistraining in Benehmen, Kooperation und Selbstkontrolle. Und Sie sollten ihn managen können, indem Sie eine geeignete Box verwenden, ihn hinter verschlossenen Türen halten, wenn Menschen oder Tiere in der Nähe sind, denen gegenüber er sich aggressiv verhalten könnte, sowie Leinen und andere Hilfsmittel benutzen, um jeder Gelegenheit zum Beißen vorzubeugen. Fangen Sie sofort mit einem Gehorsamkeitstraining an und starten Sie mit der CAT-Prozedur, sobald Sie diese erlernt haben. Bevor der Hund selbst entdeckt, dass er mit intensiveren Bissen weiter kommt als mit leichten, wollen wir ihm beibringen, wie er auf andere Weise mit einem Problem umgehen kann als mit aggressivem Verhalten.

Das Ziel des CAT-Trainings ist, den Hund viele sichere und freundliche Ver-

Links: Endet die Verhaltenskette Ihres Hundes mit einem Biss?

Unten: Bei richtiger Anwendung kann eine Box ein wertvolles Hilfsmittel sein.

haltensweisen zu lehren und ihm auch zu vermitteln, dass wir ihn niemals in Situationen bringen, mit denen er nicht umgehen kann. Sie werden sein Anwalt sein. Wenn er nicht von Fremden angefasst werden möchte, werden ihn keine Fremden anfassen. Wenn Tante Mimi ihn immer auf den Arm nehmen will, weil er wie ihr früherer Hund aussieht, und sich ihren Anweisungen nicht fügen möchte, werden Sie ihn immer in einem separaten Zimmer unterbringen, sobald Tante Mimi kommt. Ihr Zuhause, Ihr Hund, Ihre Regeln. Wenn ein Nachbarskind immer im Garten mit Gegenständen nach ihm wirft, werden Sie ihn niemals mehr alleine in den Garten lassen und mit den Eltern des Kindes das Problem besprechen. (Ich liebe Kinder, glaube aber, dass wir ihnen keinen Gefallen tun, wenn wir ihnen erlauben, Tiere schlecht zu behandeln. Die Tiere können auch in die Defensive gehen und das Kind möglicherweise verletzen.)

Als Bestandteil des Trainings müssen Sie sich entscheiden, Ihren Hund keinen neuen Situationen auszusetzen, in denen er seine Fähigkeiten weiter ausbauen kann, mit Aggressionen zu erreichen, was er will: Distanz von Dingen, die er nicht mag. Lassen Sie ihn keine neuen Situationen erfahren, in denen Aggression für ihn funktioniert. Lassen Sie ihn zuhause. Üben Sie mit ihm im eingezäunten Gar-

ten, gehen Sie mit ihm spät am Abend oder früh am Morgen spazieren, wenn nicht viele andere Leute mit ihren Hunden unterwegs sind. Wir hoffen, dass wir bei Stufe 1- und Stufe 2-Hunden später weitergehen können, aber nicht zu Beginn des Trainings.

Stufe 3

Der Biss hat eine runde Wunde hinterlassen, deren Tiefe maximal der halben Länge eines Eckzahns entspricht. Es gibt 1 bis 4 Löcher von einem einzigen Biss. Keine Risse oder Kratzer. Das Opfer wurde nicht hin und her geschüttelt. Quetschungen können vorhanden sein.

Nach Dr. Dunbar gibt es gute Chancen für die erfolgreiche Arbeit mit einem Stufe 3-Beißer. Ich stimme dem zu, wenn der Trainer sicher mit dem Hund umgehen kann, Durchhaltevermögen hat und sehr konsistent ist. Trotzdem kann die Verhaltensmodifikation hier sehr zeitaufwändig sein und sie ist nicht ohne Risiko. Dieser Hund kann erneut zubeißen und seine Bisse werden im Laufe der Zeit schwerer, besonders, wenn er die Chance hat, zu lernen, dass leichte Bisse nicht mehr funktionieren. Für Stufe 3 gelten die gleichen Regeln im Umgang mit anderen, die sich in der Nähe Ihres Hundes aufhalten, und in der Vermeidung neuer Situationen für aggressives Verhalten.

Stufe 4

Man sieht ein bis vier runde Wunden von einem einzigen Biss; ein Loch ist tiefer als die halbe Eckzahnlänge und hat üblicherweise auch Kontakt zu anderen Zähnen als den Eckzähnen bestanden. Auch schwere Quetschwunden, Kratzer und/oder Risse können vorkommen. Der Hund hatte sein Opfer festgehalten und geschüttelt.

Bisse der Stufe 4 stammen von sehr gefährlichen Hunden. Sie sollten mit einem Stufe 4-Hund nur unter direkter Supervision eines erfahrenen Trainers oder Verhaltensexperten arbeiten, der etwas von Verhaltenskunde versteht und nicht mit Schockhalsbändern arbeitet. Das Verhalten des Hundes kann verändert werden (jedes Verhalten kann verändert werden), aber die Prognose ist nicht gut, weil die Arbeit mit einem solchen Hund sehr gefährlich ist. Es ist überaus schwierig, diese Situation sicher zu meistern. Wir können definitiv Maßnahmen ergreifen, um diesem Hund zu helfen, sich zu bessern, aber wird er deshalb jemals vergessen, wie man beißt? Nein. Es besteht eine Chance, dass es wieder passiert, wenn die Bedingungen dafür günstig sind.

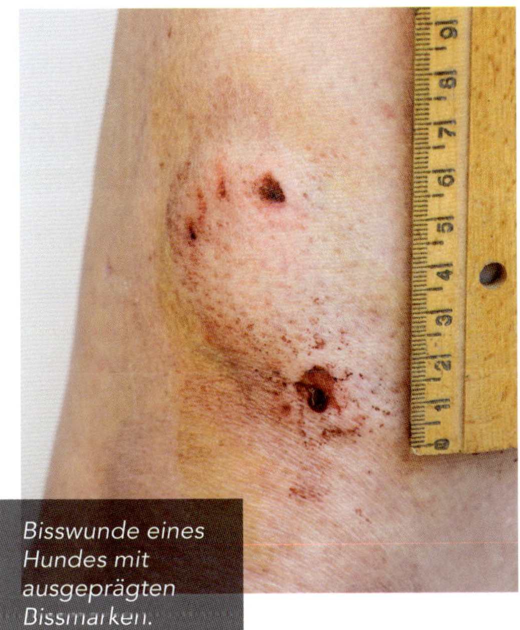

Bisswunde eines Hundes mit ausgeprägten Bissmarken.

Ich denke, mit den meisten Hunde der Stufen 4, 5 und 6 sollte man nur unter geschütztem Kontakt arbeiten, eine Prozedur, die auch in Zoos angewendet wird, um die Pfleger vor Verletzungen durch gefährliche Tiere zu schützen.

Es wurden schon Menschen versehentlich durch Elefanten oder andere exotische Tiere getötet. Andere wurden absichtlich getötet, weil irgendetwas schiefging und die Tiere ärgerlich wurden. Das gilt auch für Hunde. Das Training eines Hundes mit einer solchen Beiß-Vorgeschichte zu übernehmen, bedeutet eine enorme Verantwortung. Wenn Sie erwarten oder beobachten, dass irgendjemand in der Nähe dieses Hundes Ihren Sicherheitsinstruktionen nicht Folge leistet oder wenn Sie aus irgendeinem Grund zögern, strikte Sicherheitsinstruktionen zu vermitteln, werden Sie mit dem Hund nicht sicher arbeiten können.

Überlegen Sie auch, wie das Leben des Hundes in Zukunft aussehen wird. Man wird ihn viele Male in einer Box einsperren müssen. Er wird nicht spazierengehen können. Seine Lebensqualität wird sich zumindest verändern, wenn nicht gar drastisch verringern. Vergessen, ein Tor zu schließen oder ein Loch im Zaun nicht zu bemerken, sind harmlose Fehler, die zu einem tragischen Ende führen können.

Stufe 5

Ein Zwischenfall mit mehreren Bissen der Stufe 4 oder mehrere Zwischenfälle mit jeweils mindestens einem Stufe 4-Biss.

Ich rate Ihnen von dem Versuch ab, mit diesem Hund zu arbeiten. Wenn Sie es trotzdem tun, müssen Sie unter enger Supervision eines sehr gut ausgebildeten Trainers oder Verhaltensexperten arbeiten, der in der Behandlung aggressiver Hunde ohne Anwendung von Gewalt und Schmerz erfahren ist. Wenn Sie diesem Hund Gewalt oder Schmerz zufügen, wird er sehr wahrscheinlich noch gefährlicher werden.

Stufe 6

Jeder Biss, der zum Tod eines Menschen führt.

Dieser Hund ist einfach zu gefährlich, um mit Menschen zusammenzuleben. Er muss isoliert gehalten werden. Das ist kein Leben für einen Hund. Dr. Dunbar empfiehlt die Euthanasie, weil die Lebensqualität für Hunde in Einzelhaft so schlecht ist, und ich stimme ihm voll und ganz zu. Hunde verstehen das Konzept des Lebensendes nicht; sie leben im Hier und Jetzt. Sie wissen, wann sie gelangweilt, ängstlich, defensiv und so weiter sind. Wenn man sie nach einem Stufe 6-Biss leben lässt, wird ihr Leben nur noch aus Elend bestehen. Es ist unwichtig, wie sehr wir einen aggressiven Hund lieben, wir schulden ihm einen Ausweg aus der Isolation und dem Wahnsinn, der auf ihn zukommt.

Wir müssen drei Punkte berücksichtigen:

1. Kann der Hund während der Verhaltensmodifikation sicher gehalten werden?
2. Wie wird die Lebensqualität des Hundes während und nach der Verhaltensmodifikation sein (wenn diese überhaupt jemals enden kann)? Ist das Leben eines Hundes im Zwinger lebenswert? Ich habe viele Hunde gesehen, die eine Art Zwingerwahnsinn entwickelt haben, weil sie die Isolation nicht ausgehalten haben.
3. Wie groß ist die Wahrscheinlichkeit einer effektiven Rehabilitation? Können wir jemals das Verhalten bis zu einem Punkt verbessern, an dem wir garantieren können, dass der Hund nie wieder jemanden beißen wird? Es gibt zu viele Variablen, um sicher sein zu können.

Ich verstehe Familien, die Hunde lieben, auch wenn sie schwer gebissen wurden, sogar Besitzer, deren Hunde sie selbst schwer gebissen haben. Es geht aber darum, Menschen und andere Tiere vor diesem Hund zu schützen. Wenn ein Hund andere Tiere gebissen hat, kann ein Umgebungswechsel manchmal helfen. Zum Beispiel kann es funktionieren, einen Hund, der Hühner getötet hat, in eine Familie zu geben, die in einer Umgebung ohne Hühner lebt, oder man sorgt dafür, dass der Hund keinen Zugang zu kleinen Hunden oder Katzen hat. Letzteres ist schwierig, denn man kann ja nie wissen, ob nicht plötzlich eine Katze aus den Büschen springt oder ob ein Mensch mit einem kleinen Hund den Weg kreuzt.

In den Vereinigten Staaten muss man auch an die Tollwut-Quarantänevorschriften denken. In den meisten Bundesstaaten der USA verlangt die Gesetzgebung für Hunde, die gebissen haben, eine Blutentnahme und üblicherweise eine Quarantäne von zehn Tagen. Manchmal wird eine Quarantäne in der häuslichen Umgebung gestattet, andernorts muss das Tier für die Dauer der Quarantäre in einem überwachten Tierheim untergebracht werden. Die gesetzlichen Vorschriften variieren auch dahingehend, ob man das Tier nach der Quarantäne wieder zurückbekommt, und es werden die Umstände des Beißens berücksichtigt. Wenn der Hund eine schwere Verletzung verursacht hat, muss der Richter entscheiden, und im schlimmsten Fall wird der Hund als gefährlich beurteilt und euthanasiert.

Ich weiß, dass es schwer für Sie ist, so etwas zu lesen, aber Sie müssen nur kurz ins Internet schauen, um zu wissen, warum so viele Fachleute diese Gesetze befürworten. Sie werden schnell Fotos finden und sehen, was Menschen jeglichen Alters passieren kann, wenn sie von Hunden gebissen werden. Und es ist nicht leicht, diese Bilder zu betrachten. Es gibt auch immer wieder Nachrichten aus der ganzen Welt, dass Familienhunde oder draußen gehaltene Hunde, denen man vertraut hat, einen Menschen getötet haben, häufig jemanden aus der eigenen Familie. (Ein Familienhund ist ein Hund, der den Großteil seines Lebens mit seiner Familie zusammenlebt und im Haus ein- und ausgeht. Ein draußen gehaltener Hund lebt dagegen außerhalb des Hauses; er darf es nicht oder nur selten betreten und hat wenig sozialen Umgang mit der Familie. Solche Hunde haben häufig territoriale Ansprüche und weniger familiäre Beziehungen zu ihren Besitzern. Sie können sowohl gegenüber ihrer Familie gefährlicher sein als auch gegenüber anderen Menschen, die sie als Bedrohung ansehen, wie beispielsweise Lieferanten, die auf das Grundstück kommen.)

Man kann Hunde der Stufen 5 und 6 bis zu einem gewissen Grad erfolgreich behandeln, aber wenn der Hund schon dermaßen schwer gebissen hat, wird er es vermutlich in einer beunruhigenden Situation wieder tun. Wenn es zu einer neuen Situation kommt, in der der Hund mit seinen frisch erlernten Fähigkeiten keinen Erfolg hat, wie beispielsweise der Annäherung eines Fremden ohne Kenntnisse im CAT, wird er sich für seine altbewährten Muster entscheiden.

Ich glaube, dass man einige Hunde nur unter geschütztem Kontakt halten kann. Aber wer wird schon in einen Hunde-Zoo gehen und Eintritt bezahlen, damit man mit den Eintrittsgeldern die Versorgung finanzieren kann? Es gibt überall freundliche Hunde, die man sich umsonst anschauen und mit ihnen spielen kann. Es gibt Gnadenhöfe für Hunde und einige sind auf ihre Weise auch erfolgreich, aber viele der Hunde müssen für immer unter geschütztem Kontakt gehalten werden. Es bricht einem das Herz. Einige Gnadenhöfe, sogar wenn sie gemeinnützige Einrichtungen sind, enden mit Überfüllung; eine ordentliche Versorgung ist dann nicht mehr möglich und es muss aus rechtlichen Gründen eine Beschlagnahmung angeordnet werden. Ja, wirklich. Die besten nicht-tötenden Tierheime und Gnadenhöfe haben eine Höchstgrenze, wieviele Tiere sie aufnehmen können. Wenn sie vollbesetzt sind, müssen sie weitere Tiere zurückweisen. Es gibt nur eine bestimmte Anzahl an Plätzen und keinen Platz für viele sehr gefährliche Hunde. Wenn ein Hund auf einem Gnadenhof aufgenommen wird, wie sieht es dann mit seiner langfristigen Lebensqualität aus? Wer wird ihn lieben? Wird er sich jeden Tag mit irgendetwas Interessantem beschäftigen können? Wird er soziale Interaktionen haben können oder muss er wegen der Sicherheit des Personals oder der anderen Tiere völlig isoliert sein? Wird er zehn Jahre oder länger alleine in diesem Zwinger verbringen? Ich habe gesehen, dass Hunde, die viele Jahre an solchen Orten gelebt haben und trotz der Bemühungen des Personals ein sehr armes Leben hatten. Das waren keine Hunde mehr, sondern Gefangene.

Gibt es einen Bauernhof, auf dem ein gefährlicher Hund den Rest seiner Tage verbringen kann?

Nein, tut mir leid. Auch Bauern möchten nicht von Hunden gebissen werden.

Ist Euthanasie wirklich die schlechteste Lösung für einen Hund mit einer schweren und anders nicht behandelbaren Aggression?

Verzeihen Sie mir, wenn ich ganz schonungslos sage: Es gibt Dinge, die schlimmer sind als der Tod. Für aggressive Hunde sind dies beispielsweise eine lebenslange Isolation und Einsamkeit; wiederholte Phasen der Quarantäne, Langeweile, Angst, physisches Unbehagen oder aggressive Vergeltungsmaßnahmen von Menschen und anderen Tieren; die Verhinderung eines spezies- und rassetypischen Verhaltens durch die Gefangenschaft, wie Herumrennen und neue Gerüche erschnüffeln. All dies kann für lebendige Wesen qualvoll und zerstörerisch sein. In einigen Fällen von Aggression bei Hunden ist die Euthanasie die humane, barmherzige Lösung.

Was bedeutet die Rettung eines Hundes, der jemanden ernstlich verletzt oder getötet hat, für die Verletzten und ihre Familien und Freunde? Wenn Sie mit einem Hund Umgang haben, der bereits gemäß Stufe 4, 5 und 6 gebissen hat, müssen Sie sich sehr ernsten Gedanken stellen. Einige Stufe 4-Hunde können durch sehr harte und sehr kompetente Arbeit gerettet werden. Stufe 5- und -6-Hunde sind außerhalb einer isolierten Einsperrung nicht sicher.

Können Sie sicher mit Ihrem Hund umgehen?

Haben Sie das Gefühl, die Kontrolle zu verlieren, wenn Ihr Hund sich an der Leine auf jemanden stürzen will? Haben Sie bei einer oder mehreren Gelegenheiten schon einmal die Kontrolle über ihn verloren? Wenn Sie fünfzig Kilo wiegen und Ihr aggressiver Hund eine Deutsche Dogge von sechzig Kilo ist, können Sie dann verhindern, dass Ihr Hund beim Spaziergang jemanden angreift, wenn er dies vorhat? Haben Sie irgendwelche körperlichen Beeinträchtigungen, die verhindern, dass Sie Ihren Hund kontrollieren?

Ein territorialer Hund kann einen harmlosen Paketboten als Bedrohung seines Besitzes ansehen.

Beim Training eines Hundes mit Beiß-Vorgeschichte kann ein Maulkorb hilfreich sein.

Jedes Verhalten ist situationsspezifisch. Wenn Sie als Zuschauer zu einem Fußballspiel gehen, werden Sie schreien und jubeln. Würden Sie sich auch in der Kirche so verhalten? Aggression funktioniert nach demselben Prinzip. Blanca, die ich früher erwähnt habe, hatte ein sehr spezifisches Aggressionsverhalten. *Greife nur die Schwester an, und nur, wenn Dad im Auto weggefahren ist.* Es ist nicht immer so spezifisch, aber die Umgebung hat immer einen Einfluss darauf, ob es zur Aggression kommt oder nicht. Sie müssen also in Situationen trainieren, die der aggressionsauslösenden Situation möglichst ähnlich sind. Sie können sich keinen bequemen Trainingsort aussuchen, bevor Sie ihn nicht an den Ort angeglichen haben, an dem sich die Aggression ereignet. Für Ihre Planung der Trainingsumgebung ist es sehr wichtig, sich die Bedingungen genau anzusehen, unter denen der Hund sich aggressiv verhält. Dann müssen Sie entscheiden, ob es möglich ist, eine geeignete Trainingsumgebung zu schaffen.

Mit Hunden, die sich nur an der Leine aggressiv verhalten, müssen Sie an der Leine arbeiten. Natürlich müssen Sie sich vorher überlegen, ob Sie in der Lage sind, den Hund so zu sichern, dass er während des Trainings absolut niemanden verletzen kann. Können Sie ihn auch sicher halten, wenn Sie beim Training zufällig eine Grenze überschreiten und er losstürmt? Wenn nicht, müssen Sie sich eine Alternative überlegen. Einmal habe ich mit einem enorm starken, zehn Monate alten Englischen Mastiff gearbeitet. Er hatte bereits jede Art von Leinen zerrissen, die seine Besitzer ausprobiert hatten, bis sie schließlich eine schwere Kette fanden, die eigentlich zum Abschleppen von Lastwagen gedacht war. Handelsübliche Nylonleinen waren nur ein Spielzeug für diesen 55 kg schweren Hund. Eine Abschleppkette ist keine ideale Trainingsleine, aber in diesem Fall blieb uns aus Sicherheitsgründen nichts anderes übrig. Bei vielen Gelegenheiten und bei vielen Hunden habe ich gesehen, dass meine Kunden zwei Leinen benutzen, um sicher zu sein, wenn eine Leine reißt. Manchmal kann man die Leine mit bloßen Händen halten, aber oft müssen wir einen stabilen Pfahl oder Baum finden, um ein Losreißen des Hundes zu verhindern.

Ist Ihr Hund aggressiv, wenn er sich hinter einem Zaun befindet?

Trainer nennen dies oft Bewachungs- oder territoriale Aggression. Ist der Zaun sicher genug, dass der Hund

Sie müssen sicherstellen, dass Ihr Hund nicht aus Ihrem eingezäunten Garten ausbrechen kann.

nicht ausbrechen kann? Ist er hoch genug, dass er ihn nicht überspringen kann? Kann er sich unter dem Zaun durchgraben? Wenn Sie auf eingezäuntem Gelände arbeiten wollen, nehmen Sie sich die Zeit, um vorher den Zaun zu sichern. Manchmal müssen Sie mit einem Zaun und einer Leine oder einem Gurt beginnen und allmählich darauf hin arbeiten, den Hund auf einer Seite des Zaunes freizulassen.

Ist der Hund aggressiv zu Kindern?

Aggression gegenüber Kindern ist eine extrem gefährliche Situation. Kinder sind absolut in der größten Gefahr vor aggressiven Hunden, gefolgt von alten Leuten. Wenn Ihr Hund gegenüber Kindern aggressiv ist, sind die Kinder jedes Mal in Gefahr, sobald sie mit Ihrem Hund zusammen sind. Einen Hund zu haben, der aggressiv zu Kindern ist, kann umgekehrt beim Kind große Angst auslösen, und das ist genau so wenig akzeptabel. Und zu gu-

Nur selten genießen Hunde spontane Umarmungen wirklich. Bringen Sie Ihrem Kind stattdessen bei, dass es warten muss, bis der Hund kommt. Dann kann es sich neben den Hund setzen, ihn mit einer Hand streicheln und dabei sein Gesicht vom Gesicht des Hundes fernhalten.

ter Letzt: Wie schaffen Sie eine Trainingsumgebung mit einem Kind als Helfer? Wer stellt sein Kind für ein Training mit einem aggressiven Hund zur Verfügung? Ich kenne Trainer, die speziell in Familien mit kleinen Kindern arbeiten, besonders an Management-Techniken, aber letztlich ist es Ihre Angelegenheit, den Beiß-Level Ihres Hund gegen die Sicherheit Ihrer Familie abzuwägen.

Eine exzellente Einrichtung ist die *Family Paws Parent Education*. Diese Organisation lizensiert weltweit Trainer und Sie können auf der Webseite nachschauen, ob ein *Family Paws Educator* in Ihrer Nähe arbeitet (www.familypaws.com). Die Gründerin der Organisation, Jennifer Shyrock, führt auch telefonische Beratungen durch. Auch ein kompetenter Aggressionstrainer oder Ihr Tierarzt können Ihnen bei diesen Herausforderungen und schwierigen Entscheidungen zur Seite stehen.

Überlegen Sie einmal, wie ruhig und geduldig Kinder üblicherweise sind: Natürlich wenig. Kinder sind impulsiv. Sie zappeln herum. Sie verstehen Anweisungen vielleicht nicht. Sie fallen hin. Sie sind laut. Sie sind gelangweilt und unaufmerksam. Das gilt sogar für Erwachsene. Die Behandlung der Aggression ist kein Spiel, und möglicherweise ist ein Behandlungsversuch der Aggression mit Kindern nicht sicher genug. Nicht nur große Hunde können Kinder verletzen, Kinder wurden schon von Dackeln und Zwergspitzen getötet. Auch kleine Bisse können tödlich sein.

Wenn Ihr Hund aggressiv gegenüber Kindern ist, brauchen Sie Hilfe von einem Trainer, der weiß, wie man sicher mit Aggression arbeitet, ohne bestrafende Techniken anzuwenden. Arbeiten Sie mit einem Trainer oder Verhaltensexperten, um eine sichere Umgebung für Ihre Kinder und deren Freunde zu schaffen.

3 Korrekturen und Zwang im Aggressionstraining

Im Allgemeinen lernen wir von den unvermeidbaren Widrigkeiten des täglichen Lebens nur, sie zu meiden, wenn wir können.

~ Karen Pryor

Hundebesitzer glauben oft, sie müssten ihren Hund bestrafen, um sein aggressives Verhalten loszuwerden. Leider vergeblich. Sogar wenn die Bestrafung unter der Anleitung eines Trainers erfolgt, enden diese Besitzer bei jemandem wie mir, weil die Hunde immer noch aggressiv sind. Als ich mit aggressiven Hunden in einer Privatpraxis arbeitete, wurde ich oft von Leuten angerufen, deren Hunde sich nach einem solchen Training nicht besser, sondern eher noch schlechter verhielten. Genau entgegengesetzt handeln Trainer, die alles außer Belohnungen und Freundlichkeit bei der Arbeit mit aggressiven Hunden ablehnen, unabhängig davon, was der Hund getan hat. Hundebesitzer verstehen häufig nicht, warum diese Trainer nicht wollen, dass die Hunde irgendeinem Stress ausgesetzt werden.

Ich verstehe beide Seiten.

Es ist wahr, dass viele „positive" Trainer keine Bestrafungen wie Schockhalsbänder oder anderen schmerzhaften Techniken verwenden. Sie haben Recht, dass diese Korrekturen grausam sind und einigen von uns verursachen sie Bauchschmerzen. Es hat seinen Grund, dass sie uns auf den Magen schlagen und es liegt nicht daran, dass wir zu weich für diese Arbeit sind. Aber mir schlägt auch auf den Magen, was einige Hunde während aggressiver Episoden anrichten. Die Verletzungen, die Hunde Menschen zufügen, sind manchmal extrem. Es ist absolut verständlich, dass jemand als Reaktion auf Aggression in einer Zornaufwallung zur Strafe auf seinen Hund einschlägt. Es ist verständlich, aber nicht hilfreich. Dass Ihnen die Hand ausrutscht – egal, wie verständlich es ist –, löst wahrscheinlich das Problem nicht. Es kann das Problem sogar vergrößern.

Widrigkeiten gehören zum täglichen Leben, aber sie dienen nur dem Zweck, zu lernen, dass wir sie am besten meiden. Wenn wir einem Hund als Strafe für einen Angriff Schmerz zufügen, was wird er dann in Zukunft vermeiden? Er wird um jeden Preis vermeiden wollen, dass er wieder bestraft wird. Aber wird er sich nicht mehr aggressiv verhalten, um der Strafe zu entgehen? Ich wünschte, es wäre so einfach.

Korrekturen (Bestrafungen) funktionieren, indem bestimmte Verhaltensweisen in bestimmten Kontexten unterdrückt werden. Sie können aber kein erwünschtes Verhalten zum Ersatz der Aggression aufbauen. Ein Hund lernt vielleicht durch Korrekturen, sich nicht mehr in Gegenwart seines Besitzers aggressiv zu verhalten, aber stattdessen ist er aggressiv, wenn er beim Hundefriseur abgegeben wird. Oder seine Reaktion ist, jeden anzugreifen, der seinen Weg kreuzt; manche Trainer nennen so etwas eine umgeleitete Aggression. Oder er fängt damit an, seine Pfoten aufzunagen. Ernsthaft. Mancher Hund verletzt sich selbst, wenn er seine Welt nicht mehr durch Aggression kontrollieren kann und keine anderen nützlichen Hilfsmittel erhält. Er kann eine große Variation an Verhaltensweisen entwickeln, die genau so schlecht oder schädlich sind wie das ursprüngliche Problem. Unser Ziel beim CAT ist es, ein wünschenswertes Verhalten aufzubauen, welches der Hund mit größerer Wahrscheinlichkeit einsetzt als aggressive Verhaltensweisen.

Wir wollen kein Tier heranziehen, das auf Fremde oder seinen Besitzer losgeht oder sich selbst verletzt. Wir wollen ein Tier, das eine Palette an Alternativen zur Aggression kennt, die seine Probleme sicher lösen. Unser Training sollte immer darauf abzielen, dem Hund mehr akzeptable Hilfsmittel für den Umgang mit auftretenden Problemen zur Verfügung zu stellen.

Beim CAT oder irgendeinem anderem „positiven" Training wird kein Stachelhalsband eingesetzt.

Wenn es das einzige Problem beim Bestrafen wäre, nicht böse sein zu wollen, wenn aber ein kurzes Bösesein eine schwere Aggression schnell und wirksam beseitigen könnte, dann wäre es keine große Sache, ein unerwünschtes Verhalten schnell zu korrigieren. Ich selbst würde so handeln, wenn es so einfach wäre. Aber das Bösesein kann nach hinten losgehen.

Machen Sie keinen Fehler. Ich bringe niemandem bei, seinen Hund zu bestrafen. Obwohl ich Ihnen erkläre, wie Strafen funktionieren, möchte ich Sie eindringlich davor warnen, Strafen und Korrekturen als Hilfsmittel beim Training oder bei der Rehabilitation einzusetzen. Ich widme mich diesem Thema nur deshalb, weil viele darauf zurückgreifen möchten, wenn sie mit einem Hund konfrontiert werden, der sich sehr schlecht verhält. Aber es gibt zu viele versteckte und offensichtliche Risiken für Sie selbst, Ihren Hund, Ihre Familie und Ihre Mitmenschen, wenn Sie Strafen einsetzen.

Ein Stachelhalsband für die „Korrektur" des Verhaltens kann die entgegengesetzte Wirkung haben.

Wenn Sie dieses Buch lesen, um zu lernen, das aggressive Verhalten Ihres Hundes zu reduzieren, müssen Sie verstehen, dass Bestrafung die Aggression auf vielfältige Weise verschlimmern kann.

Ich fühle mich dafür verantwortlich, offen über Bestrafung zu sprechen, weil sie das natürlichste Hilfsmittel ist, das uns wie ein Reflex und sofort einsatzbereit zur Verfügung steht und auch häufiger als jede andere Maßnahme verwendet wird, um Verhalten zu ändern. Wenn Ihr Hund etwas tut, was Sie nicht wollen, wie sich auf Oma zu stürzen oder den Briefträger zu beißen, ist es eine normale menschliche Reaktion, ihm einfach den Hintern zu versohlen. Es ist peinlich und erschreckend, wenn Ihr Hund sich so verhält, und Sie möchten, dass es sofort aufhört. So handeln Sie wie das Tier, das in Ihnen steckt, schalten Ihr Gehirn aus und bestrafen. Das ist kein moralisches Versagen. Es ist nur eine unprofessionelle Methode, mit dem Problem umzugehen. Damit Sie sich professioneller verhalten können, müssen Sie ein starkes, nicht-strafendes Repertoire aufbauen. Wie Ihr Hund brauchen auch Sie einen Werkzeugkasten mit Maßnahmen, die Sie ergreifen können – Maßnahmen, die besser funktionieren und sicherer sind.

Die meisten Menschen definieren Bestrafung als etwas, das wir tun können, damit ein Mensch oder Tier mit etwas Unerwünschtem aufhört; Beispiele für Hunde sind Schimpfen, Schlagen mit der Hand oder einer zusammengerollten Zeitung oder auf den Knopf des Schockhalsbandes zu drücken. Der Grund dafür, dass wir solche Strafen oft automatisch benutzen, ist, dass sie das Verhalten meistens sofort unterbrechen, besonders, wenn es neu auftritt. Die meisten von uns haben nie andere Lösungsmöglichkeiten für Problemverhalten kennengelernt. Aber wenn wir das gesamte Bild betrachten, erkennen wir, dass durch Schimpfen, Schlagen und Schocken der Hund zwar für einen Moment aufhört, aber später das gleiche Problemverhalten wiederholt, vielleicht mit der Ausnahme, dass er es nicht mehr ausführt, wenn der Besitzer in der Nähe ist. Deshalb schimpfen und schlagen wir, und sie knurren oder stürmen los, und wir schimpfen und schlagen noch mehr. Ein Teufelskreis. Warum schimpfen und schlagen wir weiter? Weil dies normalerweise das Problemverhalten des Hundes bremst und diese Unterbrechung uns momentan wichtig ist. Aber durch die Korrektur des Verhaltens ändern wir nicht die zukünftigen Reaktionen des Hundes auf etwas Aversives. Der Hund wird immer noch knurren, bellen, losstürzen und vielleicht beißen.

Es gibt noch eine genauere Definition der Bestrafung. Wenn ich ab jetzt das Wort Bestrafung benutze, meine ich damit diese einfache, aber wissenschaftliche Definition: Bestrafung ist ein Prozess, durch den ein Verhalten regelmäßig eine Konsequenz auslöst und als Resultat das Verhalten in Zukunft weniger häufig auftritt.

Da ist ein Verhalten. Da ist eine Konsequenz, zum Beispiel ein Schlag. Und das Verhalten wird seltener eingesetzt, nachdem sich Verhalten und Konsequenz zusammen ereignet haben.

Das ist Bestrafung. Es ist das Gegenteil von Bestärkung. Es zerstört eher Verhalten als es aufzubauen, und das beseitigte Verhalten, ist der Türöffner für etwas anderes. Irgendetwas anderes. Weil die Bestrafung nicht anspricht, was der Hund stattdessen tun soll. Wenn das Verhalten auch in Zukunft unverändert auftritt, war es keine Bestrafung. Die Konsequenz kann komplett neutral sein und absolut keine Wirkung haben oder auch das Verhalten verschlechtern (Verstärkung). Manchmal tritt das Verhalten als Konsequenz auch häufiger auf; darüber werden wir später noch sprechen. Jetzt müssen Sie nur wissen, dass es keine Bestrafung war, wenn sich das Verhalten in Zukunft nicht reduziert. Und manchmal kann man sogar von Misshandlung sprechen.

Bestrafung kann die Angst des Hundes verstärken und die Wahrscheinlichkeit für aggressives Verhalten erhöhen.

Bestrafung kommt natürlicherweise ständig auf der ganzen Welt vor. Die meisten von uns fassen nur ein einziges Mal auf eine heiße Herdplatte. Bumm. Verhalten bestraft. Manchmal schränken wir den Umgang mit einem griesgrämigen Menschen allmählich ein, weil sich die Person uns gegenüber immer weiter griesgrämig verhält. Verhalten bestraft, nur langsamer.

Die meisten Menschen sind schrecklich, wenn sie bestrafen, um das zu bekommen, was sie wollen. Obwohl wir oft erwarten, dass sich das Verhalten eines Hundes durch Bestrafung (oder wie traditionelle Hundetrainer sagen: Korrektur) ändert, ist die Art und Weise, in der wir Strafen austeilen, nicht so zuverlässig. Normalerweise tun wir etwas Heftiges, wenn unser Hund sich „schlecht" verhält, und dies unterbricht sein Verhalten lange genug, damit wir etwas Erleichterung erfahren. Was passiert in der Zukunft? Die Chancen sind groß, dass das Verhalten wieder auftritt, wenn der Hund glaubt, in der jeweiligen Situation damit das beste Ergebnis zu erzielen. Der Hund riskiert die Bestrafung durch seinen momentan verrückten Besitzer, um eine größere Belohnung zu erhalten: den bedrohlichen Fremden loszuwerden. Ja! Ihr Hund ist bereit, Ihre Korrekturen zu ertragen, wenn er keine andere Möglichkeit sieht. Er denkt in diesem Moment nicht sehr klar. Gleichzeitig weiß er, dass sein Besitzer manchmal nicht verrückt ist. Manchmal ist sein Besitzer großartig. Aber der Hund hat keinen Grund, dem Fremden zu vertrauen. Sie müssen ihn überzeugen, dass es auch sicher ist, dem Fremden zu vertrauen.

Um ein Verhaltensproblem effektiv durch Bestrafung zu eliminieren, müssen einige spezielle – und schwer zu erreichende – Kriterien erfüllt sein:

1. Sie müssen wissen, welche Bestrafung bei Ihrem Hund funktioniert, und das wirft eine Menge Probleme auf. Sie müssen viele Methoden ausprobieren, um das herauszufinden. Schlagen Sie ihn, schocken Sie ihn, sperren Sie ihn in seine Box oder was? Es ist eine ethische Herausforderung, die sehr leicht in Misshandlung übergehen kann, obwohl Sie Ihren Hund wirklich lieben. Als Nächstes müssen Sie begreifen, dass etwas, das bei Ihrem vorigen Hund funktioniert hat, bei dem jetzigen Hund nicht klappt oder eine andere Wirkung hat. Vielleicht hat Ihr voriger Hund sofort mit etwas aufgehört, wenn Sie ihn angebrüllt haben und es auch nie wieder getan. Aber bei dem jetzigen Hund ist es nicht so leicht. Das macht ihn nicht zu einem schlechten Hund. Er ist nur anders.
2. Sie müssen den Hund sofort bestrafen, wenn das Problemverhalten auftritt. Sie können nicht warten, bis es vorbei ist, dann nach Hause gehen, Ihren Hund für das Anbellen eines Fremden bestrafen und erwarten, dass er damit aufhört Fremde anzubellen, richtig? Sie würden Ihrem Hund dadurch lediglich beibringen, dass es gefährlich ist, nach einem Kampf nach Hause zu gehen. Dies bedeutet, der Weg nach Hause könnte auch für Sie gefährlich werden. Sie können ihm nicht sagen: „Warte nur, bis Vater nach Hause kommt!" Wenn Sie zu spät (oder zu früh) bestrafen, bestrafen Sie wahrscheinlich das falsche Verhalten.

3. Sie müssen bestrafen, wenn sich das Problemverhalten ereignet, und *nur* dann. Nicht, wenn Sie einen Fehler machen und zum falschen Zeitpunkt schocken. Nicht, wenn Sie denken, er wird gleich etwas tun, was Sie bestrafen möchten, er aber etwas anderes vorhat. Sie sehen also: Um effektiv zu bestrafen, müssen Sie in seinen Kopf schauen können.
4. Sie müssen so hart wie nötig bestrafen, aber Sie müssen dabei auch an andere Kriterien denken: Wenden Sie eine wirkungsvolle Strafe an, sofort, jedes Mal, aber nur, wenn er wirklich das bestimmte Verhalten zeigt (niemals, wenn er es nicht tut) und strafen Sie hart genug, damit es wirkt. Im Idealfall sollte Ihre Strafe so ausfallen, dass Sie sie nur ein einziges Mal anwenden müssen. Ich meine das ernst. Sie müssen ihn in Angst und Schrecken versetzen, um ihm das aggressive Losstürzen auszutreiben. Es wird Sie tief verletzen, und es wird definitiv Ihren Hund verletzen. Eine präzise Strafe kann das Problemverhalten in einer bestimmten Situation abstellen, aber sie kann auch andere problematische Verhaltensweisen auslösen. Eine ausreichende Präzision ist schwer zu erreichen, der Erfolg ist nicht garantiert und insgesamt ist das Ganze mit sehr großen Risiken verbunden.

Wir fangen eine Korrektur oft mit einem zaghaften Versuch an: „Buster, hör auf, Mr. Jones anzuknurren." Buster schaut weg und wir denken fälschlicherweise, dass es geklappt hat. Aber wenn er in Zukunft auf dem Spaziergang Leute anknurrt, werden wir unsere Drohungen steigern (mit einem Schwall von Wörtern,

Ein großer Hund, der sich vor Strafe schützen will, kann viel Schaden anrichten.

die er nicht versteht), schreien, schlagen und Schlimmeres. Was wird er tun? Er wird abgehärtet. Er wird eine Toleranz gegenüber immer härteren Bestrafungen entwickeln, bis alles scheinbar an ihm abprallt. Durch die allmähliche Steigerung unserer Intensität lernt er, die Strafe zu ertragen. Auf diese Weise bringen Sie Ihrem Hund eine Toleranz gegenüber aversiven Konsequenzen bei. Versuchen Sie einen Siebzig-Kilo-Mastiff, der daran gewöhnt ist, körperlich zu bestrafen – das wird nicht gutgehen. (Ein weises Wort: Trainieren sie Ihren Mastiff schon als Welpen mit positiver Verstärkung und sorgen Sie dafür, dass er Spaß daran hat, mit Ihnen zu kooperieren. Dann müssen Sie nicht mit ihm kämpfen, wenn er größer und stärker und in Topform ist.) Es ist viel, viel besser, erwünschtes Verhalten mit positiver Verstärkung aufzubauen, als zu glauben, das Verhalten des Hundes mit Kraft kontrollieren zu können.

Von der Wirksamkeit einmal abgesehen ist es nicht richtig, schwere Strafen bei denen anzuwenden, die in jeder Hinsicht von Ihnen abhängig sind. Es ist ein großes ethisches und moralisches Problem.

Es ist extrem schwierig, korrekt zu bestrafen, und sehr leicht, es zu übertreiben – ganz zu schweigen von dem tragischen Vertrauensbruch zwischen Ihnen und Ihrem Hund. Häufig reagiert ein Hund auf seinen Bestrafer mit Unterwerfung: Er rollt sich auf den Rücken, duckt sich und kriecht heran, um seinen Besitzer unter dem Kinn zu lecken, aber das heißt nicht, dass der Hund seinen Besitzer für den besten aller Menschen hält. Er zeigt damit, dass er weiß, sich in Zukunft vor seinem Besitzer in Acht nehmen zu müssen. Er versucht durch sein Verhalten den Besitzer davon zu überzeugen, dass er – auch wenn ein kleiner Cujo in ihm steckt – eigentlich ein guter Hund ist und keine Schwierigkeiten machen möchte. Er sagt: „Bitte, tu mir nicht weh." Es fällt mir schwer, es auszusprechen, aber das Gleiche beobachtet man auch bei Kindern. Ich kannte eine Pflegemutter, die glaubte, ihre Pflegekinder wüssten eine Tracht Prügel zu schätzen. Sie kämen danach immer zu ihr, wollten umarmt werden und sie sollte bestätigen: „Ich hab' Dich lieb." Es ist genau das Gleiche. Diese Kinder versuchen, das nicht gewaltsame Verhalten ihrer Pflegemutter zu verstärken, weil sie absolut von der Sicherheit abhängig sind, die diese Person für sie repräsentiert.

Sie können argumentieren, dass eine harte, rechtzeitige Strafe, die das Problem ein und für alle Mal löst, trotz allem ethisch vertretbar ist, weil sie den Hund vielleicht vor einer Euthanasie retten kann und die Familie und die Gesellschaft schützt. Das hört sich logisch an. Es gibt aber eine weitere ethische Komponente, an die wir bei der Entscheidung denken sollten, bevor wir Bestrafung als ein Hilfsmittel zur Verhaltensänderung einsetzen.

Dr. Richard Smith, außerordentlicher Professor und ehemaliger Leiter des Instituts für Verhaltensanalyse der Universität von Nordtexas, lehrte uns, nur zu bestrafen 1. wenn wir sicher sind, alle nicht-aversiven Techniken versucht zu haben und 2. Menschen konsultiert haben, die sich mit Verhalten besser auskennen als wir selbst. Und ich versichere Ihnen, es gibt immer jemanden, der mehr weiß als Sie, ganz egal, wer Sie sind. Es gibt immer jemanden.

Dr. Smith sprach über die Arbeit mit Menschen, die schwere Verhaltensprobleme haben, aber aus meiner Sicht gelten dieselben Kriterien für den aggressiven Hund. Der Hund kann eine Menge Schaden anrichten, sprich Leben und Sicherheit von Menschen sind in Gefahr. Typischerweise greift er an, wenn auch sein Leben in Gefahr ist. Es ist einfach, in ein Zoogeschäft zu gehen, ein Schockhalsband zu kaufen und dann anzufangen, den Hund bei unerwünschtem Verhalten zu schocken, aber tun Sie das nicht. Erst einmal ist es nicht richtig, solche Dinge überhaupt zu verkaufen. Wenn Sie in der Zwickmühle sind, was Sie stattdessen unternehmen sollen, lesen Sie dieses Buch zu Ende und arbeiten Sie mit einem erfahrenen Trainer, der weiß, wie man mit aggressiven Hunden ohne Bestrafung arbeitet. Bestrafung ist der letzte Ausweg, wenn alles andere fehlgeschlagen ist, und sollte nur zusammen mit einem erfahrenen Trainer angewendet werden.

Was ist falsch an einem Schockhalsband?

Ich habe Trainer beobachtet, die Schockhalsbänder bei ihren Hunden einsetzten. Natürlich gibt es mildere Bestrafungs-

Abgesehen davon, dass es ein aversives Trainingsinstrument ist, bringt ein Schockhalsband dem Hund nicht bei, die Strafe mit dem schlechten Verhalten zu verknüpfen.

möglichkeiten als Schockhalsbänder, und auch Schockhalsbänder kann man in unterschiedlichen Intensitäten anwenden. Aber wenn wir über Bestrafung sprechen, ist ein Schockhalsband ein gutes Beispiel. Sie können sich auf YouTube die Anwendung dieser Trainingsmethode anschauen – oft schlecht durchgeführt und für Zwecke, für die niemals ein Schock eingesetzt werden dürfte – und nur dann, wenn Sie es aushalten. Wenn jemand ein Schockhalsband braucht, damit der Hund bei Fuß geht, in seine Box geht oder sich setzt, dann weiß derjenige nicht, was er tut. Wenn jemand wiederholt von den Hunden gebissen wurde, mit denen er arbeitet, weiß derjenige nicht, was er tut. Gebissen zu werden kommt viel häufiger vor, wenn zu viel Druck auf die Hunde ausgeübt wird.

Während meiner CAT-Forschung mit Dr. Rosales bat mich ein Trainerkollege, ihn zu Kunden zu begleiten, die einen aggressiven Schäferhund hatten. Der Kollege erzählte mir vorab, dass diese Klienten bei ihren Hunden Schockhalsbänder benutzen (sie hatten noch einen Labrador Retriever), um mit ihren Hunden auf einem Feld in der Nähe einer vielbefahrenen Autobahn spielen zu können. Im Verlauf des Nachmittags, den wir zusammen verbrachten, erklärten mit die Besitzer, die Hunde würden sich nichts aus den Schocks machen, denn jedes Mal, wenn Sie die Halsbänder auspackten, wüssten die Hunde, dass es Spielzeit ist, und kämen aufgeregt angerannt, um sich die Halsbänder anlegen zu lassen.

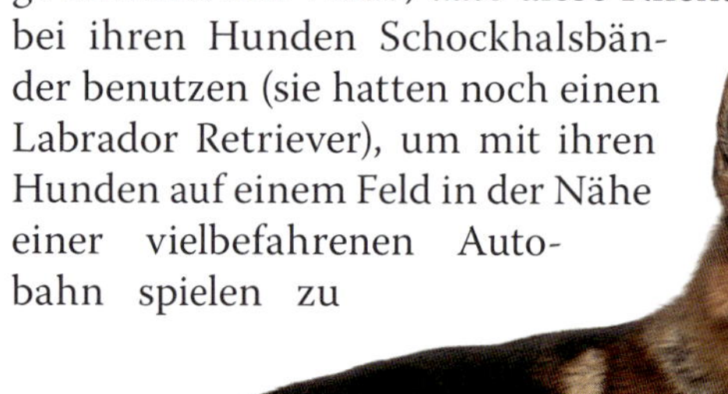

Um ehrlich zu sein, bezweifelte ich, dass die Hunde ihre Halsbänder liebten, aber die Besitzer hatten Recht. Ihre Hunde liebten die Schockhalsbänder – sehr sogar. Ich sah sie freudig erregt und anschließend sehr enttäuscht, wenn die Besitzer die Halsbänder herausholten, dann aber wieder weglegten.

„Schocken Sie die Hunde, sobald Sie ihnen die Halsbänder angelegt haben?“

„Natürlich nicht. Sie werden nur angeknipst, wenn Sie zu nah an die Autobahn laufen.“ Anknipsen ist ein Euphemismus für das Auslösen des Schocks. Er gründet sich auf die Tatsache, dass man auf der Fernbedienung des Halsbandes einen Knopf drücken muss.

„Funktioniert das?“

„Aber sicher! Sie vermeiden die Ränder des Feldes und gehen niemals in die Nähe der Autobahn.“

Sehen Sie, was ich sehe? Die Hunde haben den Anblick der Schockhalsbänder nicht damit verknüpft, geschockt zu werden. Sie haben gelernt, dass sie nur auf das riesige Feld mit den vielen Stöckchen, Eidechsen, Gerüchen und viel Platz zum Rennen dürfen, wenn sie diese Halsbänder tragen. Sie sind für sie keine Schockhalsbänder, sondern Auf-dem-Feld-Spiel-

Halsbänder. Noch einmal, die Hunde haben ihre Halsbänder nicht mit dem Schock verknüpft; sie verbinden sie mit den Erfahrungen des wirklich guten Spiel-Feldes.

In der Vorstellung dieser Hunde existiert das reale Risiko nur am Feldrand nahe der Autobahn. Sie haben gelernt, dass der Spaß nur bleibt, wenn sie sich von der Schock-Autobahn fernhalten. Sie haben die Autobahn mit dem Schock verknüpft. Ich muss zugeben, dass das die beste Verwendung für ein Schockhalsband ist: eine schlechte Assoziation zwischen dem Halsband und etwas Gefährlichem herzustellen wie beispielsweise Klapperschlangen oder vielbefahrene Autobahnen oder leicht zu jagende Kälber, die an einem heißen Tag gehetzt werden und an Überhitzung sterben. In Texas kann so etwas den Besitzer besagter Kälber schnell dazu bringen, den Hund zu erschießen. Weil der Schock einsetzte, wenn unsere Hunde der Autobahn zu nahe kamen, glaubten sie, die Autobahn würde den Schock auslösen. Die Halsbänder bedeuteten Spaß. Die Autobahn – kein Spaß.

Die Besitzer hatten ihre Sache sehr gut gemacht, indem sie Assoziationen herstellten, die es ermöglichten, dass ihre Hunde auf einem Feld spielen konnten, das eigentlich kein sicherer Ort zum Spielen war. Aber trotzdem kann irgendwann eine so große Verlockung auftreten, dass ein Hund den Schock aushält, um sie zu bekommen. Manchmal ist der Hund zu sehr abgelenkt und vergisst, dass die Autobahn Schock bedeutet. Er bekommt den Schock und geht auf die Autobahn. Eine harte Strafe ist keine sichere Angelegenheit.

Mein Kollege und ich hatten weder vor, für das Training des aggressiven Hundes

ein Schockhalsband zu benutzen (und haben das natürlich auch nicht getan) noch in der Nähe der Autobahn zu trainieren, daher trug der Schäferhund sein Schockhalsband nicht, als wir ankamen. Der Labrador war zu jedermann völlig freundlich, aber der Schäferhund hasste mit Ausnahme des Labradors jeden Hund, war mit Menschen völlig überfordert und daher unser Klient.

Wir saßen im Wohnzimmer und besprachen, was die Besitzer schon gegen die Aggression ihres Hundes unternommen hatten. Sie gaben zu, das Schockhalsband auch schon benutzt zu haben, um die Aggression des Schäferhundes zu bestrafen. Nur ein einziges Mal. Sie hatten den Hund zu einem Fußballspiel mitgenommen, und dort war ein Cheerleader auf ihn zugerannt, hatte laut gepfiffen und ihn plötzlich heftig umarmt. Daraufhin war er aufgesprungen und hatte das Mädchen mitten ins Gesicht gebissen. Der Labrador hätte diese Aufmerksamkeit geliebt, aber nicht der Schäferhund. Das Mädchen musste mit mehreren Stichen genäht werden und der Hund wurde für zehn Tage unter Tollwut-Quarantäne gestellt. Die texanischen Gesetze erlauben eine Heimquarantäne, während andere Hunde dafür in eine überwachte Einrichtung verbracht werden müssen.

Nach der Quarantäne legten die Besitzer dem Schäferhund jedes Mal sein Schockhalsband an, wenn sie mit ihm in die Öffentlichkeit gingen – für alle Fälle. Was glauben Sie, passierte als Nächstes? Die Besitzer schockten den Hund für jeden von ihnen wahrgenommenen Fehltritt, und seine Aggression nahm zu. Sie schockten ihn jedesmal, wenn sie glaubten, er würde sich gleich gegenüber einem Menschen oder Tier aggressiv verhalten. Sie liebten ihren Hund wirklich und hatten die besten Absichten. Sie wollten das Verhalten Ihres Hundes unterbrechen, bevor es sich zu einer großen, hässlichen Aggression steigert. So wurde er geschockt, wenn er jemanden anschaute und steif wurde. Er wurde geschockt, wenn er seinen Kopf leicht in Richtung eines anderen Hundes senkte. Mit anderen Worten, er wurde geschockt, sobald er einen Menschen oder einen Hund sah.

Aus Sicht des Hundes war der Schock immer noch nicht mit dem Halsband verknüpft und auch nicht mehr mit der Autobahn. Der Hund assoziierte den Schock nun mit anderen Hunden und Menschen. Oje. Der bloße Anblick von Menschen und Hunden brachte ihn nun schon auf. Er knurrte nicht, er fletschte die Zähne, stürzte los und versuchte zu beißen. Es war wirklich schrecklich. Seine zierliche Besitzerin konnte ihn nicht halten, wenn er losstürmte, daher konnte sie selbst nicht mehr mit ihm spazierengehen, und natürlich auch nicht mit beiden Hunden. Der muskulöse Besitzer hatte selbst genug Schwierigkeiten mit dem großen Kerl. Es war ein großer Schäferhundrüde in den besten Jahren, der vierzig Kilo wog und voller Kraft steckte.

Vielleicht erinnern Sie sich an etwas, das ich früher in diesem Buch erwähnt habe. Ich habe Ihnen geraten, die Arbeit an der Aggression eines Hundes mit einem Verhalten zu beginnen, das früher in der Verhaltenskette auftritt. Interessanterweise scheint das nicht bei Bestrafungen zu funktionieren. Ich kenne keine wissenschaftlichen Erkenntnisse, die das bestätigen, aber es scheint, dass Sie mittels Strafen nur ein einziges Verhalten, wie das Knurren, ausschalten können. Wenn Sie dagegen Verstärkungen benutzen, können Sie ganze Verhaltensketten eliminieren. Warum? Mithilfe der hier gezeigten Methode verstärken Sie Verhalten,

Der Gesichtsausdruck dieses Hundes zeigt seine Angst vor der ständig drohenden Gefahr eines Elektroschocks.

das Sie mögen, und nicht das Verhalten, das Sie nicht mögen, und der Hund lernt Alternativen und muss nicht seine ganze Trickkiste bis zum Beißen auspacken. Er wendet nur seinen Kopf ab. Er setzt sich nur hin. Er tut nur irgendetwas anderes.

Ich bat darum, das Schockhalsband des Schäferhundes ansehen zu dürfen und die Frau brachte es mir. Die Hunde wurden sehr aufgeregt und waren dann sehr enttäuscht, als wir nicht zu einem Spaziergang aufbrachen. Ich fragte, ob das Halsband für den Schäferhund eingestellt war. Ja, das war es, und obwohl die Besitzer ursprünglich mit einer geringen Stärke angefangen hatten, hatten sie die Intensität im Laufe der Zeit allmählich steigern müssen, weil die Wirkung nachließ. Erinnern Sie sich daran, was ich oben über Toleranzbildung geschrieben habe? Die Einstellungen variieren je nach dem Modell des Halsbandes, aber dieses war auf Stufe 6 von 10 eingestellt.

Ich fragte, ob ich das Halsband bei mir selbst auslösen dürfte. Alle wurden ganz still, auch mein Kollege. „Ich will nur sehen, was er empfindet", sagte ich.

Die Besitzerin fragte: „Sind Sie sicher?" Huch. Sie machten sich um mich Sorgen, dabei wollte ich nichts anderes als das, was sie ihren Hunden die ganze Zeit zufügten. Zugegeben, ich war eine untrainierte mittelalterliche Mutti, kein Athlet oder ein Schäferhund in den besten Jahren. Ich habe die Stille einen Moment ausgehalten und gewartet, ob sie mir weitere Informationen anbieten. Ich wünschte mir auch, sie würden mir einen überzeugenden Grund oder zwei nennen, um es nicht zu tun.

Ich fragte: „Haben Sie jemals von diesem Halsband einen Schock bekommen?"

„Nein."

Ich wiederholte: „Ist das die Einstellung für Ihren Hund?"

„Ja", antworteten sie leise.

„Sind Sie damit einverstanden, dass ich es tue?"

Tiefe Atemzüge von den Besitzern. Ich denke, auch mein Kollege hielt den Atem an.

„Okay“, sagten sie. Die Frau ging ein paar Schritte zurück. Die Augen meines Kollegen wurden groß wie Teller. Der Mann verschränkte seine Arme. Wahrscheinlich dachte er, dass ich nur Spaß mache.

Ich drückte die beiden Elektroden auf die Innenseite meines Unterarms. Sie berühren die Haut und der Strom wandert durch die Elektroden in den Körper. Ich habe tief Luft geholt und den Knopf der Fernbedienung gedrückt. Ein Schock schoss durch meinen ganzen Körper – nicht nur durch den Unterarm, sondern wirklich durch den ganzen Körper. Ich verspürte sofort einen starken Brechreiz. Für ein paar Sekunden verließ mich mein Bewusstsein. Ich kann es nicht besser beschreiben, aber wegen der Schmerzen war ich kurzzeitig „nicht da“.

Für den Rest des Tages und bis zum nächsten Tag war mir übel und ich konnte nichts essen. Und das von einem einzigen Schock, der nur etwas intensiver war als die Hälfte der möglichen Stromstärke. Ich frage mich, wieviele Hunde die volle Stromstärke dieser Geräte wieder und wieder aushalten müssen. Wenn das Internet ein Indikator ist, sind es sehr viele.

Nachdem wir die Trainingssitzung beendet hatten, erzählte mir mein Kollege eine Geschichte über einen Hundetrainer, mit dem er befreundet war. Es war ein ehemaliger Marinesoldat, der hundeerfahren und nicht naiv war. Auch dieser hatte sich in Anwesenheit anderer Menschen selbst mit einem Elektrohalsband für Hunde geschockt. Er hatte sich in die Hose gemacht.

„Ich dachte, Du wirst deren Couch überschwemmen!“

„Das hätte sehr gut sein können“, sagte ich.

Was war hier passiert? Der Hund hat jedesmal einen heftigen Schock bekommen, wenn irgendetwas Beunruhigendes in seinem Blickfeld auftrat. In dem Moment, in dem er ein junges Mädchen sah, das nur entfernt dem knuddelnden Cheerleader ähnelte, spannte er sich ab. Vielleicht dachte er, dass sie sich bereit machte, um zu ihm zu kommen und ihn zu umarmen. Er wusste, er sollte besser ein Auge auf sie haben. Wenn sie tatsächlich in seine Richtung ging, intensivierte sich sein Verhalten und zack! Was hat der Hund gelernt? Er hat gelernt, dass die Wahrscheinlichkeit für einen Stromschlag in seinem Nacken in Gegenwart eines jungen Mädchens größer ist. Der Hund stellte die gleichen Verknüpfungen für all das her, was er anschaute und dafür geschockt wurde.

So, wenn der Stromschlag tatsächlich im wissenschaftlichen Sinn eine Bestrafung ist – wenn er wirklich das Verhalten reduziert –, wo ist das Problem? Wenn es doch funktioniert und seine Aggressionen stoppt, warum sollte man nicht schocken? Das ist eine übliche philosophische Frage in der Trainingswelt, und es ist eine gute Frage. Ein Grund ist die Gegenkontrolle. Gegenkontrolle bedeutet, dass ein Hund, der ständig bestraft wird, sich letztendlich wehren wird. Als junge Erwachsene habe ich ein Praktikum beim SPCA[1] in New Orleans absolviert. Der Prototyp für einen bösen Hund war damals der Dobermann. Man sagte, einem Dobermann könne man nicht trauen, denn er würde sich gegen seinen Besitzer richten. Gut, raten Sie? Das

1 SPCA = Society for the Prevention of Cruelty to Animals, Tierschutzorganisation in den USA

hatte nichts mit der Rasse zu tun, sondern mit Gegenkontrolle. Die Hunde wurden immer wieder bestraft, bis sie schließlich zurückschlugen. Sie griffen ihre Besitzer an, aber nicht wegen ihrer Rasse, sondern weil sie gelernt hatten, dass dies ihre einzige Option war.

Wie sieht es mit dem Risiko aus, Assoziationen zwischen dem Schock und immer mehr Dingen herzustellen, die der Hund wirklich braucht, um in Frieden leben zu können? Ja, das ist auch ein Problem. Der Hund gibt vielleicht auf, wenn er weiß, dass seine gesamte Bandbreite an Warnsignalen einen Schock auslöst, aber er kann trotzdem beißen, wenn er nah genug herankommt. Wenn das junge Mädchen nah genug herankommt, entscheidet sich der Schäferhund eventuell, das Risiko eines Schocks einzugehen, um dieser sehr realen aktuellen Gefahr zu begegnen. Das passiert häufiger, als Sie denken.

Schreien, an der Leine reißen, den Hund gewaltsam am Halsband wegzerren und andere scheinbar weniger strafende Maßnahmen oder Korrekturen wirken nach dem gleichen Prinzip. Das Schocken ist nur ein Beispiel. Wenn sich diese Strafen in Anwesenheit von – irgendetwas – ereignen, wird dieses Irgendetwas für den Hund zu einem Signal, dass sich Schwierigkeiten zusammenbrauen. Es ist völlig egal, ob es sich um einen Teenager, ein Kind auf einem Skateboard oder um einen Mann handelt, der den Kopf des Hundes in Psycho-Manier mit einem Messer bedroht. Ein Hund tut, was ein Hund tun muss, sogar, wenn er die Situation nicht versteht. Es ist unwichtig, dass der knuddelnde Teenager keine bösen Absichten hatte, und dass der Mann, der heute morgen ausgeflippt ist, chronisch zu spät zur Arbeit kommt und jeden Tag vor seiner Haustür einen Anfall kriegt, und dass beides für Hunde völlig ungefährlich ist. Es ist nur wichtig, dass der Hund schlechte Assoziationen zwischen diesen Menschen/Ereignissen geknüpft hat und dass Aggressionen zur besten Waffe in seinem Arsenal geworden sind.

4 Präsent sein: Beobachten Sie genau

Ich lehne mich zurück und beobachte.
Auf diese Weise lernt man mehr.

~ Sonya Teclai

Dieses Kapitel ist ein Workshop. Zur Vorbereitung auf Ihre künftige Arbeit empfehle ich, dieses Buch bis zum Ende zu lesen und dann wieder zu diesem Kapitel zurückzukehren. Es ist unerlässlich, dass Sie zu verstehen lernen, was Sie sehen, wenn Sie Ihren Hund beobachten. Wir haben schon besprochen, dass sich Ihr Hund in vielerlei Hinsicht wie andere Hunde verhält und dass er einige Dinge auf seine eigene, einzigartige Weise erledigt. Anstatt Ihnen eine 08/15-Liste von sicherem versus aggressivem Verhalten zu präsentieren, möchte ich Ihnen dabei helfen, Ihre eigene Liste speziell für Ihren Hund zusammenzustellen.

Sie benötigen ein Notizbuch, ein Smartphone oder einen Computer, damit Sie Ihre Antworten auf die Fragen und Übungen in diesem Kapitel aufzeichnen können. Wenn Sie erst das ganze Kapitel lesen möchten, bevor Sie anfangen Notizen zu machen, ist das in Ordnung. Aber machen Sie Notizen immer sobald wie möglich, nachdem Sie das Verhalten des Hundes beobachtet haben. Man vergisst sehr schnell und fügt dann unabsichtlich etwas hinzu, das man glaubt, gesehen zu haben. Wenn Sie das Verhalten filmen können, sind Sie auf der sicheren Seite, weil Sie sich das Video so oft anschauen können, wie Sie es brauchen. Ich möchte Sie darauf hinweisen, dass Sie nicht versuchen sollten, Ihren Hund dazu zu bringen, sich auf eine bestimmte Art zu verhalten, und dass Sie ihn keinen Situationen aussetzen sollten, die er schwierig findet.

Was macht Ihr Hund, wenn er aggressiv ist? Was macht Ihr Hund, wenn er freundlich ist?

Anstatt Beißen als aggressives Verhalten zu bewerten, sollten Sie Beißen als Beißen ansehen. Dies gilt auch für jede andere Verhaltensweise. Beißt er oder nicht? Knurrt er oder nicht? Stürzt er los oder nicht? Lässt er die Ohren hängen? Zieht er die Lefzen zurück? Speichelt er? Kratzt er sich im Nacken?

Welches spezifische Verhalten Ihres Hundes verursacht Probleme?

Kümmern Sie sich nicht darum, ob Ihr Hund beunruhigt ist oder verrückt. Beobachten Sie nur seinen Alltag und notieren Sie, was er gerade macht. Er bellt. Er rennt los. Er versucht sich zu verstecken und stürzt los, wenn Ihr Neffe um die Ecke kommt. Er betatscht Ihren Nachbarn heftig mit seinen Pfoten und bellt ihm ins Gesicht.

Ihnen fallen vielleicht auch subtilere Verhaltensweisen auf. Er hält den Atem an. (Dies ist bei wuscheligen Hunden schwieriger zu beobachten, aber es gibt oft Körperstellen, wo Sie es sehen können, wie der Nacken, die Nasenlöcher oder das Maul.) Sie können auch weiter differenzieren und anstatt zu sagen, dass er den Atem anhält, notieren Sie, dass sein Bauch oder seine Nasenlöcher sich nicht mehr bewegen. Vielleicht sehen Sie, dass er seine Zunge zurückzieht und das Maul schließt. Oder er leckt seine Lefzen. Er schüttelt sich, als wäre er nass, dabei ist er völlig trocken. Er gähnt, obwohl er nicht müde ist. Starrt er? Macht er etwas vollkommen Normales, aber dies immer oder oft, bevor er sich besorgniserregend verhält wie zu knurren, loszustürmen oder zu beißen? Senkt er seinen Kopf oder weicht er zurück? In dieser Phase ist Ihre erste Aufgabe, einfach zu sehen, was der Hund tut.

Möglicherweise haben Sie einige Ideen, warum sich Ihr Hund aggressiv verhält. Vielleicht möchte er Sie beschützen und vielleicht stimmt das auch. Oder man hat Ihnen gesagt, dass er dominant ist oder sich territorial verhält. Oder er wurde gezüchtet, um aggressiv zu sein, oder er ist störrisch und nicht kooperativ. Oder Sie glauben, er wurde misshandelt. Oder er wurde als Welpe nicht gut sozialisiert, was bedeutet, dass er keine Vielzahl ungefährlicher und spaßiger Erfahrungen sammeln konnte und ihn nun alles Neue beunruhigt. Manchmal kennen wir die Vorgeschichte eines Hundes und manchmal nicht, aber wir können so oder so mit ihm arbeiten. Es kann hilfreich sein, die Gründe für das Verhalten Ihres Hundes zu kennen, aber fokussieren Sie sich nicht zu sehr auf diese Gründe. Besonders, wenn Sie nur Vermutungen haben, kann dies die Arbeit mit Ihrem Hund erschweren. Es ist nur wichtig, dass Ihr Hund etwas tut, was für andere oder Sie selbst nicht sicher ist.

Wenn Sie sich auf die Arbeit mit Ihrem Hund vorbereiten, müssen Sie aktiv beobachten. Es gibt einige Techniken, die für die erfolgreiche und sichere Durchführung des CAT wesentlich sind. Die Beobachtungstechniken, die ich Ihnen zeige, sind sehr wichtig. Sie helfen Ihnen dabei, Ihren Hund besser zu verstehen und die besten Entscheidungen für ihn zu treffen.

Sie beobachten Ihren Hund, seit Sie ihn haben. Sie haben Unmengen von Fotos von ihm auf Ihrem Smartphone. Sie sind viele Kilometer zusammen gelaufen oder haben stundenlang auf dem Sofa gemeinsam Fernsehen geguckt. Mein Ziel ist es, Sie zu lehren, Ihren Hund realistisch und objektiv zu betrachten, wo auch immer er ist und was auch immer er tut, damit Sie verstehen, was Sie sehen, ohne zuviel hineinzulesen oder etwas zu entschuldigen. Zuviel Hineinlesen könnte sein „Oh nein! Er knurrt! Er ist nicht ungefährlich. Ich kann ihn nicht behalten,“ und eine Entschuldigung: „Naja, er spielt nur.“

Rechts: Dieser Hund hat etwas bemerkt. Nur aus diesem Foto kann man nicht ablesen, ob er aggressiv reagieren wird. Seine Besitzer müssen daher sorgfältig beobachten, was er als Nächstes tut.

Unten: Wenn sich das Verhalten des Hundes mehr der Aggression nähert, werden häufig die Mundwinkel nach vorn gezogen und bilden ein „C". Die Zunge bleibt im Maul. An diesem Punkt handelt es sich um eine leichte Aggression; man sieht keine Spannung der Gesichtsmuskulatur.

Vor Jahren hatten Freunde einen Weimaraner, der meinem Mann jedes Mal, wenn er nieste, laut ins Gesicht knurrte. Er rannte zu meinem Mann und legte soviel Energie in sein Knurren, dass er mit seinen Vorderbeinen vom Boden abhob. Manchmal rempelte er ihn sogar mit den Pfoten an. Einer seiner Besitzer zog ihn dann immer sofort am Halsband zurück. Die Familie dachte darüber: „Harley ist eben Harley." Na klar, das war er, aber Harley war auch ein ganz schön furchteinflößender Hund. Sie müssen zu sehen lernen, was Ihr Hund tut und das als Fakt betrachten. Wenn diese Besitzer meine Klienten gewesen wären, hätte ich sie gefagt: „Bellt er Richard ins Gesicht? Ist das etwas, das so weitergehen soll? Ist das ein sicheres, freundliches Verhalten?"

Es gibt viele Bücher über Hundeaggressionen, die die Kommunikationssignale der Hunde und das Lesen der Körpersprache vermitteln wollen. Sie müssen diese Informationen kennen und sie sind, ebenso wie Wissen über die Spezies Hund, sehr wertvoll. Ihr sehr wichtiger Job ist

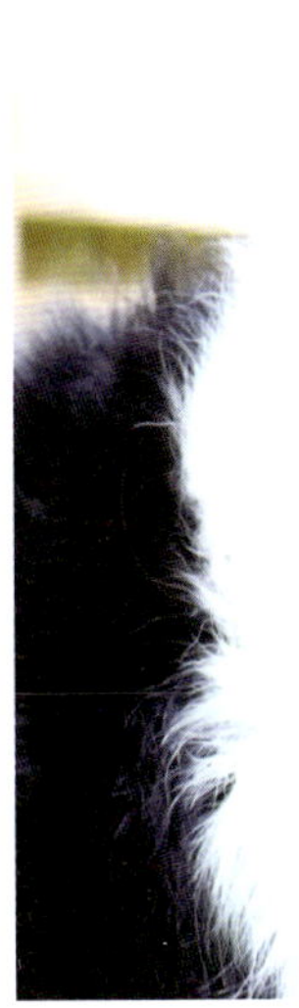

Dieser Hund demonstriert ein ruhiges, aufmerksames Verhalten. Was er vor und nach diesem Verhalten tut, wird mehr darüber aussagen, ob er sich aggressiv verhalten wird. Zur Erinnerung: Verhaltensketten geben wertvolle Informationen, welches Verhalten der Hund wahrscheinlich als nächstes zeigen wird.

jetzt aber, mehr über Ihren individuellen Hund zu lernen. Er gehört zu einer Spezies und einer Rasse (oder mehr als einer Rasse) und wird daher viele Verhaltensweisen anderer Hunde zeigen. Ihr Hund ist aber auch ein Individuum, das aus seinem eigenen Erfahrungsschatz gelernt hat. Manche Hundetrainer verwenden Diagramme, auf denen Verhaltensweisen nach dem Stressniveau von Entspannung bis Aggression aufgelistet sind. Ich wollte diese Listen verbessern und habe während der Vorbereitungen für dieses Buch basierend auf Videos von Hunden, einschließlich einiger Hunde, mit denen ich gearbeitet habe, zehn chronologische Ethogramme aufgestellt. Ein chronologisches Ethogramm ist eine Liste von Verhaltensweisen in der Reihenfolge ihres Auftretens. Weil ich in den letzten zehn Jahren persönlich mit vielen aggressiven Hunden gearbeitet habe, hatte ich mein eigenes imaginäres Ethogramm im Kopf. Ich war sicher, dass das aggressive Verhalten von Hunden in folgender Reihenfolge abläuft:

1. Auf irgendeine Weise (Anblick, Geräusch usw.) das Gefühl bekommen, etwas Beunruhigendes (Mensch, anderer Hund usw.) sei vorhanden.
2. Es bemerken oder anschauen.
3. Einfrieren (sich sehr ruhig verhalten).
4. Das Maul schließen.
5. Die Zunge ins Maul zurückziehen.
6. Den Kopf senken.
7. Die Ohren anlegen.
8. Die Mundwinkel nach vorn in Richtung auf die Nase ziehen.
9. Zurückweichen oder die Hinterbeine beugen.
10. Sich schnell vorwärtsbewegen.
11. Sich auf einen Menschen oder Hund stürzen.
12. Beißen

Ich glaubte, diesen oder einen sehr ähnlichen Ablauf jedes Mal sehen zu können, wenn ein Hund sich aggressiv verhält.

Aber was glauben Sie, habe ich in meiner kleinen Studie an zehn Hunden gefunden? In meiner kleinen Fallstudie hat kein Hund jede dieser Verhaltensweisen gezeigt. Die meisten haben zusätzliche Verhaltensweisen eingebaut. Zum Beispiel hat sich ein Hund immer einmal komplett um die eigene Achse gedreht, bevor er losstürmte. Und sie haben diese Verhaltensweise niemals in genau dieser Reihenfolge abgespult. Die Hunde haben alles vermischt. Ich konnte bei den zehn Hunden beobachten, dass ihr Verhalten ähnlich, aber nicht identisch war. Man kann noch nicht einmal garantieren, dass derselbe Hund jedesmal genau die gleichen Verhaltensweisen zeigt.

Ihr Hund hat die Diagramme der Trainer wahrscheinlich nicht studiert. Er tut das, was er gelernt hat, und baut auf dem auf, was ihm zu der gegebenen Zeit und in der gegebenen Situation erstrebenswert ist. Und unabsichtlich wird er auch gelegentlich den Lehrbuchablauf zeigen, auch wenn er nicht exakt den Diagrammen folgt. Also habe ich die Idee verworfen, ein vorhandenes Diagramm zu borgen oder mein eigenes generalisiertes Diagramm zu entwerfen. Man muss ein Diagramm pro Hund und pro Erfahrung aufstellen. Sie müssen Ihren eigenen Hund beobachten und erkennen, was er in den Situationen macht, in denen sein aggressives Verhalten auftritt.

Übung 1

Führen Sie diese Übung täglich so oft Sie können über kurze Zeit (zwei bis zehn Minuten) durch. Es ist besser, jeden Tag kurz zu üben als ein oder zwei Mal pro Woche eine lange Sitzung abzuhalten. Gewöhnen Sie sich an, dies regelmäßig zu tun – Sie können alles zwei Minuten durchhalten!

Es ist eine Beobachtungsübung für Sie, mit Ihrem Hund im Fokus. Eines der häufigsten Dinge, die Hundetrainer und Verhaltensexperten über Hundebisse hören, ist, dass sie aus heiterem Himmel ohne Vorwarnung geschehen. Es scheint oft

Zähne und gekräuselte Oberlippe dieses Hundes weisen auf ein aggressives Verhalten hin. Aber wissen Sie das sicher? Beobachten Sie, was vor und nach diesem Verhalten geschieht.

Nicht nur müde Hunde gähnen. Das Gähnen kommt auch häufig vor, wenn Hunde lernen, und es eignet sich gut, um es anstelle der Aggression zu verstärken.

wahr zu sein, aber das ist es niemals. Es gab eine Warnung, aber üblicherweise verpassen die Leute die Warnzeichen, entweder weil sie es nicht gewohnt sind, das Verhalten ihres Hundes zu beobachten oder weil sie nicht verstehen, was sie sehen.

Ich habe einmal ein Pärchen geretteter Welpen aus Korea gesehen, die zur Vermittlung in die USA gebracht worden waren. Diese zwei kleinen Jindo-Welpen waren erstaunlich gut angepasst und haben nun beide ein gutes Leben bei ihren Adoptivfamilien. Aber als sie im Tierheim ankamen, näherte sich jemand mit einer Kamera, auf der ein großes Blitzgerät montiert war, und begann Fotos von ihnen zu schießen. Die Welpen wichen zurück, senkten ihre Köpfe und bellten. Die Fotografin sagte: „Wie süß, sie wollen spielen." Ich erklärte ihr, dass die Welpen Angst ausdrückten. Sie hatten niemals zuvor eine Kamera gesehen, erst recht keine mit einem so großen Blitzgerät. (Ich glaube, ich hatte so etwas auch noch nie gesehen.)

Für mich war offensichtlich, dass die Welpen so reagierten, um diesem riesigen Ding, das sie noch nie gesehen hatten, zu entkommen. Es war pure Reaktivität – sie waren alarmiert durch dieses massive Gerät aus dem Weltraumzeitalter, das grelles Licht auf sie abschoss. Wäre es so weitergegangen, hätten sie sicherlich nicht aufgehört zu bellen und versucht, sich zu verstecken. Zum Glück war die Fotografin ein netter tierlieber Mensch und änderte ihre Taktik sofort, als sie hörte, was die Welpen empfanden. Und die Welpen haben sich schnell erholt und wieder freundlich verhalten. Fakt ist aber, dass die Fotografin, obwohl sie eine Tierfreundin war, nicht verstanden hat, was die Welpen mit ihrer Körpersprache sagen wollten.

Die meisten Menschen verstehen nicht, was ihre Hunde ihnen mit ihren Reaktionen auf ihre Umgebung sagen wollen – und das ist verständlich. Niemand bringt es uns bei; wir müssen uns anstrengen es zu lernen, und wir tun es erst dann, wenn klar wird, dass wir handeln müssen. Zum Glück braucht man für die meisten Hunde keine fundierten Kenntnisse, und es klappt gut in ihren Familien. Aber es kommt vor, dass Hunde problematische Dinge tun. Dann müssen wir einen Schritt zurücktreten und überlegen, was wir als Nächstes tun.

Erwarten Sie nicht, dass sich in dieser Übung irgendetwas Besonderes ereignet. Sie schauen sich nur bewusst an, wie Ihr Hund sein Leben lebt. Weil Aggressionen eine wirklich ernste Angelegenheit sind, ist es sehr wichtig, dass Sie lernen, sorgfältig zu beobachten und zu bemerken, was geschieht. Es ist sehr schwierig, mitten in einer aggressiven Attacke damit anzufangen, also beginnen Sie, wenn Ihr Hund entspannt ist und es Ihnen beiden gut geht.

Schnappen Sie sich Ihren Computer oder Notizbuch und Stift und legen Sie es neben sich; Sie werden es für die folgenden Übungen brauchen. Schalten Sie Ihr Telefon oder Handy aus und legen Sie es so hin, dass Sie keine Nachrichten sehen können. Wenn Sie mit dem Handy Notizen machen wollen, stellen Sie Benachrichtigungsfunktion und Klingeltöne aus, damit Sie sich auf Ihre Beobachtungen konzentrieren können. Läuft bei Ihnen normalerweise das Fernsehen oder der Computer, stellen Sie es nur leise, ohne abzuschalten, damit sich für Ihren Hund nichts ändert. Wenden Sie sich aber von Fernsehgerät und Computer ab, damit Sie nicht abgelenkt werden.

Setzen Sie sich auf einen Stuhl, mit geradem Rücken und den Füßen auf dem Boden. Diese Position hilft Ihnen dabei, sich komplett auf die Situation einzustellen. Sie müssen weder in Habachtstellung sein noch in einer Position, in der es Ihnen schwerfällt, sich zu konzentrieren.

Zunächst sitzen Sie einfach in Ihrer Position. Widmen Sie Ihrem Hund keine besondere Beachtung. Sie sind nur im Hier und Jetzt. Tut Ihnen der Rücken weh? (Setzen Sie sich bequemer hin.) Haben Sie kalte Füße? Verspüren Sie einen leichten Luftzug vom Fenster? Welche Geräusche hören Sie? Was sehen Sie genau vor sich? Nehmen Sie einfach diese Dinge wahr. Ihr Hund kann auch in diesem Zimmer sein, aber geben Sie ihm keine Kommandos oder Zeichen. Lassen Sie ihn tun, was er

Den Blick abwenden und den Kopf wegdrehen sind häufig gezeigte Verhaltensweisen, die man gut anstelle der Aggression bestärken kann.

möchte. Wenn er in der Box ist, kann er dort bleiben.

Auch wenn sich dieser Teil sehr simpel anhört, brauchen Sie wahrscheinlich Übung. Sie werden zunächst sehr schnell abgelenkt sein und das ist in Ordnung. Sie üben noch. Nehmen Sie die Ablenkung wahr und werden sich dann wieder Ihrer Umgebung bewusst.

Holen Sie tief Luft und atmen Sie ganz normal aus. Sie müssen keine ausgefallene Yoga-Atmung beherrschen, nur Ihr Gehirn mit Sauerstoff versorgen, damit es gute Arbeit leisten kann. Wenn Sie sich wohlfühlen und anfangen zu entspannen, wird Ihre Atmung eventuell langsamer. Lassen Sie es zu. Lassen Sie Ihren Körper selbst für die richtige Menge Sauerstoff sorgen, damit Sie sich auf Ihren Hund konzentrieren können.

Führen Sie diese Übung jeden Tag ein paar Minuten durch. Sie können direkt zu Übung 2 übergehen oder diese separat beginnen.

Übung 2

Stellen Sie sicher, dass Sie Ihren Hund von Ihrer aktuellen Sitzposition aus sehen können. Wenn dies nicht der Fall ist, verrücken Sie Ihren Stuhl, setzen Sie sich wieder wie oben beschrieben hin und halten Ihr Notizbuch bereit. Schauen Sie Ihren Hund sanft an. Starren Sie ihn nicht an und vermeiden Sie es, ihn mit Ihren Blicken zu durchbohren. Wenn sich sein Körper anspannt oder er zurückstarrt, wenden Sie den Blick von seinem Gesicht ab, schauen auf den Boden oder drehen Sie Ihren Kopf leicht zur anderen Seite. Entspannen Sie Gesicht und Augen und beobachten Sie ihn sanft. Für manche Hunde ist es hilfreich, wenn Sie auf eine Pfote, die Schulter oder den Rumpf schauen anstatt direkt in ihr Gesicht, oder Sie lassen Ihren Blick über den ganzen Körper wandern.

Beobachten Sie, was Ihr Hund tut. Verändert sich sein Verhalten, wenn Sie ihn zu beobachten beginnen? Was tut er? Machen Sie sich Notizen: „Als ich anfing ihn zu beobachten, ... (z. B. stand er auf und streckte sich, kam er zu mir, wedelte er, schlief er weiter usw.)."

Machen Sie Notizen zu jeder Komponente von Übung 2:

Nehmen Sie Ihr Telefon/Handy und beobachten eine Minute, wie er darauf reagiert.

Drehen Sie Ihr Gesicht zum Computer oder Fernsehen und beobachten ihn aus dem Augenwinkel weiter. Wie reagiert er, wenn Sie Ihre Aktivität ändern?

Gehen Sie in die Küche. Was macht er?

Experimentieren Sie mit einigen typischen Situationen innerhalb des Hauses, beispielsweise fegen Sie den Boden, wischen Sie Staub oder strecken Sie sich auf der Couch aus. Wie reagiert er hierauf?

Wenn Sie wie die meisten modernen Menschen sind, konzentrieren Sie sich auf die Technik, bis sich etwas in Ihrer Umgebung ändert. Sie möchten ein Glas Wasser, also stehen Sie auf und Ihr Hund folgt Ihnen. Sie tätscheln über seinen Kopf. Er stupst Sie an, damit Sie weitermachen, oder er dreht seinen Kopf weg oder er tut etwas völlig anderes. Vielleicht sitzen Sie auch nur auf Ihrem Stuhl, er erwacht aus seinem Schlummer und klopft mit dem Schwanz, also streicheln Sie seine Ohren oder krabbeln ihn im Nacken.

Wussten Sie, dass wir uns nicht gleichzeitig auf zwei Sachen konzentrieren kön-

Bereit zum Anspringen oder bereit zum Spielen? Wieder ist Beobachtung der Schlüssel.

nen? Wenn wir zur gleichen Zeit mit dem Handy beschäftigt sind und unsere Hunde beobachten, schalten wir ständig zwischen den beiden Aufgaben hin und her und bekommen von beidem kein klares Bild. Ich zum Beispiel checke immer wieder notorisch neben dem Fersenehen Facebook oder lese einen Artikel auf dem Handy. Oft verpasse ich dann eine wichtige Szene in der Show oder überfliege den Artikel, ohne ihn wirklich aufzunehmen. Aber wenn Sie einen aggressiven Hund haben, können Sie es sich in vielen Situationen nicht leisten, Ihre Aufmerksamkeit zu teilen. Sie müssen am Ball bleiben.

Wenn Sie Ihre Notizen aufschreiben, seien Sie sich darüber im Klaren, dass es keine richtigen oder falschen Antworten gibt, sondern nur Beobachtungen. Notieren Sie nur, was Ihr Hund aktuell tut. Ihre Notizen werden nützlich und im Nachhinein sehr interessant sein, wenn Sie mit der Arbeit weiter voranschreiten.

Übung 3

Während Sie lernen, das Verhalten Ihres Hundes zu verstehen, denken Sie auch daran, ob andere Leute Ihrer Sichtweise zustimmen würden, wenn sie Ihren Hund in Aktion sehen. Vielleicht sagen Sie zu Ihrem Nachbarn Joe: „Keine Sorge, mein Hund ist freundlich“, aber Joe denkt, dass Sie verrückt sind, weil er andere Erfahrungen gemacht hat. Vielleicht gehört Joe zu den Menschen, die Ihr Hund jeden Tag anbellt. Vielleicht beäugt Joe jede Bewegung Ihres Fido argwöhnisch. Wenn Sie spazierengehen und Ihr Hund springt beim Anblick von Joe los, denken Sie: „Oh, er möchte spielen“, aber Joe könnte denken: „Der verdammte Hund wird sich wieder auf mich stürzen!“. Sie sehen dasselbe Verhalten, aber sowohl Sie als auch Joe sortieren Ihre Erinnerungen und interpretieren Fidos Verhalten; und Sie beide benennen seine Aktionen auf die Art und Weise, die zu Ihrer Erfahrung passt. Das ist Fido gegenüber nicht fair, auch dann nicht, wenn Sie sagen, dass er freundlich ist. Wenn Sie denken, Ihr Hund sei freundlich, obwohl er sich auf andere Leute stürzt, haben Sie seine Hinweise dafür übersehen, dass er sich unwohl fühlt und sich einem Verhalten annähert, das für anderen Menschen oder Hunde gefährlich werden kann. Bedenken Sie - wenn es ein Risiko für andere Menschen oder Hunde gibt, gibt es auch ein Risiko für Ihren Hund. Die Menschen sind gegenüber Aggressionen nicht sehr tolerant und irgendjemand könnte Ihren Hund den Behörden melden.[1]

Übung 4

Ich möchte Ihnen einen Weg zeigen, wie Sie Ihr Gehirn richtig auf Trab bringen, wenn Sie das Verhalten Ihres Hundes beschreiben möchten: Denken Sie an einen Hut und beschreiben Sie ihn. Lesen Sie nicht weiter, bevor Sie nicht an einen bestimmten Hut denken. Schreiben Sie dazu Notizen auf oder zeichnen Sie den Hut.

Wie das bei mir war? Ich dachte sofort an die Schiebermütze aus Tweed, die mein Vater immer getragen hat. Sie war braun mit einem rostfarbenem Hahnentrittmuster auf einem gebrochen weißen Untergrund. Vorne war sie nicht so breit wie hinten und hatte eine schmale Krempe. Und Ihr Hut? Bitten Sie Ihre Familie oder ein paar Freunde in Ihrem Netzwerk darum, den ersten Hut zu beschreiben, an den sie denken, oder ein Bild zu posten.

Wie sehr ähneln sich die Hüte, die Sie selbst, Ihre Freunde und ich beschrieben haben? Als ich die Frage auf Facebook gepostet habe, war die erste Antwort: „Ein Hut aus Zweigen schmückt eine schöne Frau ab einem gewissen Alter.“ Sie wurde von einem kunstlerischen Foto begleitet, auf dem eine ältere Frau mit einem riesigen Kopfschmuck aus Zweigen abgebildet war. Andere schickten Bilder von bunten Strickmützen, außerdem es gab ein paar Filzhüte und einige Baseballkappen mit verschiedenen Logos. Ein Hut war einem Weihnachtsbaum nachgebildet, ein anderer war im Stil der „Katze mit Hut“, und es fehlte auch eine Pillbox mit einem kleinen Netzschleier nicht, wie sie Jackie „O“ Kennedy in den 50er Jahren getragen hatte. Große Hüte, kleine Hüte, rote Hüte, blaue Hüte – jeder dachte an einen anderen Hut.

Es kann sich von Tag zu Tag ändern, an welchen Hut wir als erstes denken. Wenn Sie mich an einem anderen Tag fragen würden, würde ich vielleicht an den Cowboyhut aus Stroh denken, den ich im Zimmer meines Sohnes gefunden hatte, als wir es für die Renovierung ausräumten.

1 Schimpfen Sie trotzdem nicht auf die Behörden. Deren Job ist es, für die Einhaltung der Gesetze und die Sicherheit der Bevölkerung zu sorgen.

All diese verschiedenen Beschreibungen zeigen, dass „Hut" für die Definition nicht ausreicht. Der Begriff ist zu allgemein. Wenn ich Sie um einen Hut bitten würde, ohne zu sagen, dass ich friere, würden Sie mir vielleicht eine Jackie O-Pillbox kaufen und ich hätte immer noch kalte Ohren. Der Kontext ist wesentlich. Vielleicht bekäme ich einen geeigneteren Hut, wenn ich sagen würde: „Mir ist kalt. Kannst Du mir eine Strickmütze leihen?" Es ist wichtig, an unserer Klarheit zu arbeiten und eindeutige Definitionen zu erstellen.

Also stellen wir uns vor, dass Fido auf Joe losspringt und Joe ausflippt. Sie denken, Fido ist freundlich und nett und verstehen nicht, warum Joe so reagiert. Joe denkt, Ihr schrecklicher Hund ist gefährlich. Wie können wir erklären, wie sich Ihr Hund gerade benimmt? Um Klarheit zu schaffen, müssen wir an Verhaltensweisen denken und nicht an Interpretationen, und wir müssen an die Verhaltensweisen in ihrem Kontext denken. Verhaltensweisen sind Dinge, die wir in einer bestimmten Situation beobachten können, und die praktische Übung hilft Ihnen dabei, sie besser zu lesen.

Das hört sich vielleicht sehr simpel an, aber das Verhalten Ihres Hundes besteht aus allem, was Ihr Hund tun kann - und im Rahmen unserer Beobachtungen besteht es aus allem, was wir ihn tun sehen. Beispiele hierfür sind gehen, sitzen, die Pfote heben, den Schwanz steif über dem Wirbelsäulenniveau tragen oder langsam und locker unterhalb des Wirbelsäulenniveaus wedeln, hecheln, die Zunge aus dem Maul hängen lassen, ein Loch im Garten graben oder den Schmorbraten vom Küchentisch schnappen.

„Freundlich" ist ein sehr allgemeines Attribut, das wenig hilfreich ist und kein spezifisches Verhalten beschreibt. Es ist ein allgemeiner Begriff zur Beschreibung einer Gruppe von Verhaltensweisen. Ich glaube, mein Hund ist freundlich - aber ist das eine allgemeingültige Aussage? Mein Hund Aero wedelt mit dem Schwanz wie ein Helikopterrotor und legt vielen Menschen seinen Kopf auf die Brust. Er verhält sich bei meiner Schwester so und bei einer früheren Chefin, die er zum ersten Mal sah. Aber vor einigen Jahren kam ein Mann zusammen mit dieser Frau auf meine Praxistür zu. Als Aero den Mann erblickte, fror er ein, knurrte und bellte laut. Ich war schockiert. Niemals zuvor hatte ich solch ein Verhalten bei ihm gesehen. Aber nun weiß ich, dass mein Hund in einigen Situationen manchmal seinen Kopf auf jemandes Brust legt und andere Menschen in anderen Situationen anknurrt und bellt. Ist mein Hund freundlich? Ja, manchmal. Und nein, manchmal. Der Kontext ist der Schlüssel.

Schreiben Sie ab jetzt nicht nur auf, was der Hund tut, sondern auch den Kontext. In meinem Notizbuch könnte es zum Beispiel zwei Bemerkungen geben:

In meinem Wohnzimmer hat mein Hund seinen Kopf auf die Brust meiner Schwester gelegt und mit seinem Schwanz im Kreis gewedelt.

In meiner Praxis hat mein Hund geknurrt und ist auf einen Tierschutzbeauftragten losgegangen.

Es ist völlig in Ordnung, in der täglichen Konversation Ausdrücke wie „freundlich" und „aggressiv" zu verwenden. Würden wir das nicht tun, würde es ewig dauern, eine Story zu erzählen. Aber benutzen Sie sie nicht für Ihre Beobachtungen, wenn Sie nicht das Verhalten und die Situation so beschreiben, dass jeder verstehen kann, was passiert ist. Wir müssen wissen, ob wir über einen Stetson oder eine Badekappe reden.

Übung 5

- *Richten Sie in Ihrem Notebook ein Protokoll mit folgenden Überschriften ein:*
- *Nummer*
- *Datum und Uhrzeit*
- *Aktivität des Hundes vor dem Verhalten*
- *Situation*
- *Wer war dabei?*
- *Aktivität des Hundes nach dem Verhalten*

Unter „Nummer" nummerieren Sie die Ereignisse, wie sie sich im Laufe des Tages zugetragen haben. Vermerken Sie „Tag und Uhrzeit" Ihrer Beobachtung. Unter „Aktivität des Hundes vor/nach dem Verhalten" beschreiben Sie klar und deutlich, was der Hund getan hat, so, wie Sie es in den vorherigen Übungen gelernt haben. Unter „Situation" notieren Sie, wo und wann das Verhalten gezeigt wurde und welche Umstände damit einhergingen. In das Feld „Wer war dabei?" tragen Sie ein, wer (Menschen und Tiere) anwesend war, als sich das Verhalten ereignete. Führen Sie täglich Protokoll und beschränken Sie Ihre Beobachtungen nicht nur auf aggressives Verhalten.

Beobachten ohne Interpretieren

Lassen Sie uns eine kurze Beobachtung Ihres Hundes durchführen und beschreiben, was er tut, ohne es zu interpretieren. Sie starten wie in den vorigen Übungen. Setzen Sie sich aufrecht hin, mit den Füßen auf dem Boden, und atmen Sie ein paar Mal tief durch, bis Sie sich wohlfühlen. Holen Sie noch einige Male Luft. Sehen Sie sich Ihren Hund an, wie ich es Ihnen gezeigt habe. Was macht er jetzt?

Hier ist meine Beobachtung, als ich dies mit Aero geübt habe:

Als ich mich Aero zuwandte, lag er auf dem Boden. Seine Hinterbeine waren zur linken Seite ausgestreckt, das Gewicht ruhte auf der rechten Hüfte. Seine Vorderbeine waren nach vorn ausgestreckt, sein Oberkörper war aufrecht, lag auf dem Brustbein und das Gewicht ruhte auf den Ellbogen. Sein Kopf lag auf dem linken Vorderbein. Sein Blick richtete sich auf mich, als ich ihn ansah. Er hob den Kopf und begann mit einem hörbaren Schlürfgeräusch an seinem linken Vorderbein zu lecken. Als ich ihn weiter ansah, hob er den Kopf, knabberte für einen Moment an einer Stelle hinter seinem Schulterblatt, bevor er sein linkes Hinterbein hob, um seinen Nacken zu kratzen. Er sah zu mir herüber, zeigte das Weiße seiner Augen und kratzte weiter. Dann drehte er seinen Kopf weg, gähnte mit weit geöffnetem Maul und schloss die Schnauze so schnell, dass seine Zähne aufeinanderklickten. Er legte den Kopf auf sein Bein und schmatzte zweimal. Als ich mich wieder meinem Computer zuwandte, hörte ich ihn laut durch die Nase ausatmen.

Was haben Sie als erstes gedacht, als Sie dies gelesen haben? Wenn Sie bein Lesen meiner Beschreibung gedacht haben, dass Aero sich nicht wohl gefühlt hat, muss ich Ihnen Recht geben. Ich hatte nicht das Gezeigte von ihm erwartet, sondern dass er aufsteht und zu mir kommt. Ich hatte mich geirrt. Meine Beobachtung war dagegen richtig. Später, wenn Sie die Übungen oft wiederholt haben, werden Ihre Voraussagen genauer werden, aber Sie werden sich immer noch manchmal irren. Warum ist das so? Oft hat sich in der Umgebung irgendetwas geändert, was Sie nicht berücksichtigt haben. Manchmal sind die Veränderungen so subtil, dass sie kaum auffallen. Ich glaube, Aero war nicht gewohnt, dass ich mich von meinem Computer abwende und ihn einfach anschaue – daher war ich der Teil der Umgebung, der sich verändert hatte. Er fühlte sich nicht so unwohl, dass er bellte oder weglief, und weil er viele gute Erfahrungen mit mir hat, befürchtete er wahrscheinlich auch nicht, dass ich ihn plötzlich angreifen würde.

Fühlt sich dieser Hund nicht wohl oder kratzt er nur an einem Insektenstich?

Bedenken Sie, wie es sich anfühlt, angestarrt zu werden. Es kann sehr unangenehm sein. Aeros hörbares Lecken des Beins, das Knabbern an der Stelle hinter dem Schulterblatt, das Kratzen des Nackens, das Zeigen des Weißen im Auge und das Gähnen sind Verhaltensweisen, die manchmal beim Hund auf Stress hinweisen. Aber er hätte sich auch so verhalten können, wenn sein Fell voller Flöhe gewesen wäre, richtig? Wir müssen alle Möglichkeiten in Betracht ziehen.

Ich hätte aufschreiben können, dass meine Beobachtung Aero ein bisschen nervös gemacht hat (ein allgemeines Etikett) oder – um einen im Hundetraining häufig verwendeten Begriff zu gebrauchen –, dass er eine Reihe von Beschwichtigungssignalen gezeigt hat (ein anderes Etikett)[2].

2 In ihrem Buch "Calming Signals – Die Beschwichtigungssignale der Hunde" beschreibt die norwegische Hundeexpertin Turid Rugaas einige

Oder ich richte mich einfach nach meiner Verhaltensbeschreibung. Welche Beschreibung des Verhaltens ist am genauesten? „Nervös" ist ein Etikett, das viele verschiedene Verhaltensweisen beschreibt und für verschiedene Menschen eine unterschiedliche Bedeutung haben kann. Das Kratzen kann auf Stress oder auf Flöhe hinweisen. Aero hat sich gekratzt, und das habe ich beschrieben. Wenn ich sage, dass er nervös war, weil ich ihn anschaute, müssen Sie Ihre eigene Erklärung dafür finden, was ich meine. Aber wenn Sie den Abschnitt über Aeros Verhalten lesen, was müssen Sie dann noch darüber herausfinden? Ich hoffe nichts.

Sie müssen lernen, die Verhaltensweisen zu sehen, die als Bestandteil der Verhaltenskette Ihres Hundes einem gefährlichen Verhalten vorausgehen. Diese Übung lehrt Sie, das Verhalten zu beobachten. Wiederholen Sie Übung 5 oft. Führen Sie die Übung nicht nur dann durch, wenn Sie meinen, dass ein aggressives Verhalten Ihres Hundes bevorsteht oder soeben stattgefunden hat. Fangen Sie jetzt damit an und beobachten Sie wann und wo auch immer. Beobachten Sie unterschiedlich lange, an unterschiedlichen Orten, in unterschiedlichen Situationen und zu unterschiedlichen Tageszeiten. Sie können die Übung jedes Mal durchführen, wenn Sie mit Ihrem Hund zusammen sind.

Denken Sie daran, spezifische Verhaltensweisen zu erfassen und keine Etiketten. Dann suchen Sie nach Verhaltensketten, die in einer bestimmten Reihenfolge miteinander verknüpft zu sein scheinen. Sehen Sie, dass Ihr Hund in bestimmten Situationen die gleichen Verhaltensweisen in einer ähnlichen Abfolge zeigt? Zum Beispiel, wenn Sie sich ihm zuwenden: Holt er seine Leine, leckt sich am Bein, kratzt sich am Nacken und gähnt? Wechselt die Reihenfolge? Was tut er? Beobachten Sie so viel wie möglich.

Schließlich müssen Sie herausfinden, was abläuft, wenn sich das Verhalten Ihres Hundes bis zur Aggression aufschaukelt. Das regelmäßige Durchführen von Übung 5 in neutralen Zeiten wird Ihnen dabei helfen, sein Verhalten im Kontext erkennen zu können. Wenn Verhaltensforscher das Verhalten studieren, arbeiten sie darauf hin, voraussagen zu können, welches Verhalten sich wahrscheinlich als nächstes ereignen wird. In diesem Prozess sind Sie der Forscher. Verlassen Sie sich nicht darauf, dass ich Ihnen sage, was Ihr Hund als Nächstes tun wird – Sie selbst müssen lernen, es selbst vorauszusehen. Lernen Sie, die Verhaltensketten Ihres Hundes klar und deutlich zu beschreiben. Um eine Aggression mit der größtmöglichen Genauigkeit vorauszusehen, müssen Sie das Verhalten Ihres Hundes kennen und nicht das Verhalten eines Hundes aus dem Lehrbuch. Ihr Hund ist ein einzigartiges, individuelles Lebewesen.

Verhaltensweisen von Hunden in der Interaktion mit anderen. Ihr Buch kann Ihnen dabei helfen, signifikante Verhaltensweisen aufzuspüren.

5 Aggressives oder reaktives Hundeverhalten verstehen

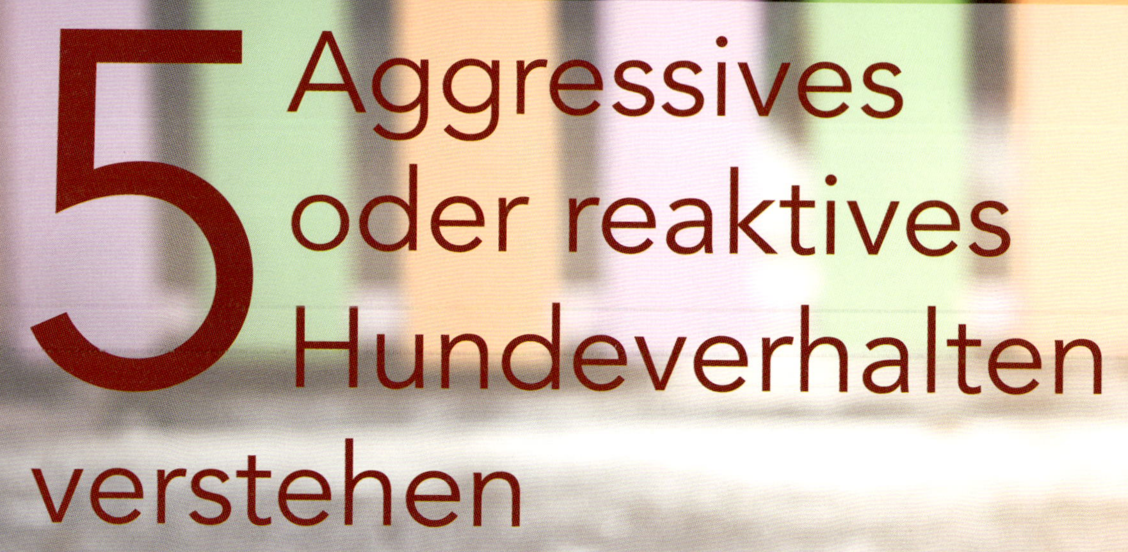

Der Hund konnte nur selten den Menschen auf das Niveau seiner Klugheit heben, aber der Mensch hat den Hund oft auf sein eigenes herabgezogen.

~ James Thurber

Es gibt jede Menge Folklore über Hunde und wir werden davon durchdrungen, seit wir als Kinder das erste Mal das Wort „Hund" aussprechen konnten. Deshalb ist es sehr schwierig, Dichtung und Wahrheit voneinander zu unterscheiden. Ob Sie Ihren ersten oder 57. Hund haben, Sie haben bestimmt gehört, dass Sie der Rudelführer sein müssen, dass Hunde Angst riechen, dass Hunde Rudeltiere sind, dass der Hund vom Wolf abstammt – stimmt`s? Ein Körnchen Wahrheit steckt in jeder dieser Aussagen zur Natur des Hundes, aber sie erklären uns nicht, was uns Probleme verursacht, wenn wir das Verhalten unseres Hundes ändern wollen. Dies gilt besonders dann, wenn sich Ihr Hund gefährlich und aggressiv verhält. Und sie berücksichtigen nicht, was ein Hund während seines Lebens lernt. Anlagen und Umwelt gehören zusammen.

Es gibt einige Verhaltensweisen, die wir nicht lernen müssen. Wenn Ihnen ein Staubkorn ins Auge fliegt, blinzeln Sie. Niemand hat uns beigebracht, in dieser Situation zu blinzeln; es ist etwas, das unser Körper von selbst macht. Viele Leute betrachten Aggressionen genauso. Eine Person geht vor einem Hund her, und der Hund springt los und beißt. Die Person denkt, der Hund verhält sich reflexmäßig aggressiv, so wie wir reflexmäßig blinzeln. Das ist aber eine unvollständige Sichtweise des Verhaltens.

Der sehr renommierte Tierverhaltenstrainer Bob Bailey sagt gerne, dass Pavlov uns immer auf der Schulter sitzt. Sie haben wahrscheinlich von Pavlov gehört, dem Biologen, der im 20. Jahrhundert begann, das Verdauungssystem von Hunden zu studieren und folgende Beobachtung machte: Wenn Hunde ihr Futter von einem Forscher im weißen Kittel bekommen hatten, fingen sie beim Anblick eines weißen Kittels an zu speicheln, sogar dann, wenn sie gar kein Futter bekamen. Pavlov wurde klar, dass die Verknüpfung eines ursprünglich neutralen Objekts (weißer Kittel oder Glocke) mit etwas Überlebenswichtigem (Futter) bei Hunden zu der gleichen biologischen Reaktion auf Futter führte, die beim Anblick des Menschen im weißen Kittel oder beim Klang der Glocke auftrat.

Tiertrainer haben dieses Prinzip aufgegriffen und es angewendet, um den emotionalen Zustand von Hunden zu beeinflussen. Beispielsweise haben sie Hunde, die sich gegenüber Menschen aggressiv verhielten, beim Anblick von Menschen Futter gegeben, um eine Verknüpfung zwischen Mensch und Futterbelohnung herzustellen. Dieser Prozess wird klassische Konditionierung (oder im modernen Jargon reaktive Konditionierung) genannt. Prozeduren, die auf diesem Prinzip beruhen, werden ekzessiv sowohl bei reaktiven und aggressiven Hunden als auch bei anderen Spezies und beim Menschen angewendet. „Pavlov sitzt auf Ihrer Schulter" heißt, wir müssen uns bewusst sein, dass klassische Konditionierung jederzeit stattfindet. Die Hunde haben beim Anblick des Menschen im weißen Kittel natürlich wegen der Assoziation Kittel und Futter gespeichelt. Ein moderner Trainer bietet dem reaktiven oder aggressiven Hund kleine Leckerbissen beim Anblick eines anderen Hundes oder Menschen an, um den Hund darauf zu konditionieren, sich wohlzufühlen anstatt aggressiv oder ängstlich zu sein.

Dr. Rosales sagt gern: „Ja, Pavlov sitzt auf der einen Schulter und Skinner auf der anderen." Der Psychologie B.G. Skinner hat das Gebiet der Verhaltensanalyse begründet. Dr. Skinner (der von seinen Studenten immer Fred genannt werden wollte) hat die operante Konditionierung als einen Prozess erkannt, der wie die klassische Konditionierung natürlicher weise auf der Welt vorkommt. Er wählte den Begriff operante Konditionierung für einen Lernprozess, der sich als Konsequenz aus einem Verhalten in bestimmten Situationen ereignet. Das Ergebnis kann eine Verstärkung sein, d. h. das Verhalten verfestigt sich (z. B. wenn der Hund für das Hinsetzen belohnt wird, wird er sich wahrscheinlich in Zukunft häufiger setzen), aber auch eine Bestrafung (wenn zum Beispiel beim Hinsetzen eine laute Sirene ertönt, wird der Hund sich in Zukunft wahrscheinlich seltener setzen). Operantes Verhalten ist ein Verhalten, das sich ereignet, weil ihm eine wünschenswerte Konsequenz (ein Verstärker) folgt, das heißt der Hund zeigt das Verhalten in Zukunft häufiger.

Viele Leute glauben, Aggression sei primär ein ererbtes Verhalten, aber nach den Forschungsergebnissen, die ich unter Dr. Rosales' Anleitung erzielt habe, ist Aggression ein operantes Verhalten. Das aggressive Verhalten erzeugt als Konsequenz

Bob Bailey

*Bob Bailey (*1936) beendete sein Bachelor-Studium der Zoologie im Jahr 1959 und studierte später Informatik. Er erwarb vier Patente für elektromechanische Geräte zum Tiertraining beziehungsweise zu Unterrichts- und Unterhaltungszwecken und trainierte mindestens 120 Tierarten. 1962 wurde er bei der US Navy Direktor für Tiertraining. Im Jahr 1965 wurde Bailey stellvertretender technischer Direktor, danach Vizepräsident und Generaldirektor der Animal Behavior Enterprises (ABE), wo er mit Keller und Marian Breland zusammenarbeitete. Er leitete Programme für das Verteidigungsministerium und sämtliche Marine Mammals-Programme[1]. Während seiner Zeit in der Navy und ABE unterlagen viele seiner Projekte der Geheimhaltung. Einige Jahre nach dem Tod von Keller Breland im Jahr 1976, heiratete Bob Marian Breland, und beide reisten und unterrichteten weiter gemeinsam Verhalten und Technologie. Bailey ist seit 1990 Vorstandsvorsitzender der Electric Science Productions.*

1 Anm. d. Übers.: Von der US Navy geleitete Programme zur Erforschung des militärischen Nutzens von Meeressäugetieren z. B. Schutz von Schiffen und Häfen, Minenentdeckung und -räumung durch Seelöwen und Tümmler.

das, was der Hund will. Bevor wir mit dem CAT beim Hund anfingen, erreichte er durch seine Aggression, dass etwas verschwindet oder aufhört. Aufgrund dieses Ergebnisses wollte der Hund wieder aggressiv sein. Während des CAT lernte der Hund: Wenn er nettere Dinge tat, verschwand das Unerwünschte ebenfalls oder hörte auf und das alte Verhalten war folglich nicht mehr notwendig. Nach Absolvieren des gesamten CAT-Trainings von Beginn bis Ende hatte der Hund seine Einstellung zu der Sache, die er nicht mochte, völlig verändert und verhielt sich ihr gegenüber freundlich. Nun sind wir wieder am Ausgangspunkt: eine Verknüpfung hat die emotionale Reaktion des Hundes verändert. Er muss nicht mehr verrückt spielen oder Angst haben, weil er nun weiß, dass er seine Umwelt durch freundliches Verhalten kontrollieren kann.

Viele Trainer glauben, man könne mit der Aggression umgehen, aber sie nicht ändern, weil sie dem Hund angeboren sei (das Blinzeln, wenn ein Staubkorn im Auge ist) und nicht etwas, das der Hund gelernt hat (man bekommt eine Belohnung vom Besitzer, wenn man sich setzt). Es mag sein, dass sich ein Hund vielleicht erschreckt hat, als er zum ersten Mal einen Fremden auf dem Gehweg sah und dann reflexartig geknurrt hat. Aber der Fremde ging weg – aha! – und der Hund hatte sein gewünschtes Ergebnis: er hatte etwas Gutes erreicht.

Unsere Forschung hat Folgendes gezeigt: Wir können das gleiche Ergebnis, das beim Hund zu einem aggressiven Verhalten geführt hat, dazu verwenden, sichere und freundlichere Verhaltensweisen zu verstärken – andere als diejenigen, die der Hund gewählt hat. Wir entdeckten, dass die Vergrößerung der Distanz zu dem beunruhigenden oder sonstigen aversiven Ding dem Hund die Sicherheit gab, bestimmte Verhaltensweisen zu wiederholen. Wenn ich einen Bösewicht sehe und knurre, dann rennt er weg. Check. Das versuche ich beim nächsten Mal wieder. Wir wissen, dass sich für diese Verhaltensweisen die Distanz als Belohnung eignet, weil wir es viele Male mit verschiedenen Hunden und viele Male mit demselben Hund ausprobiert haben. Die Hunde hatten gelernt, sich aggressiv zu verhalten, weil sie dadurch etwas Böses oder Beunruhigendes verjagen konnten. Aber wenn sie das Gleiche durch netteres Verhalten erreichen konnten, verhielten sie sich netter. Wir mussten eine Trainingssituation entwickeln, in der wir ihnen zeigen konnten, dass ein anderes Verhalten funktioniert und dass sie das gewünschte Ergebnis erzielen, wenn sie sich freundlich und nicht aggressiv verhalten.

Dr. Rosales hatte schon einige Jahre mit Studenten an ähnlichen Projekten gearbeitet, bevor ich zu ihm kam. Das erste Projekt, an dem ich teilnahm, beschäftigte sich mit ängstlichen, aber nicht aggressiven Lamas. Wir warteten, bis ein Lama irgendetwas Gutes tat, wie zum Beispiel einen Schritt in unsere Richtung zu gehen, ließen einen Leckerbissen fallen und gingen fort. Es war sehr effektiv, auch wenn die Tiere die Belohnung nicht immer fraßen. Gestresste Tiere können oft nicht fressen. In der CAT-Forschung halten wir uns nicht mit Leckerchen auf, weil wir gelernt haben, dass wir auch ohne Futter die Distanz als wirksame Belohnung verwenden können, um aggressives durch freundliches Verhalten zu ersetzen. Ein Leckerbissen ist nicht hilfreich, wenn der Hund zu aufgeregt ist, um ihn zu fressen.

Sie können die guten Verhaltensweisen, die Sie anstelle des unerwünschten Verhaltens sehen wollen, mit Hilfe der Beobachtungen aus Kapitel 4 identifizieren. Beschreiben Sie klare Definitionen dieses Verhaltens wie in Ihren Beobachtungsübungen. Der Hund hat in den Pausen zwischen seinen Aggressionen nicht „nichts" getan. Er hat etwas anderes gemacht. Was war das? Hat er am Boden geschnüffelt? Den Kopf gedreht? Zu seinem Besitzer geschaut? Sich hingelegt? Ist er weggegangen? Hat er sich gestreckt? Das Interimsverhalten ist das, was wir verstärken und von dem wir mehr sehen wollen.

Ein Leckerbissen, wenn der Hund sitzt, verstärkt oder festigt das gewünschte Verhalten des Sitzens.

Den Kopf wegdrehen und die Augen schließen sind neutrale Verhaltensweisen, die wir anstelle von Aggression sehen möchten.

Stachelhalsbänder wurden erdacht, um Wach- und Schutzhunde in ihrer Erregung im wahrsten Sinne des Wortes weiter anzustacheln. Benutzen Sie solche provozierenden Hilfsmittel bei keinem Hund.

Wir möchten eine Trainingssituation entwickeln, in der der aversive Hund oder Mensch weggeht, wenn der Hund sich gutartig und nicht aggressiv verhält. (Keine Sorge, wir werden geeignete Sicherheitsmaßnahmen ergreifen.) Wir werden dem Hund beibringen, dass aggressives Verhalten ab sofort nicht mehr funktioniert, um den Bösewicht zu vertreiben, aber dass es dagegen mit anderen, sicheren Dingen klappt.

Viele positiv arbeitende Trainer befürchten, dass dies dem Hund Stress bereitet. Das ist ein berechtigter und sehr wichtiger Einwand.

Alle Trainingsmethoden zur Reduzierung oder Eliminierung von Aggression verursachen Stress beim Hund, weil man die Hunde den Situationen aussetzen muss, die ihnen Unbehagen bereiten. Bei Menschen kann der Therapeut den Patienten zunächst auffordern, sich die beunruhigende Situation nur vorzustellen, anstatt ihn direkt damit zu konfrontieren. Bei Hunden können wir das so nicht umsetzen. Viele moderne Trainer wollen ihre Hunde keinem Stress aussetzen, aber meiner Ansicht nach ist leichter Stress wünschenswert, um dem Hund zu zeigen, dass er die ungemütliche Situation leicht verändern kann. Sie als Besitzer und Trainer sind dafür verantwortlich, die Situation für den Hund erträglich zu gestalten. Mathelernen in der Schule ist Stress. Schwimmenlernen ist Stress. Wenn Sie gelernt haben, dass Aggression Ihnen hilft, ist es Stress, Vertrauen in ein anderes Verhalten zu setzen. Seien Sie versichert, dass dieses Training nicht mehr Druck auf den Hund ausübt als nötig. Es ist vielmehr darauf ausgelegt, den Stress für den Hund zu minimieren, während er lernt, der Wirksamkeit seines neuen Verhaltens zu vertrauen.

In den Anfängen der CAT-Forschung hatte ich einige Videos gefilmt, die zeigen, wie Hunde „ihre Schwelle überschreiten", sprich so viel Stress hatten, dass sie aggressiv wurden. Hierzu möchte ich auf vier Punkte hinweisen:

Um unsere Arbeitsweise zu demonstrieren, wählten wir oft Videos von aggressiven Attacken aus, um daran zeigen zu können, was wir taten, wenn ein Hund ungewollt Aggressionen zeigte. Dies könnte einen zu der Annahme verleiten, dass die Hunde oft von uns zu sehr provoziert wurden. Das ist aber nicht der Fall. Es gibt unendlich viel mehr Versuchsdurchgänge ohne aggressive Reaktionen.

Auch die Methoden hervorragender moderner Trainer, wie die Desensibilisierung oder Gegenkonditionierung, verursachen manchmal aggressive Reaktionen – sprich es stimmt nicht, dass dies nur beim CAT vorkommt. Erinnern wir uns daran, was ich vorhin gesagt habe: Die Hunde lernen etwas Neues, und Lernen bedeutet Stress. Manchmal bringen Sie Ihren Hund unabsichtlich zu nah an etwas heran, das ihn aufregt. Manchmal gibt es nicht identifizierte oder unkontrollierbare Veränderungen in der Umgebung. Oder manchmal entscheidet sich Ihr Hund, noch lauter und heftiger zu bellen, um auszuprobieren, ob er damit Erfolg hat. Lernen bedeutet Stress. Nicht mehr und nicht weniger.

Ich muss gestehen, dass ich anfangs im Hundetraining völlig unerfahren war. Ich hatte in den späten 1990er Jahren mit einem aggressiven Molukkenkakadu gearbeitet und keine wirkliche Trainingserfahrung mit Hunden, außer ihnen als Teenager mit Hilfe von Leckerchen Sitz, Platz und Bleib beizubringen. Aber ich habe gelernt und wurde mit der Zeit besser und raffinierter.

Im Nachhinein gestehe ich: Es war ein großer Vorteil, als unbeschriebenes Blatt mit dem Hundetraining anzufangen, weil es meine Erwartungen und Vermutungen hinsichtlich des Hundeverhaltens minimierte. Ich musste aufmerksamer sein und lernen, eine gute Beobachterin zu werden. Seien Sie wie ein Zen-Buddhist, der sagt: „Als Erstes leeren Sie Ihre Tasse." Sie müssen nicht alles im Voraus wissen. Lernen Sie zu beoabchten wie ein Raubvogel. Bleiben Sie offen für das, was Sie lernen wollen.

Obwohl ich nicht empfehle, absichtlich über Grenzen zu gehen, weil der Schuss nach hinten losgehen könnte, muss ich feststellen, dass die Hunde auch von Situationen gelernt haben, in denen die Schwelle überschritten wurde. Sie waren immer noch meine und meiner Hunde Freunde. Das Training hat immer noch funktioniert. Aber wenn Sie Ihren Hund immer und immer wieder über die Schwelle treiben, werden Sie keinen Erfolg haben. Seien Sie darauf vorbereitet, dass es ohne Absicht gelegentlich passiert und dass Ihr Hund auch dabei etwas Wertvolles lernt. Mehr über den Umgang mit Grenzüberschreitungen erfahren sie in den folgenden Kapiteln.

Wie ich oben bereits erwähnte, haben wir unsere Prozedur in Anlehnung an Dr. Israel Golddiamond „Konstruktives Aggressionstraining“ genannt. Dr. Golddiamond hat in den 1970er Jahren exzellente Forschungsarbeit geleistet. Dr. Rosales bewunderte ihn sehr und hat jedem Studenten empfohlen, seine Arbeiten zu studieren. Unter anderem hat sich Dr. Golddiamond damit beschäftigt, die Umgebung so zu gestalten, dass es den Patienten leichter fällt, sich besser zu verhalten. Dann festigte er das bessere Verhalten, indem er ihnen eine Belohnung gab. Er nannte dies „konstruktiver Ansatz“, weil der Fokus darauf lag, bevorzugte Verhaltensweisen zu formen oder aufzubauen und nicht darauf, Problemverhalten zu bestrafen. Wenn wir eine Verhaltensweise bestrafen, mag es uns gelingen, sie zu eliminieren, aber wir verhindern nicht, dass sie durch ein anderes Verhalten ersetzt wird. Der Hund soll sich nicht selbstständig für ein anderes Verhalten entscheiden, das neue Probleme schaffen kann – sowohl für uns (vielleicht beißt er jetzt den Besitzer, weil er nach dem Beißen eines Fremden Schwierigkeiten bekommen hat) als auch für sich selbst (noch mehr Stress, denn in seiner Vorstellung muss er nun seinen Besitzer und den Fremden fürchten). Im CAT-Training zeigen wir dem Hund gezielt, welches Verhalten funktionieren wird. Den Kopf wegdrehen? Prima, der Fremde geht weg. Sich in die Leine werfen? Nein, der bedrohliche Fremde geht erst weg, wenn ich mich besser benehme – und das wird verstärkt. (Fangen Sie noch nicht an. Wir werden noch viel über das Setup reden müssen, bevor Sie die Prozedur ausprobieren.)

Alle Lebewesen – Hunde, Schafe, Menschen, Katzen usw. – haben die Fähigkeit, ihr Verhalten anzupassen. Sie erhöhen damit die Wahrscheinlichkeit, zu überle-

Je mehr Sie mit Ihrem Hund arbeiten, desto mehr werden Sie beobachten und über Verhalten lernen.

ben, sich zu vermehren und Nachwuchs aufzuziehen, der sein Verhalten so anpassen kann, dass er überlebt und so weiter und so fort. Irgendwann in der Evolution waren aggressive Reaktionen auf Bedrohungen für die Vorfahren Ihres Hundes lebensrettend und ermöglichten ihnen, sich fortzupflanzen und ihre Gene weiterzugeben. Aktuell wollen aggressive Hunde aber mit ihrem Verhalten sofort ein Ergebnis erreichen, etwas, das man im Hier und Jetzt sehen kann. Sie haben keine Vorstellung davon, was Ihre Vorfahren getan haben, um zu überleben. Sie wollen nur so handeln, dass eine Bedrohung (Menschen, Tiere, Objekte) jetzt weggeht oder aufhört.

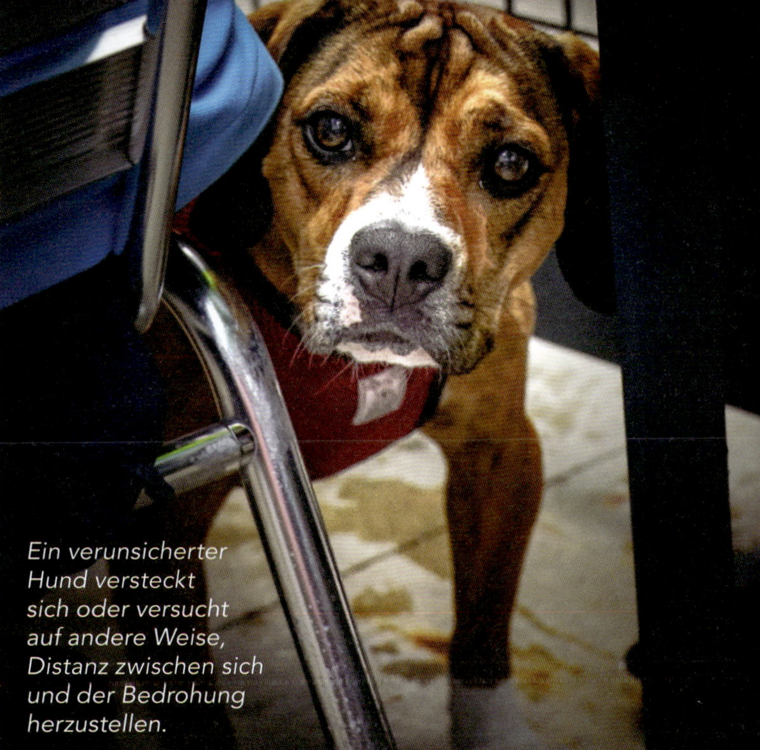

Ein verunsicherter Hund versteckt sich oder versucht auf andere Weise, Distanz zwischen sich und der Bedrohung herzustellen.

Manchmal wird ein Hund in einer bestimmten Situation zu fliehen versuchen, indem er Distanz zwischen sich und der Gefahr schafft. Aber es ist nicht immer möglich, vor einer Bedrohung davonzulaufen. Vielleicht ist der Hund an der Leine oder in einem eingezäunten Bereich oder in einer Box oder vielleicht ist der furchteinflößende Installateur in sein Zuhause eingedrungen und er kann nicht fort. Was nun? Er wird irgendetwas tun, um das fürchterliche Ding zu verscheuchen. In keiner bestimmten Reihenfolge und möglicherweise vermischt mit anderen Verhaltensweisen knurrt er, senkt seinen Kopf, um sich in Position zu bringen, stößt sich mit den Hinterbeinen ab und sprintet vorwärts. Vielleicht beißt er auch. Dieses Verhalten wirkt äußerst abschreckend auf Installateure und sonstige Eindringlinge! Es funktioniert, und der Hund lernt, dass es sich meistens auszahlt. Falls es einmal nicht funktioniert, wird er härter angreifen, eventuell bis hin zu einem sehr gefährlichen Verhalten. Solch ein Hund wird dann von den Menschen als „aggressiv“ bezeichnet. Anstatt ein Hund zu sein, der sich lediglich bedroht fühlte und Erleichterung suchte oder nur in Ruhe fressen wollte, hat er nun den Beinamen „aggressiver Hund“. Und das ist nicht gut.

Wichtig ist: nicht alle Hunde wollen auf diese Weise Bedrohungen loswerden. Manchmal wollen Hunde auch mit jemandem interagieren (spielen) und rasen los und bellen und springen herum, und es sieht aus wie Aggression. Bellen und auf jemanden losstürmen bedeutet nicht immer, dass er denjenigen verletzen möchte;

manchmal verhält sich ein Hund auch so, wenn er jemanden zur Interaktion auffordert. Das CAT-Training hilft keinen Hunden, die sozial zu interagieren versuchen, aber dies aus irgendeinem Grund nicht gelernt haben. Was diese Hunde brauchen, sind sichere Gelegenheiten, um das Spielen mit anderen Hunden zu lernen. (Nicht die Hundewiese! Hundewiesen sind voll von Hunden mit unbekannten Verhaltensweisen und Besitzern, die sich mehr mit ihren Handys als mit ihren Hunden beschäftigen.) Es kann schwierig sein, den Unterschied zwischen „Geh weg" und „Spiel mit mir" herauszufinden, weil das, was die Leute spielerische Aggression nennen, sehr viel mit der „Ich werde Dir gleich wehtun"-Aggression gemeinsam hat. Und manchmal endet auch das Spielen mit der Verletzung von Menschen, weil die sozialen Fähigkeiten des Hundes schlecht sind.

Einmal sollte ich mit einem Rhodesian-Ridgeback-Mischlingswelpen das CAT-Training durchführen. Seine Besitzer berichteten, dass der noch kein Jahr alte Hund sich gegenüber anderen Hunden aggressiv verhielt. Sie zeigten mir ein Video, und es sah wirklich furchterregend aus. Ich begann mit ihm nach der CAT-Prozedur zu arbeiten und setzte meine gute alte Greyhound-Hündin Bravo als Helferin ein. Sie verstand die Hundesprache ausgezeichnet und ich hatte gelernt, ihrem Urteil zu vertrauen. Sie war eine viel bessere Leserin der hündischen Körpersprache, als ich es jemals sein werde. Bravo für ihren Teil schien den Junghund von Anfang an nicht für beunruhigend zu halten.

Wir begannen zu arbeiten, und ich hatte nicht das Gefühl, dass uns das irgendwohin führte. Je näher Bravo und ich kamen, desto verrückter gebärdete sich der Junghund. Ich ging ein Risiko ein, das ich Ihnen nicht empfehle, wenn Sie keinen sehr stabilen Zaun zwischen dem aggressiven und dem helfenden Hund haben. Normalerweise dreht beim CAT-Training der Hundeführer des Helfers ab und geht mit diesem weg, sobald der aggressive Hund

sich freundlich (oder weniger garstig) verhält (zur Erinnerung: Wir belohnen den Hund mit Distanz von der Bedrohung.) Wenn er sich aggressiv verhält, wartet der Hundeführer, bis der aggressive Hund sich beruhigt hat, bevor er sich entfernt (man braucht hierfür Fingerspitzengefühl, also fangen Sie noch nicht mit der Arbeit an.)

In diesem Fall habe ich mich mit meinem Greyhound dem Ridgeback Schritt für Schritt genähert, also genau das Gegenteil davon getan, was wir üblicherweise im CAT-Training mit aggressiven Hunden praktizieren. Wir kamen näher, wenn er sich besser verhielt, und gingen weg, wenn er aggressiv war. Und was soll ich sagen? Wir waren sehr schnell ganz nah bei dem Ridgeback und fanden einen niedlichen, lieben Junghund vor, der sich auf den Rücken rollte, damit mein Greyhound ihn begrüßen konnte. Das ist das Gegenteil dessen, was wir mit wirklich aggressiven Hunden durchführen und wird bei diesen nicht funktionieren! Die beiden Hunde beschnupperten sich und waren lieb und verspielt miteinander. Dieser Welpe wollte nur spielen. Er hatte aber auf seinem Weg gelernt, dass Bellen und Anrempeln eine Spielaufforderung ist. Oder vielleicht war er auch frustriert, weil er in der Hundeschule niemals mit anderen Hunden toben durfte.

In einem anderen Fall spielte ein Boxer gerne wild mit dem Freund seiner Besitzerin. Der Freund wälzte sich mit ihm auf dem Boden, zog an seinen Lefzen und balgte auf jede Art rau mit ihm herum. Boxer lieben wildes und grobes Balgen. Das klappte prima mit dem Freund, entwickelte sich aber zu einem großen Problem für die Besitzerin des Boxers. Als unglückliches Resultat der groben Spiele lernte der Hund, dass Bellen, Knurren, Anrempeln und sogar das Zupacken mit den Zähnen der richtige Weg sei, um einen Spielkamerad zu finden. Es dauerte nicht lange, bis seine Besitzerin kaum noch mit ihm umgehen konnte. Und es war sehr schwierig, ihm beizubringen, dass grobe Pöbeleien für die meisten Menschen kein Spaß sind.

Das Paar trennte sich (ich weiß nicht, ob das etwas mit dem Hund zu tun hatte!), was das Ausschalten der unangebrachten Spielaktionen erleichterte. Der übliche Ablauf war, dass der Freund mit dem Hund spielte, bis das Spiel zu grob wurde und er ihn bestrafte. Der Hund hatte so niemals die Gelegenheit, zu lernen, wie man denn jemanden angemessen zum Spielen auffordert. Glücklicherweise war das nicht das Ende der Geschichte. Der Boxer lernte, mit seiner Besitzerin weniger grob zu spie-

len und die Besitzerin lernte, seine Energie durch Lauf- und Trainingsaktivitäten anstatt durch Balgereien abzubauen.

Das Beispiel des Boxers zeigt uns etwas Wesentliches: Der Körperbau des Hundes wirkt sich oft auf sein Verhalten aus, weil er beeinflusst, was der Hund kann und was er gut kann. Ein Hund einer muskulösen Rasse (beispielsweise Boxer, Pitbull, Amerikanische und Englische Bulldoggen, Bullterier) rempelt beim Spielen häufiger andere Hunde an oder wirft sie um. Warum? Weil er mit seinem robusten und muskelbepackten Körper sehr effektiv das Verhalten anderer Hunde und sogar Menschen kontrollieren kann. Zwei Pitbulls beim angemessenen Spielen rennen häufig Seite an Seite und stoßen sich gegenseitig mit Schultern und Hüften. Sie wenden einander den Kopf mit geöffneter Schnauze zu. Früher oder später werden sie sich kopfüber übereinanderwerfen. Diese Art zu spielen ist normalerweise nicht aggressiv und macht den Hunden großen Spaß, weil sie dafür gebaut sind.

Lassen Sie zwei Greyhounds zusammen, werden sie wahrscheinlich nicht auf diese Weise spielen. Es mag Ausnahmen geben, aber im Allgemeinen entspricht das nicht dem Greyhound-Stil. Was tun Greyhounds? Sie rennen. Sie haben einen tiefen Brustkorb mit einer großen, kräftigen Lunge und starke Schultern und Hüften, die den langen, dünnen Beinen Vorschub gewähren. Ihre langen Zehen können sich in den Boden eingraben und sie abstoßen. Normalerweise rempeln sie sich nicht gegenseitig an, jedenfalls nicht absichtlich, und einige jaulen wie große, dürre Babies (Ich muss sagen, bezaubernde große, dürre Babies), wenn sie aufeinanderprallen. Greyhounds haben eine dünne Haut, die leicht reißt. Das ist der Grund, warum man sie auf Rennen oder Coursings häufig mit einem Maulkorb sieht: um sie vor den Zähnen der anderen zu schützen, wenn sie unabsichtlich zusammenstoßen. Tiere, ebenso wie Menschen, lieben es Dinge zu tun, die sie gut können. Bullige Rassen rempeln, Windhunde rennen.

Graben ist für viele Jack Russell Terrier das Größte.

Wenn Sie einen reinrassigen Hund besitzen, wird er wahrscheinlich einige rassetypische Verhaltensweisen zeigen, weil er diese gut beherrscht. Diese Verhaltensweisen wurden seit Bestehen der Rasse über Generationen selektiert. Wenn Hunde für die Arbeit gezüchtet wurden, vermehrte man die besten Arbeiter, um guten Nachwuchs zu erhalten. Die Hunde, die mit der größten Wahrscheinlichkeit die gewünschten Eigenschaften über ihre DNA weitergeben, werden mit anderen Hunden gepaart, die ebenso gut sind. Border Collies hüten. Jack Russell Terrier sind Schädlingsbekämpfer, und wenn sie keine Schädlinge wie etwa Ratten bekämpfen können, werden sie sich hartnäckig etwas anderes zum Jagen suchen. Greyhounds jagen Hasen und andere kleine Beutetiere, die wegrennen (mit Ausnahme von Bravo, die vor unserer Katze namens Maus Angst hatte!).

Bei einem Mischling wirkt vermutlich das rassetpyische Verhalten einer seiner Ursprungsrassen bestärkend. Einer meiner derzeitigen Hunde, Aero, ist zu einem Teil Afghane und zu zwei Teilen Hütehund (Australian Shepherd und Border Collie) und findet Hüten sehr belohnend. Aber vielen Mischlingen kann kein Verhalten einer bestimmten Rasse zugeordnet werden. Sie werden hundespezifisches Verhalten sehen, aber auch Verhalten, das aus der Umwelt resultiert. Alle Organismen besitzen Fähigkeiten (wie Distanz aufzubauen), um aversiven Dingen auszuweichen.

Im CAT-Training sind Wahlmöglichkeiten von großer Bedeutung. Wir wollen dem Hund viele akzeptable und effektive Wahlmöglichkeiten geben. Je weniger

Auswahl ein Tier hat, um etwas Aversivem zu begegnen, desto wahrscheinlicher wird es sich aggressiv verhalten. Wenn der Hund nicht weglaufen kann, weil er in einem Zwinger oder an der Leine ist, ist die Wahrscheinlichkeit für aggressives Verhalten größer. Er hat sozusagen keine andere Wahl. Für Hunde in unserer modernen Welt ist es eine große Herausforderung, dass sie oftmals kein sicheres Verhalten wählen können. Sie werden durch die Maßnahmen eingeengt, mit denen wir sie schützen wollen: Leinen, Boxen, Zwinger, eingezäunte Grundstücke. Vermutlich gibt es aus diesem Grund heute mehr Berichte über aggressive Hunde als während meiner Kindheit in einer Kleinstadt in Oklahoma. Damals liefen die Hunde den ganzen Tag frei herum und kamen abends nach Hause. Wenn sie einen gefährlichen Hund oder Menschen sahen, konnten sie sich verstecken oder wegrennen. Heute sind die Hunde immer unter Aufsicht, damit sie nicht in den Verkehr laufen, kein Loch in Nachbars Garten graben, nicht verlorengehen oder gestohlen werden und so weiter. Sie haben fast keine Wahlmöglichkeiten mehr. Was tun sie, wenn sie nicht weglaufen können? Sie knurren und fletschen die Zähne. Ich möchte weder Sicherheitsmaßnahmen noch gesetzliche Regelungen kritisieren, sondern ich schreibe dies in einiger Verzweiflung, weil ich keine Lösung weiß, wie man in der modernen Welt Tiere sicher halten und ihnen trotzdem die meiste Zeit ein pralles Leben mit der Wahl zwischen geeigneten Verhaltensweisen ermöglichen kann.

Oft wird die Aggression eines Hundes durch uns, seine Besitzer, hervorgerufen. Vor 15 Jahren hatte ich den kleinen Hund Pan adoptiert und mit nach Hause genommen. Pan war damals etwa ein Jahr alt und wog ungefähr fünf Kilo. Weil ich ein paar Sachen für ihn brauchte, ging ich mit ihm in unser örtliches Zoogeschäft. Dort näherte sich ihm ein Kind und frag-

Heutzutage können Hunde nur selten frei laufen.

te, ob es Pan streicheln dürfte. Bevor ich antworten konnte, hatte es schon seine Hand ausgestreckt. Pan schnappte. Oh je! Glücklicherweise erreichte er sie nicht. Ich war zutiefst erschrocken, aber es war meine Schuld: ich hatte ihn überfordert. Ich kannte ihn erst einen Tag lang. Er hatte Monate mit seinem Bruder in einem Tierheim in Texas verbracht. Wieso also sollte er ohne den Rückhalt seines Bruders in diesem großen Laden voller überwältigender Eindrücke gegenüber einem kleinen impulsiven Kind nicht misstrauisch sein?

Es wäre meine Aufgabe gewesen, Pan vor Überforderung zu schützen, und ich hatte es versäumt. Wenn sich das Kind zum Streicheln Bravo ausgesucht hätte, wäre es ein glücklicher Tag für alle Beteiligten gewesen. Bravo hat noch kein Kind getroffen, das sie nicht angebetet hat, während Pan gerne die anderen Hunde brav sein lässt und lieber aus sicherer Entfernung Alarm schlägt. Pan hat das Kind nicht gebissen und meines Wissens auch noch nie jemand anderen, aber er hat nach dem Kind geschnappt und auch nach einigen Tierärzten, weil er nicht genug Wahlmöglichkeiten in seinem kleinen Hunde-Werkzeugkasten hatte, um ein Verhalten zu vermeiden, das effektiv die Bedrohungen in ihren Anfängen stoppt.

Interessanterweise hörte Pan bei einem anderem Tierarzt damit auf, während der Untersuchung zu schnappen. Dieser Tierarzt war freundlich und sanft und gestaltete seine Untersuchung so, dass sie der Komfortzone des kleinen Kerls entsprachen. Wir waren einmal bei einer Tierärztin, die unseren Kater Yoda nicht auf den Behandlungstisch hob, sondern sich auf den Boden hockte, um ihn zu untersuchen. Yoda, der sonst für Untersuchungen immer sediert werden musste, liebte diese Tierärztin. Er schmiegte sich an sie und krabbelte auf ihren Schoß, als sie seinen Bauch abtastete, die Temperatur maß, in seine Augen schaute und sogar als sie sein Maul öffnete, um nach den Zähnen zu schauen. Wenn Tiere eine andere Option haben, besteht häufig keine Notwendigkeit mehr, sich aggressiv zu verhalten. Bei der amerikanischen Organisation Fear Free Pets (www.fearfreepets.com) können sich Tierärzte weiterbilden, um Tiere angstfrei zu behandeln.

6 Seien Sie ausdauernd und konsequent

Es ist ein riesiger Unterschied, ob Sie Ihrem Hund niemals erlauben, Sie anzuspringen, am Tisch zu betteln oder zu Ihnen aufs Sofa zu klettern, und ob Sie ihm dies fast nie erlauben. Ihr Hund wird sich bei jeder Gelegenheit fragen, ob dies jetzt eine Ausnahme ist und nie aufhören zu hoffen. Man kann Hunde auf diese Weise sehr aufdringlich machen, dabei sind sie nur unsicher, wie die Regeln lauten.

~Karen B. London, PhD

Ein Mann rief mich im Tierheim an und beschwerte sich über seinen Hund und die Trainerin, die ich zu ihm geschickt hatte, um mit ihm zu arbeiten. Nach jeder Beschwerde erklärte ich ihm geduldig, dass die Trainerin exakt das tat, was sie sollte und versuchte ihm zu helfen, indem ich seine Klagen ins rechte Licht rückte. Schließlich sagte er: „Wissen Sie, was mich wirklich ärgert? Sie verbringt die ganze Zeit mit dem Versuch, mich zu trainieren und nicht den Hund!"

Hm, stimmt - ich bin mir sicher, dass es tatsächlich ganz genau so ablief. Die Trainerin wollte dafür sorgen, dass er lernte, gut mit seinem Hund umzugehen, Probleme zu lösen, sobald sie auftauchen und die zeitweise auftretenden Schwierigkeiten zu beseitigen, die er und sein Hund hatten. Genau das musste er lernen, aber er verstand die Botschaft der Trainerin nicht. Er glaubte, sie würde zu ihm nach Hause kommen, die Probleme seines Hundes reparieren und das Duo würde anschließend für immer glücklich zusammenleben, ohne dass er selbst sein Verhalten ändern müsste. So funktioniert das nicht. *Sie* müssen *Ihr* Verhalten ändern, wenn Sie das Verhalten Ihres Hundes ändern möchten.

Für den Langzeiterfolg unseres Trainings ist es entscheidend, sich zu verpflichten. Sie müssen sicherstellen, dass das neue Verhalten *Ihres Hundes* auf Dauer für ihn funktioniert. Wenn Sie das Training nur gelegentlich durchführen, werden Sie sich bald darüber beschweren, dass CAT bei Ihrem Hund nichts bringt. Unabhängig davon, nach welcher Trainingsprozedur oder –methode Sie mit Ihrem Hund arbeiten: Sie müssen sie konsequent anwenden.

Es können einige Schwierigkeiten auftreten, wenn Sie nicht konsequent trainieren. Wenn Sie neue alternative Verhaltensweisen zur Aggression sehr konsistent trainieren und jedes Mal ein gutes Verhalten Ihres Hundes korrekt verstärken, wird Ihr Hund sich auch weiterhin gut verhalten. Wenn Sie das gute Verhalten nicht mehr verstärken, wird Ihr Hund damit aufhören. Wenn Sie das gute Verhalten nicht für ihn wertvoll gestalten, werden Sie das gute Verhalten verlieren.

Aber es ist noch komplizierter: Wenn der Hund das gewünschte Verhalten seltener zeigt, wird er etwas anderes finden, und dies wird wahrscheinlich nicht das sein, was Ihre erste Wahl ist. Er weiß schließlich schon, wie das geht. Sie haben Ihrem Hund beispielsweise beigebracht, sich hinzusetzen, seinen Kopf abzuwenden, Sie anzuschauen oder eine andere Richtung einzuschlagen und damit zu erreichen, dass Sie Ihrer Nachbarin aus dem Weg gehen. Wenn Sie ihm diese Ausweichmöglichkeit nehmen, weil Sie sich auf dem Spaziergang mit Ihrer Nachbarin unterhalten wollen, muss der Hund handeln. Am wahrscheinlichsten wird er seine aggressiven Verhaltensweisen wieder aufnehmen, weil das in der Vergangenheit gut funktioniert hat. *Hey, ich bin an der Leine und diese Frau verunsichert mich. Das neue Zeug, das Frauchen mir beigebracht hat, funktioniert nicht. Ich werde nach der Frau schnappen. Das hat noch jedes Mal geklappt.* Ihre ganze Arbeit war umsonst, Ihr Hund kann Ihre Nachbarin verletzen oder verärgern und Sie werden eine Menge Mehrarbeit mit Ihrem Hund haben, um möglichst rasch wieder an den alten Trainingsstand anzuknüpfen. Dies gilt für CAT und jede andere Trainingsprozedur, die Sie oder ein Trainer mit Ihrem Hund durchführen. Damit das Training greift, müssen Sie arbeiten.

Es gibt ein Sprichwort über Wahnsinn: „Es ist Wahnsinn, das Gleiche zu tun wie immer und ein anderes Ergebnis zu erwarten.“ Das Gleiche zu tun wie immer und ein anderes Ergebnis zu erhalten, funktioniert auch nicht bei aggressiven Hunden. Es gibt keine schnellen Tips, die Ihnen ein Trainer am Telefon verraten kann und die die Aggressionsprobleme Ihres Hundes lö-

Solche Interaktionen auf der Hundewiese überfordern manche Hunde.

sen, obwohl viele Anrufer genau das von mir erwarten. Ihre Spaziergänge werden sich während der Trainingsperiode verändern, und vielleicht auch danach, je nachdem, wie Ihr Training läuft. Wenn Sie mit Ihren Nachbarn reden möchten, müssen Sie Ihren Hund auf einen separaten Spaziergang führen, der speziell auf seine Bedürfnisse zugeschnitten ist. Wenn Sie die Gespräche mit anderen Hundehaltern auf der Hundewiese lieben, müssen Sie ohne Ihren Hund dort hingehen.

Ich bekam einen Anruf von einer Frau, die sich nach einem Training für ihren Hund erkundigen wollte. Dieser war plötzlich aggressiv geworden, nachdem ihn zwei große Hunde auf der Hundewiese attackiert hatten. Er musste genäht werden. Sie erzählte mir dann, dass Ihr Hund sich seither jedes Mal auf der Hundewiese gegenüber allen anderen Hunden böse verhält. Dafür gibt es ein Patentrezept: Gehen Sie mit diesem Hund nicht mehr auf diese Hundewiese! Dort ist ihm etwas Schlechtes zugestoßen und Sie können dort nicht trainieren, weil es zu viele unangeleinte Hunde gibt. Also sollte Ihr Hund dort nicht mehr hingehen.

Hat Ihr Hund den letzten Handwerker gebissen, der sich in Ihrem Haus aufgehalten hat, müssen Sie intensiv arbeiten. Der Hund muss lernen, gerne mit einem Kauknochen oder einem futterbefüllten Spielzeug in seiner Box oder einem verschlossenen Raum zu bleiben, während der Handwerker im Haus ist. Der Arbeiter hat keine Zeit für eine CAT-Sitzung und wahrscheinlich auch wenig Interesse daran, mit einem aggressiven Hund zu arbeiten. Wenn Ihr Hund Probleme mit Kindern hat und Sie selbst Kinder haben oder regelmäßig von Kindern besucht werden, müssen Sie sowohl den Kindern als auch dem Hund irgendwie beibringen, miteinander zurechtzukommen. Und das wird seine Zeit dauern. Die Kinder sollen lernen, wie und wann sie den Hund allein lassen müssen. Und der Hund muss von den Kindern separiert werden, wenn Sie nicht dabei sind und aufpassen. Es tut mir leid. Ich weiß, dass das unbequem ist. Einen Hund mit Aggressionen zu haben, ist eine Herausforderung.

Wenn Sie mit CAT anfangen, machen Sie es zu Ihrer neuen Lebensform. Zunächst ist es sehr anstrengend, so wie jedes Anti-Aggressionstraining, aber nicht so anstrengend, wie jeden Tag mit den unkontrollierten Aggressionen Ihres Hundes zu leben. Im Laufe der Zeit werden Sie merken, dass bei Ihrem Hund der Groschen fällt und er das gewünschte Verhalten immer öfter zeigt und das aggressive Verhalten immer seltener. Und wenn Sie schließlich am Ende der CAT-Prozedur die gesamte Umstellung geschafft haben, stellen Sie fest, dass Ihr Hund sich nicht mehr so über Fremde aufregt.

7 Mit dem CAT-Training starten

Bisher haben Sie Ihren Hund beobachtet und ihn und sein Verhalten in einer Vielzahl von Situationen kennengelernt. Lesen Sie jetzt den Rest dieses Buchs, ohne schon mit dem Training anzufangen. Sie werden dadurch die Basis bekommen, um mit dem Training starten und fortfahren zu können. Das aufmerksame Lesen bereitet Sie auf die Arbeit vor. Beobachten Sie gleichzeitig weiterhin genau das Verhalten Ihres Hundes. Es ist sehr wichtig, dass Sie das Verhalten Ihres Hundes sehr gut kennen.

Es werden in diesem Kapitel weitere Fragen auftauchen, die Sie beantworten müssen, bevor Sie anfangen können. Notieren Sie sich die Antworten in Ihrem Notizbuch oder Computer, damit Sie später darauf zurückgreifen können. Ohne diese Notizen ist es schwierig, Ihre Fortschritte zu beurteilen, besonders in Phasen, in denen Sie nur langsam vorankommen. Es wird Zeiten geben, in denen Sie scheinbar keine Fortschritte erzielen. Ein Blick in Ihre Notizen wird Ihnen dann zeigen, dass doch mehr geschieht, als Sie geglaubt haben. Es wird auch Zeiten geben, in denen Sie einige Schritte zurückgehen müssen. Wenn dies passiert oder wenn Sie in einigen Sitzungen keinen Fortschritt gemacht haben, ist es an der Zeit, zurückzugehen und Ihre Trainingsschritte zu überprüfen, indem Sie die entsprechenden Passagen noch einmal lesen.

Zu jeder der folgenden Fragen nenne ich Antworten. Ich werde Ihnen erklären, warum die Informationen wichtig sind. Beantworten Sie die Fragen so gut Sie können und nutzen Sie die Erfahrungen und Beobachtungen bei Ihrem Hund.

Hat Ihr Hund gesundheitliche Probleme?

Warum ist diese Information wichtig? Wir wollen herausfinden, ob ein gesundheitliches Problem das Verhalten Ihres Hundes beeinflusst.

Wenn ein Hund sich nicht gut fühlt, ist er nicht mehr er selbst. Vielleicht behält er seinen guten Charakter, zieht sich aber zurück und ist weniger aktiv. Vielleicht wird er reizbar. Vielleicht knurrt und beißt er sogar. Wie ich schon vorher berichtet habe, wurde meine wundervolle alte Greyhound-Hündin Bravo mit acht Jahren griesgrämig und schlief in einem anderen Zimmer abseits der Familie. Als ich mich eines Tages zu ihr beugte, um sie zu streicheln, schnappte sie nach mir. So hatte sich die gute alte Seele nie zuvor verhalten. Ein paar Tage später stand sie auf und ihr Bein brach. Sie hatte Knochenkrebs und schreckliche Schmerzen.

Gehen Sie zu Ihrem Tierarzt, um sicherzustellen, dass Ihr Hund gesund ist, bevor Sie mit der Aggressionsbehandlung beginnen. Als ich mit der Besitzerin des Australian Cattle Dogs Rudy über einen Tierarztbesuch sprach, stellte sich heraus, dass er seit neun Jahren keinen Tierarzt gesehen hatte, weil er sogar seiner Besitzerin nicht gestattete, ihn zu untersuchen. Ich schlug vor, einen Maulkorb zu benutzen. Sie antwortete: „Sie können das gerne versuchen; ich mache das nicht.“ Oje! Heutzutage würde ich ihr vorschlagen, einen Tierarzt zu suchen, der Rudy Medikamente gibt, um ihm zu helfen. Vielleicht etwas, das sie ihm zuhause vor dem Tierarztbesuch eingeben kann. Oder sie könnte einen Tierarzt bitten, Rudy bei einem Hausbesuch zu sedieren, um ihn dann un-

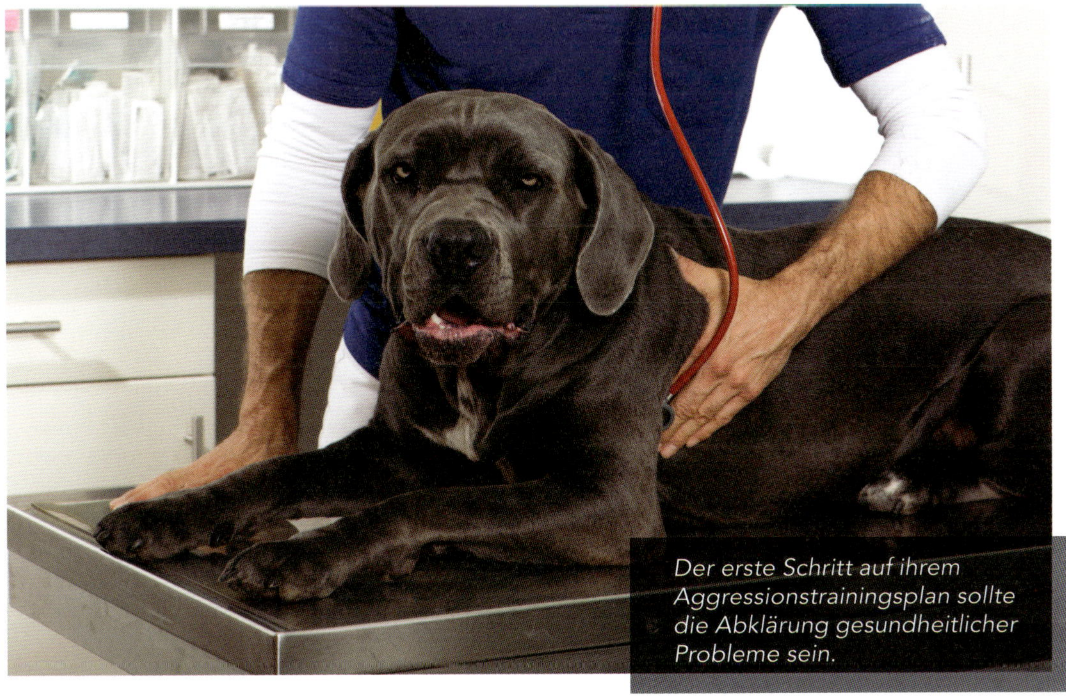

Der erste Schritt auf ihrem Aggressionstrainingsplan sollte die Abklärung gesundheitlicher Probleme sein.

tersuchen zukönnen. Es hat keinen Sinn, vom Hund mehr zu verlangen als er aktuell ertragen kann. Man kann auch in einem separaten Trainingsprojekt das Verhalten beim Tierarztbesuch verbessern.

Rudys Augen quollen auf eine bizarre Art hervor und sein Gesicht verzerrte sich, wenn er bellte. Es gibt verschiedene Krankheiten unterschiedlicher Schwere, die dies verursacht haben können. Eine davon ist eine unbehandelte Schilddrüsenstörung, die manchmal zu hervorquellenden Augäpfeln führt. Schilddrüsenprobleme können bei Hunden auch mit Aggression und Reizbarkeit einhergehen. Obwohl eine vorherige tierärztliche Untersuchung nicht möglich war, arbeiteten meine Assistentin und ich einige Sitzungen mit Rudy, machten aber keinen Fortschritt. Er hatte eine lange Aggressionsgeschichte und brauchte definitiv eine Verhaltenskorrektur, aber er hatte wahrscheinlich auch mindestens ein gesundheitliches Problem, das Aufmerksamkeit erfordert hätte, bevor eine Verhaltensbehandlung erfolgreich sein konnte. Wäre ein Tierarztbesuch möglich gewesen, hätten wir möglicherweise mehr tun können, um ihm zu helfen. Verhalten bessert sich nicht, wenn der Hund sich nicht wohlfühlt.

Besteht ein Zusammenhang zwischen den gesundheitlichen Probleme Ihres Hundes und seiner Aggression? Warum oder warum nicht?

Warum ist diese Information wichtig? Wir wollen herausfinden, ob wir mit einer medizinischen Behandlung anfangen oder diese sogar erst abschließen müssen, bevor wir mit einer Verhaltensmodifikation wegen Aggressionen beginnen.

Wie wir bei meiner Hündin Bravo und dem Klientenhund Rudy gesehen haben, können gesundheitliche Probleme mit dem Auftreten oder der Verschlimmerung von Aggressionen zusammenhängen. Sogar kleine Probleme können das Verhalten beeinflussen. Sind Sie in guter Stimmung, wenn Sie eine Erkältung oder Bauchweh haben? Wahrscheinlich nicht. Manchmal reicht es, eine gesundheitliche Störung des Hundes zu erkennen und auszuschalten, um die Aggression zu beenden. In anderen Fällen braucht der Hund vielleicht eine aufwändige Behandlung vor dem Start des Verhaltenstrainings. Je länger das Verhaltensproblem schon besteht, desto wahrscheinlicher benötigt man einige Verhaltensmodifikationen, bevor die Aggression völlig verschwindet.

Wann hat sich Ihr Hund zum ersten Mal aggressiv verhalten?

Warum ist diese Information wichtig? Das erste Auftreten aggressiven Verhaltens kann Informationen über das jetzige Verhalten geben. Es ist wichtig zu wissen, dass wir auch mit dem Hund arbeiten können, wenn wir keine Idee haben, wann die Aggression angefangen hat. Aber es kann eine große Hilfe sein, diese Information zu besitzen.

Zu wissen, was zum ersten Mal eine Aggression hervorgerufen hat, kann das Training deutlich beeinflussen. Dies gilt besonders dann, wenn das aggressive Verhalten relativ neu ist. Eine Weile habe ich mit einem Deutschen Schäferhund gearbeitet, bei dem als Welpe im Alter von vier Monaten eine so genannte Alpha-Rolle durchgeführt wurde (dabei rollt eine Person den Hund mit Gewalt auf den Rücken und drückt ihn zu Boden in der irrigen Annahme, hierdurch Dominanz auszuüben). Es ist nicht ungewöhnlich, dass ein Alpha-Wurf oder ähnliche Maßnahmen beim Hund Aggressionen auslösen. Diese Art des „Trainings" ist besonders für einen Welpen ungeeignet, weil der Hund Angst und Misstrauen in alle zukünftigen Trainingserfahrungen aufbaut. Weil ein Besucher zuhause bei dem jungen Welpen die Alpha-Rolle durchführte, lernte er, dass Fremde im Haus gefährlich sind. Dies schränkte die Möglichkeiten seiner Familie, Gäste zu empfangen, deutlich ein.

Wir benutzten diese Information, um den Ort für unser erstes Training durch-

Der große Hund warnt den kleinen, seinem Knochen nicht zu nahe zu kommen.

zuführen. Es fand im Wohnzimmer der Familie statt.

Wie lange dauerte der erste aggressive Zwischenfall?

Warum ist diese Information wichtig? Das Wissen, wie lange sich der Hund aggressiv verhalten hat, informiert uns darüber, wie tief verwurzelt das Verhalten ist.

Wenn der Hund nur kurze Zeit aggressiv war, ist die erste Frage: „Ist er gesund?" Eine plötzlich auftretende Aggression ereignet sich häufig in Zusammenhang mit etwas Aktuellem wie einer Verletzung oder einer akuten Erkrankung. Die nächste Frage ist: „Gab es kürzlich irgendwelche Veränderungen in seinem Leben?" Ist Oma oder ein neuer Mitbewohner eingezogen? Gibt es ein neues Familienmitglied wie einen Lebenspartner, ein Baby oder Haustier? Änderungen der Lebensumstände, wie beispielsweise neue Familienmitglieder, der Umzug in ein neues Haus, Renovierungen oder sogar nur das Umstellen der Möbel können einen Hund aus dem Gleichgewicht bringen. Wird der Hund auf dem Spaziergang von einem anderen Hund angegriffen oder angeknurrt oder durch ein lautes Geräusch erschreckt, kann ihn das misstrauisch machen.

Wie häufig ist er aggressiv?

Warum ist diese Information wichtig? Die Frequenz des aggressiven Verhaltens sagt uns, ob der Hund sich nur gelegentlich so aufregt, dass er ausrastet, oder ob es für ihn eine normale Reaktion auf Probleme ist.

Manchmal erzählen mir Leute, dass ihr Hund aggressiv ist und sie Hilfe brauchen,

Eine harte Behandlung als Welpe kann den aufwachsenden Hund misstrauisch gegenüber Menschen werden lassen.

aber dann stellt sich heraus, dass er den anderen Familienhund im Alter von sechs Monaten angeknurrt hat, ein weiteres Mal im Alter von drei Jahren und gestern Abend als Fünfjähriger. Die restliche Zeit waren die beiden Hunde gute Freunde. Manchmal werden Hunde grantig, wie wir Menschen auch. Wenn ein Hund unregelmäßig aggressiv ist, suchen wir zunächst nach irgendetwas Ungewöhnlichem, das sich zur gleichen Zeit ereignet hat. War einer der Hunde krank? Lag ein besonders köstlicher Leckerbissen herum? Bewachte einer der Hunde seinen Lieblingsplatz oder Lieblingsmenschen? Bewachte der Hund irgendetwas, das nicht unbedingt sein Lieblingsobjekt ist, einfach, weil er es bewachen wollte?

Manchmal fällt eine dieser unregelmäßigen Attacken sehr schwerwiegend aus und Sie müssen die Situation ständig zu hundert Prozent unter Kontrolle halten, bevor Sie mit einem positiv verstärkenden Trainer arbeiten können, um das Verhaltensproblem zu lösen. Wenn Ihr Hund in Ihrem Haushalt lebende Tiere oder Menschen verletzt hat, müssen Sie mit Hilfe eines Trainers Techniken zum sicheren Umgang und Training erlernen, bevor Sie die Arbeit mit Ihrem Hund aufnehmen können. Mit aggressiven Hunden zu arbeiten, die in einem Haushalt zusammenleben, ist eine Herausforderung. Es erfordert eine ständige aufmerksame Überwachung, wenn die Hunde zusammen sind. Und es ist sehr anstrengend, die ganze Zeit in Hab-Acht-Stellung zu sein. Sie brauchen eine Sicherheitsausstattung wie Boxen, Babygitter, einen ausbruchsicheren Übungsplatz und geschlossene Türen. Diese Maßnahmen sind nicht optional, und Sie benötigen sie die meiste Zeit. Viele Hunde mit interfamiliären Aggressionen können in Anwesenheit der anderen Familientiere niemals freigelassen werden.

Sobald Sie herausgefunden haben, wann sich das aggressive Verhalten ereignet, müssen Sie sofort Maßnahmen ergreifen. Füttern Sie Leckerbissen nur in getrennten Zimmern oder in Boxen und entfernen Sie die Leckerchen, wenn die Hunde zusammen sind. Verfahren Sie genau so mit den Mahlzeiten. Üben Sie Kommandos wie „Geh in Dein Bett“ und belohnen Sie den Hund mit einem Lieblingsleckerchen, anstatt ihn zu sich auf die Couch zu lassen. Üben Sie das sehr wichtige Kommando „Lass aus“, das heißt, dass der Hund ein Objekt fallenlässt oder sich von irgendetwas entfernt, womit Sie sich gerade beschäftigen und Ihnen Aufmerksamkeit schenkt. Führen Sie Übung drei aus den Beobachtungsübungen durch und notieren Sie alles, was sich während einer problematischen Interaktion ereignet. (Natürlich können Sie sich erst Notizen machen, wenn der Zwischenfall vorbei ist und alle in Sicherheit sind.) Was hat Ihr

Ein Hund, der sich gegenüber anderen Familientieren aggressiv verhält, stellt eine zusätzliche Herausforderung dar.

Hund unmittelbar zuvor getan, bevor er den anderen Hund angriff? Was hat der andere unmittelbar vorher getan, bevor er angegriffen wurde? Wie können Sie die Umgebung ändern, um die gleiche Situation zu vermeiden?

Wenn Sie es jeden Tag mit mehreren aggressiven Attacken zu tun haben, ist es wichtig, so bald wie möglich mit dem Verhaltenstraining zu beginnen. Sie können sogar mit Ihrem Tierarzt über eine Medikation für den Anstifter sprechen, wenn Sie Ihren Trainingsplan aufstellen und dann später die Medikamente wieder absetzen.

Berücksichtigen Sie, wie schwer die Attacken sind. Verhaltenstrainings bei schweren Bissen und Schnappen in der Luft sind sehr ähnlich – *mit Ausnahme der Sicherheitsmaßnahmen, die Sie ergreifen müssen.* Wenn Ihr Hund jemanden in irgendeiner Form verletzt hat – egal ob blauer Fleck oder schwere Wunde – müssen Sie extreme Sicherheitsmaßnahmen ergreifen. Weil viele Faktoren das Behandlungsergebnis beeinflussen können und das Risiko besteht, dass das Verhalten sich verschlechtert, bevor es sich bessert, denken Sie lange und gründlich darüber nach, ob Sie sich der Sache gewachsen fühlen. Denken Sie daran: Ich kann Ihnen nicht garantieren, dass Sie mit dieser Prozedur Erfolg haben werden und den meisten von Ihnen kann ich nicht persönlich zur Seite stehen. Schauen Sie in den Spiegel und entscheiden Sie, ob dies etwas ist, das Sie sicher durchführen können. Wird die Arbeit an der Aggression dieses Hundes Sie selbst, den Hund, Ihre Familie und Ihre Freunde, Ihre anderen Tiere und Ihre Umgebung in Gefahr bringen?

Wie oft hat er sich aggressiv verhalten?

Warum ist diese Information wichtig? Wir wollen herausfinden, wie sehr Ihr Hund daran gewöhnt ist, sich in aggressives Verhalten zu flüchten.

Ist Ihr Hund die ganze Zeit aggressiv oder hat er sich gestern zum ersten Mal aggressiv verhalten? Sie sind fein heraus, wenn es gestern das erste Mal war. Ich liebe Anrufe von Hundebesitzern, deren Hund aggressiv war und sie schon am nächsten Tag zum Telefon greifen. Wir können dann gleich an die Arbeit gehen und in den meisten Fällen das Problem im Keim ersticken; uns entscheiden, ob der Hund eine komplette Untersuchung beim Tierarzt braucht oder eine kleine CAT-Prozedur oder sofort irgendwelche Veränderungen in der Haltung.

Manchmal wartet ein Hundebesitzer mit dem Anruf beim Trainer, weil er oder sie unsicher ist oder Angst davor hat, sich mit dem vielleicht ernsten Problem auseinanderzusetzen. Aber wahrscheinlich wird das Problem größer, wenn Sie eine Verhaltensmodifikation oder andere Maßnahmen hinauszögern. Je länger der Hund das Verhalten praktiziert und je häufiger er die Aggression einsetzt, um seine Probleme zu lösen, desto größer wird die Herausforderung für Sie.

Hat jemand anderes das aggressive Verhalten beobachtet oder Sie selbst?

Warum ist diese Information wichtig? Wir wollen sicher sein, dass das Verhalten durch die Person, die es gesehen hat, richtig interpretiert wird.

Wenn Sie das Verhalten nicht selbst gesehen haben, stellen Sie dem Zeugen genau die Fragen, die Sie gerade beantworten. In meiner Arbeit als Verhaltensexpertin im Tierheim habe ich viele Berichte über Hundeverhalten gelesen und gehört. Wenn ich dann selbst mit dem Hund Zeit verbracht habe, habe ich manchmal genau das gesehen, was mir erzählt wurde, manchmal aber auch gemerkt, dass das Verhalten von der berichtenden Person fehlinterpretiert wurde. Die Leute umschreiben Aggressionen manchmal mit vagen Aussagen wie „ängstlich", „dominant" oder „alpha" oder stellen Vermutungen an wie beispielsweise: „Der Hund muss von einem Mann geschlagen worden sein, als er klein war, denn er versucht immer, Männer zu beißen." Ich ziehe es vor, mit der Person zu sprechen, die das Verhalten beobachtet hat und sie zu fragen, was er oder sie gesehen hat. Was hat der Hund tatsächlich körperlich gezeigt? Hat er zu fliehen versucht? Hat er jemanden zu vertreiben versucht? Welche Aktionen waren dabei zu sehen (z. B. er rannte hinter die Couch, er stürzte los, er bellte)?

Was tut Ihr Hund, wenn er sich aggressiv verhält? Seien Sie genau. Wenn Sie während Ihrer Beobachtungen scheinbar aggressive Verhaltensweisen gesehen haben, schlagen Sie in Ihren Notizen nach und verwenden Sie die Informationen, die Ihnen helfen können.

Warum ist diese Information wichtig? Wir wollen die Verhaltensweisen ändern, die das größte Risiko für die Personen oder Tiere bedeuten, gegen die sie sich richten, und wir wollen sie durch sichere und freundliche Verhaltenweisen ersetzen.

An dieser Stelle listen Sie Verhaltensweisen auf wie Einfrieren, Bellen, Knurren und Losstürmen. Vergessen Sie auch andere Verhaltensweisen nicht, die Ihr Hund vielleicht zeigt: in die Leine beißen, sich im Kreis drehen, nach der Kleidung schnappen, sich umdrehen und versuchen, wegzulaufen. Wir können solche Verhaltensweisen während des CAT-Trainings benutzen.

Wo verhält er sich aktuell aggressiv? Zählen Sie alle oder so viele Orte auf, wie Ihnen einfallen (im Haus, im Wohnzimmer, auf der Couch, in der Agilitystunde, im Park, auf dem Bürgersteig in der Nachbarschaft, im Garten usw.)

Warum ist diese Information wichtig? Das sind die Orte, an denen wir mit dem CAT-Training anfangen.

Idealerweise fangen Sie mit der Verhaltensmodifikation an einem der genannten Plätze an. Wenn Sie mit Ihrem Hund in der Halle des Trainers oder auf einem leeren Feld arbeiten, weil das einfacher ist, wird das in der Trainingsstunde vielleicht gut funktionieren, aber es hilft dem Hund nicht dabei, zu verstehen, dass das Neue auch für Orte und Situationen gilt, die ihm Probleme bereiten. Am Anfang ist es in Ordnung, an irgendeinem anderen Platz zu trainieren als dort, wo die Aggressionen stattfinden. Aber irgendwann werden Sie genau dorthin gehen müssen, wo der Hund schon aggressiv war. Es kann auch nützlich sein, zunächst in einiger Entfernung hierzu die Trainingsbedingungen zu schaffen und zu arbeiten, damit die Reaktionen des Hundes minimal sind, wenn Sie an den anderen Ort umziehen.

Was ereignet sich noch, wenn er aggressiv wird? Es kann alles sein: das Abendessen, Ihre Heimkehr nach der Arbeit, ein Türklingeln, spielende Kinder, der Hund kaut an einem Knochen, den kein anderer bekommen soll und so weiter.

Warum ist diese Information wichtig? Wir sollten diese Situation nachstellen, wenn wir die CAT-Prozedur durchführen.

Ihre Antworten auf diese Frage sind sehr wichtig, damit wir erfahren, welche Situationen bei Ihrem Hund Aggressionen auslösen. Wenn die Düfte Ihrer exzellenten Kochkünste durchs Haus ziehen und sich die Hunde in der Küche versammeln, kann es sinnvoller sein, die Hunde in die Box zu schicken und sie dort fürs Bleiben zu belohnen, als eine komplette CAT-Trainingssitzung durchzuführen. Das Ziel all unserer Arbeit ist es, es Ihrem Hund leicht zu machen, das Richtige zu tun. Aber wenn sich das Verhalten ereignet, weil es der Hund vorteilhaft findet, jemanden oder etwas zu vertreiben, ist CAT der richtige Weg.

Gegen wen richtet sich die Aggression, wenn einer der Besitzer nach Hause kommt? Richtet sie sich gegen den Ankömmling? Oder richtet sie sich gegen einen Menschen oder ein Tier, das schon zuhause ist? Wenn sie sich gegen ein anderes Tier richtet, empfehle ich Ihnen dringend, beide nicht frei zusammenzulassen, wenn Sie nicht zuhause sind.

In welcher Situation verursacht sein Verhalten die meisten Unannehmlichkeiten, Sorgen oder Schwierigkeiten?

Warum ist diese Information wichtig? Dies zeigt uns den idealen Ort für den Trainingsbeginn.

Machen Sie detaillierte Notizen über das aggressive Verhalten Ihres Hundes und seine Körpersprache.

Die Idee hinter dieser Frage ist, Ihnen so schnell wie möglich größtmögliche Erleichterung zu verschaffen. Wir möchten das größte Problem beheben, damit Sie in dieser Situation mehr Frieden haben.

Wogegen richtet sich die Aggression Ihres Hundes (Erwachsene, Teenager, Kinder, Hunde, jemand Bestimmtes, ein Objekt, irgendetwas anderes)?

Warum ist diese Information wichtig? Damit wir die richtigen Helfer finden, die mit uns arbeiten.

Der Mensch (eine bestimmte Person) oder der Typ Mensch (Mann, Frau, Mann mit Bart, Frau mit Hut) oder das Tier oder die Tierart (Hund, Katze, Hyäne), gegen die sich die Aggression des Hundes richtet, muss in die Prozedur einbezogen werden.

Das Finden des richtigen Helferteams kann eine der größten Herausforderungen bei der Vorbereitung der Aggressionsbehandlung darstellen.

Manchmal sind die Herausforderungen so groß, dass das Trainingsrisiko größer ist als der mögliche Nutzen. Wenn die Probleme mit Kindern bestehen, können Sie versuchen, mit Puppen zu arbeiten, aber das wird Sie nicht weiterbringen. Lassen Sie mich es ganz deutlich sagen: Arbeiten Sie beim Training mit aggressiven Hunden niemals mit Kindern. Es bestehen reale Gefahren für das Kind, seelische oder körperliche. Ich empfehle es nicht, ich rate davon ab und mir wird schlecht bei dem Gedanken, was alles passieren könnte. Maßnahmen wie Babygitter und Türen, den Hund nur freilassen, wenn die Kinder nicht da sind, und Anbinden des Hundes sind möglich, aber ein Aggressionstraining mit Kindern ist wirklich schwierig und es gibt keine Garantie, dass sich der Hund ihnen gegenüber niemals aggressiv verhalten wird. Kinder sind impulsiv. Sie können verwirrt sein. Sie können Angst bekommen. Sie können die Situation missverstehen. Sie können plötzlich hinfallen und anfangen zu weinen. Ein weinendes Kind verursacht bei anderen immer Unbehagen, unabhängig davon, wie sehr wir Kinder lieben. Stellen Sie sich vor, wie ein ängstlicher oder dominanter Hund darauf reagiert.

Wenn es ein Risiko gibt, dass ein Kind von Ihrem Hund gebissen wird, müssen Sie sich ernsthaft fragen, ob dieser Hund in Ihre Familie gehört. Haben Sie Kinder? Bekommen Sie Besuch von Kindern, Enkeln, Kindern von anderen Verwandten oder Nachbarn? Planen Sie Nachwuchs und wissen schon, dass sich Ihr Hund gegenüber Kindern aggressiv verhält? Dann sind Gespräche mit Ihrer Familie, dem Kinderarzt und Tierarzt an der Reihe.

Erwachsene und ältere Teenager können als Helfer herangezogen werden. Sie müssen ihnen das Vorgehen erklären und sie müssen zustimmen und völlig kooperativ sein. Im Idealfall sollten sie vor dem Training dieses Buch lesen.

Wenn sich Ihr Hund gegenüber anderen Hunden aggressiv verhält, müssen Sie den Besitzer eines selbstbewussten und freundlichen Hundes finden, der Ihnen beim Training hilft. Es ist schwierig, einen Menschen zu finden, der mit Ihrem aggressiven Hund arbeiten möchte, aber es ist noch viel schwieriger, jemanden zu finden, der seinen freundlichen Hund Ihrem aggressiven Hund aussetzt. Erklären Sie, dass Sie jede denkbare Vorsicht walten lassen, um den Helferhund zu schützen und

dass derjenige bei irgendeinem Zweifel oder bei einer Überforderung seines Hundes das Training sofort unterbrechen oder abbrechen kann. Bringen Sie den Helferhund nicht bis zu dem Punkt, an dem er überfordert ist oder die Gefahr besteht, er könnte die gleichen Probleme bekommen wie Ihr Hund.

Wenn Ihr Hund sowohl zu Menschen als auch zu anderen Hunden aggressiv ist, kann der Hundeführer des Helferhundes auch als erster menschlicher Helfer Ihres Hundes fungieren. Zwei zum Preis von einem!

Fällt Ihnen noch irgendetwas ein, was mit der Aggression in Zusammenhang stehen könnte? Ist er beispielsweise nur an der Leine aggressiv? Ist noch eine bestimmte Person in der Nähe, auch wenn sich die Aggression nicht gegen diese Person richtet? Oder irgendetwas anderes?

Warum ist diese Information wichtig? Damit wir noch sinnvollere Trainingsbedingungen schaffen können.

Wie ich schon erklärt habe, ist die Situation, in der sich Ihr Hund zur Zeit aggressiv verhält, die Situation, an der wir arbeiten müssen. Wenn sich Ihr Hund nur an der Leine aggressiv verhält, muss er beim Training die Leine tragen. Wenn er sich nur ohne Leine aggressiv verhält, müssen Sie die Voraussetzungen schaffen, damit er unangeleint trainiert werden kann. Oft verhält sich ein Hund nur in der Anwesenheit eines der Besitzer aggressiv. Zum Beispiel benimmt er sich bei Anwesenheit des Ehemanns sehr gut, aber wird in Anwesenheit der Ehefrau aggressiv gegen andere Menschen oder umgekehrt.

Ich erzählte bereits, dass ich einmal mit einem Bullterrier gearbeitet habe, der sich nur gegenüber einer einzigen Person aggressiv verhielt – der Schwester der Besitzerin. Er wurde nur dann aggressiv, wenn der Ehemann nicht zuhause war. Wenn der Ehemann irgendwo zuhause war – im gleichen Zimmer wie seine Schwägerin, im Garten, im Schlafzimmer, in der Garage – war der Hund zu ihr freundlich. Aber wenn der Mann in sein Auto stieg und wegfuhr, wurde der Hund ernsthaft aggressiv. Es war eine große Herausforderung, das herauszufinden, und es gelang mir nur, indem ich viele Situationen austestete und filmte und mir die Videos zusammen mit Dr. Rosales ansah. Eines Tages erzählte mir die Ehefrau, der Hund habe sich ihr gegenüber aggressiv verhalten, nachdem sie das Parfüm ihrer Schwester ausgeliehen hatte. Das war ganz einfach – ich habe der Besitzerin und ihrer Schwester geraten, dieses Parfüm nicht mehr in Gegenwart des Hundes zu benutzen. Ich sage Ihnen – Verhalten ist interessant!

Wie reagieren Sie oder Ihre Familie, wenn sich der Hund aggressiv verhält? Reagiert jedes Familienmitglied unterschiedlich? Beschreiben Sie die Reaktionen jedes Einzelnen so detailliert wie möglich.

Warum ist diese Information wichtig? Sie müssen feststellen, ob Ihre Familie ihr Verhalten im Umgang mit dem Hund verändern muss. Und glauben Sie mir, Sie müssen sich ändern.

Oft reagiert die Familie impulsiv auf die Aggression ihrer Hunde. Der Hund zerrt vorwärts und der Besitzer brüllt oder haut zu oder reißt den Hund am Halsband zurück. Wenn Sie schon einmal reflexartig so reagiert haben, sind Sie nicht alleine. Mir ist das auch schon passiert. Aber wir wissen nun, dass uns solche Reaktionen in der Situation mit dem Hund nicht helfen. Und wir werden diese Information nutzen, um alternative Reaktionen zu lernen, die die Wahrscheinlichkeit für aggressives Verhalten des Hundes verringern. Bleiben Sie am Ball.

Manchmal trösten die Besitzer ihren Hund, nachdem er aggressiv war. Sie verstehen seine Aufregung und lieben ihren Hund, also möchten sie ihn beruhigen. Das Motiv ist gut, aber das Ergebnis kann problematisch sein; in einigen Fällen kann es zu einer unerwünschten Verstärkung der Aggression kommen. Ich erinnere mich an eine Besitzerin, die sich über ihren großen Hund beugte, der sich gerade auf mich gestürzt hatte, und sagte: „Oh Baby, alles ist gut!“ Naja, es war *nicht* gut! Es war nicht der richtige Zeitpunkt, das Verhalten des Hundes zu loben. Ja, der Hund war aufgeregt; wir wollten ihn definitiv nicht in einem Zustand emotionalen Aufruhrs halten und wir mussten die Situation entschärfen. In diesem Fall wäre es für mich ideal gewesen zu warten, bis der Hund irgendein anderes Verhalten außer der Aggression zeigt. Dann wäre ich weggegangen und die Besitzerin hätte mit ihrem Hund interagieren können.

Wenn Sie in einer Situation sind, in der Ihr Hund sich zu irgendwem aggressiv verhält, der nicht weiß, was zu tun ist oder von dem man keine Kooperation erwarten kann (z. B. ein Spaziergänger in der Nachbarschaft), dann gehen Sie mit Ihrem Hund fort oder – wenn möglich – geben Sie ihm die Möglichkeit, auf ein Kommando zu reagieren. Dann belohnen Sie ihn. Sie dürfen ihn aus zwei Gründen nicht sofort nach einer aggressiven Verhaltensweise belohnen. Erstens ist, wie gesagt, das Risiko der Belohnung und Verstärkung des unangemessenen und potenziell gefährlichen Verhaltens groß, und damit steigt auch die Wahrscheinlichkeit, dass es sich in Zukunft häufiger ereignet. Zweitens existiert das Risiko, dass Ihr Hund sich noch in seiner aggressiven Episode befindet und sich seine Aggression nun gegen Sie richtet. Atmen Sie tief durch und führen Sie den Hund weit genug aus der Situation, damit er sich beruhigen kann. Dann geben Sie ihm ein einfaches Kommando und belohnen ihn mit einem Leckerchen. Helfen Sie ihm dabei, umzuschalten.

Gibt es Situationen und Zeiten, in denen sich Ihr Hund nicht aggressiv verhält? Welche sind das?

Warum ist diese Information wichtig? Wir stellen fest, dass der Hund die Fähigkeit hat, sich nicht aggressiv zu verhalten und identifizieren die Situationen, in denen er sich nicht aggressiv verhält.

Die nicht aggressiven Verhaltensweisen helfen uns dabei, unsere Ziele zu for-

Dieser Hund zeigt Merkmale von Stress durch die Umarmung: Übertriebene Falten auf der Stirn, geschlossener Mund, starrer Blick. All diese Punkte weisen darauf hin, dass sich der Hund unwohl fühlt.

mulieren. Wir sehen vielleicht, dass der Hund freudig um seine Besitzerin herumwedelt, deren Freund aber eher knurrig begrüßt. Wenn wir wissen, dass die freudige Zappelei zum glücklichen Verhalten des Hundes gehört, dann sollten wir es in Gegenwart des Freundes belohnen, immer ein kleines Stückchen mehr.

Kein Hund ist in hundert Prozent seiner Zeit aggresiv. Beispielsweise schläft er manchmal. Sie hätten sich ihn wahrscheinlich auch nie angeschafft, wenn er nicht mindestens einmal zu ihnen freundlich gewesen wäre. Aggression ist situationsspezifisch. Die Antworten auf diese Frage schaffen das Vertrauen, dass Ihr Hund in der Lage ist, sich freundlich zu verhalten. Und sie helfen uns dabei, herauszufinden, welches angemessene Verhalten wir anstelle der Aggression fördern wollen.

Was tut Ihr Hund, wenn er nicht aggressiv ist?

Warum ist diese Information wichtig? Wir identifizieren die Verhaltensweisen, die wir im Rahmen der CAT-Prozedur belohnen können.

Wurde Ihr Hund schon jemals trainiert? Ich meine hier gezieltes Training wie Kurse, Einzelstunden beim Trainer oder Trainingssitzungen mit einem Trainer, um neue Verhaltensweisen zu üben oder problematische Verhaltensweisen zu beseitigen.

Warum ist diese Information wichtig? Alle Trainingserfahrungen beeinflussen Ihren Hund, manche mehr als andere. Ihr Hund lernt durch verschiedene Trainingsmethoden unterschiedliche Dinge. Wir wollen verstehen, welche Trainingsmethoden Sie als Hundeführer und Ihren Hund weiterbringen und welche Sie unterlassen sollten.

Mit wie vielen Trainern haben Sie, wenn überhaupt, schon wegen der Aggressionen gearbeitet? Jeder Trainer hat auf eine bestimmte Weise versucht, Ihrem Hund beizubringen, mit einem anderen Verhalten ein anderes Ergebnis zu erzielen. Wichtig zu wissen ist: Manche Techniken zur Aggressionsrehabilitation bringen dem Hund bei, aufzugeben und einfach nicht mehr zu reagieren. Dies kann nach der Anwendung von Schockhalsbändern auftreten, aber auch bei manchen Desensibilisierungstechniken oder manchmal sogar bei positiver Bestärkung. Das Problem ist, dass manche Hunde nur so lange herunterfahren, bis bedrohliche Personen oder Tiere nahe genug herangekommen sind, um sie angreifen zu können. Bei der CAT-Prozedur wollen wir Bewegung verstärken, denn je mehr sich der Hund bewegt, desto besser können wir arbeiten und belohnen. Wenn wir das Ruhigsein verstärken, ist es viel schwerer zu erkennen, was der Hund als nächstes unternehmen wird.

Wann haben Sie mit dem Trainer gearbeitet und wie lange? Wir möchten einfach wissen, wieviel praktische Erfahrung der Hund mit dieser Technik gemacht hat.

Wenn Ihr Hund als vier Monate alter Welpe nach einem reaktiven Ausbruch einmal mit einem Schockhalsband behandelt wurde und sich nun als Vierjähriger aggressiv verhält, dann hat er in einer sensiblen Lebensphase durch den Schock eine wirklich wirksame Lektion erhalten. Die meisten vier Monate alten Welpen haben nur wenig Lebenserfahrung, auf die sie zurückgreifen können. Zu diesem Zeitpunkt geschockt zu werden, kann die Basis für alles zukünftige Lernen bilden. Ein vier Monate alter Welpe lernt sehr schnell, dass Fremde gefährlich sind, und weil er noch kein umfangreiches Verhaltensrepertoire hat, greift er in Zukunft auf die Information zurück, die er als Welpe gelernt hat. Bei diesem Hund müssen wir die Basis reparieren. Je länger er sein Verhalten auf dieser Basis aufgebaut hat und je mehr Verhaltensweisen er auf der Basis dieser Information gelernt hat, desto mehr Arbeit wird erforderlich sein, um sein Verhalten zu rehabilitieren.

Was hat der Trainer mit Ihrem Hund gemacht oder was hat er Ihnen empfohlen? Haben Sie die Empfehlungen befolgt und falls ja, wie lange? Wie hat Ihr Hund darauf reagiert? War es das Trainingsziel, dem Hund beizubringen, dass er vieles unternehmen kann, um angesichts einer Bedrohung ein positives Ergebnis zu erreichen? Oder war das Trainingsziel für den Hund nur, sich nicht aggressiv zu verhalten? Wenn ein Hund lernt, eine Verhaltensweise in einer bestimmten Situation zu unterlassen, muss er eine andere Verhaltensweise zeigen. Wenn der Hund gelernt hat, gar nichts zu tun, hat er in Wahrheit gelernt, irgendetwas zu tun. Dies ist aber etwas, das viel schwerer zu sehen und zu bearbeiten ist.

Wie beurteilen Sie das Trainingsergebnis? Hatten die Trainer oder Ihre vorherigen Versuche zur Beseitigung der Aggressionen Erfolg? Hat sich die Aggression verschlimmert? Ist sie gleich geblieben? Welche Veränderungen, die sich noch nicht eingestellt haben, hätten Sie gerne? Welche Veränderungen sind eingetreten, die gut für Sie und für Ihren Hund sind?

War Ihr Hund wegen seiner Aggression in tierärztlicher Betreuung oder Behandlung?

Warum ist diese Information wichtig? Wir müssen wissen, ob der Hund schon wegen gesundheitlicher Probleme, die mit der Aggression in Zusammenhang stehen könnten, oder nur wegen der Aggression in tierärztlicher Behandlung ist. Was hat der Tierarzt empfohlen und haben Sie die Empfehlungen befolgt? Es ist wichtig zu wissen, ob die Behandlung geholfen hat.

Hat Ihr Hund wegen seiner Aggression Medikamente bekommen? Einige Medikamente dämpfen die Reaktionen des Hundes auf eine Bedrohung, und das ist gewissermaßen auch genau das, was sie erreichen sollen. Das Ziel ist es, unangemessene Reaktionen und die Emotionalität der Reaktionen zu reduzieren. Sie können die CAT-Prozedur bei einem Hund unter Medikamenten beginnen. Im Laufe des Trainings ent-

Welche Basisausbildung hat Ihr Hund erhalten?

scheiden Sie dann gemeinsam mit Ihrem Tierarzt, ob die Medikamente abgesetzt werden können. Setzen Sie die Medikamente nicht abrupt ohne Rat und Anweisung Ihres Tierarztes ab. Manchmal kann es zu schweren Entzugssymptomen kommen.

Welche Medikamente hat Ihr Hund gegebenenfalls bekommen? Ich muss an dieser Stelle betonen, dass ich keine Tierärztin bin. Ich kann keine Medikamente verschreiben oder Ihren Tierarzt dazu bringen, sie zu verordnen. Aber ich kann Ihnen Einiges für Ihre eigene Suche verraten. Einige Arzneimittel eignen sich sehr gut für die Arbeit mit Hunden unter Stress und Aggression, andere nicht. Acepromazin gehört zu den Substanzen, die Ihr Hund NICHT gegen seine Aggression erhalten sollte, obwohl einige Tierärzte es immer noch verschreiben. Dieses Medikament reduziert die Verhaltensreaktionen Ihres Hundes, aber es verändert seine emotionalen Reaktionen nicht. Manchmal wird es auch als „chemische Zwangsjacke" bezeichnet. Eine Prozedur zur Verhaltensmodifikation bei einem Hund unter Acepromazin ist wahrscheinlich kontraproduktiv. Falls Ihr Hund also Acepromazin erhält, bitten Sie Ihren Tierarzt, die Medikation auf ein antidepressives oder angstlösendes Arzneimittel zu wechseln oder setzen Sie das Medikament ab. Wenn Ihr Tierarzt im Umgang mit solchen Arzneimitteln keine Erfahrung hat oder sich weigert, mit Ihnen zusammenzuarbeiten, holen Sie sich eine zweite Meinung von einem anderen Tierarzt ein. Auch wenn Ihr Tierarzt nicht mit einem Absetzen von Acepromazin einverstanden ist, sollten Sie eine zweite Meinung einholen.

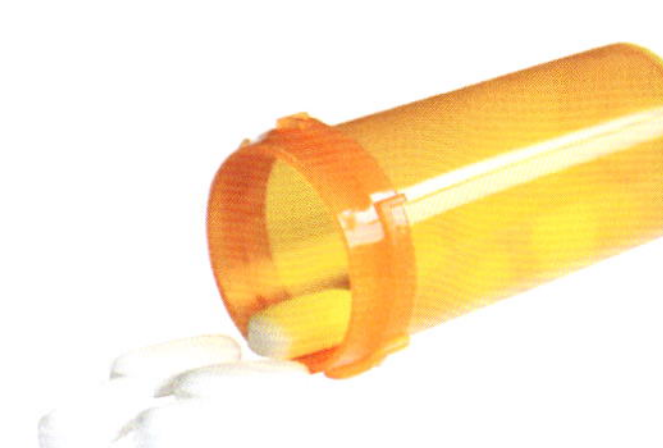

Konsultieren Sie einen Tierarzt mit

Zusatzbezeichnung Verhaltenstherapie, der im Umgang mit geeigneten Arzneimitteln gegen Verhaltensprobleme erfahren ist. Wie ich schon an anderer Stelle betont habe, können Sie eine medikamentöse Behandlung Ihres Hundes durchaus in Erwägung ziehen, aber stellen Sie sicher, dass Sie dabei kompetente Unterstützung erhalten.

Wann und wie lange wurde Ihr Hund medikamentös behandelt? Wurde ihm die Medikation verabreicht, um ihm durch eine schwierige Phase zu helfen? Wenn sie abgesetzt wurde, warum?

Nimmt Ihr Hund zur Zeit Medikamente? Wenn ja, warum? Helfen sie? Wenn nicht, besprechen Sie Alternativen mit Ihrem Tierarzt oder holen Sie eine zweite Meinung ein.

Wie beurteilen Sie das Ergebnis zurückliegender oder aktueller Medikationen? Wenn die Medikation nicht den gewünschten Effekt hat, fragen Sie Ihren Tierarzt, ob Sie sie absetzen können. Wenn die Medikation wirkt, wie sieht das Ergebnis aus? Reagiert der Hund besser in Situationen, in denen er vorher aggressiv war? Definieren Sie „besser". Was ist nach Ihrer Meinung ein Erfolg? Wenn die Medikation hilft und Ihr Tierarzt zustimmt, spricht nichts dagegen, mit Ihrem Hund unter der Medikation das CAT-Training aufzunehmen. In den meisten Fällen wird der Effekt der medikamentösen Behandlung durch geeignetes, nicht aversives Verhaltenstraining verstärkt.

Hat der Tierarzt eine nicht medikamentöse Behandlung gegen die Aggression verordnet?

Warum ist diese Information wichtig? Ihr Tierarzt ist ein Experte der Veterinärmedizin, aber nur wenige Tierärzte sind auch Verhaltensexperten. Die Antwort auf diese Frage soll Ihnen die Entscheidung erleichtern, ob Sie sich nach der Empfehlung Ihres Tierarztes für eine nicht medikamentöse Behandlung entscheiden.

Hat Ihr Tierarzt Erfahrungen im Verhaltenstraining von Tieren? Viele Tierärzte haben während Ihrer Ausbildung auch Informationen zum Tierverhalten erhalten oder eine Zusatzqualifikation erworben, oft verbunden mit der Anwendung von Arzneimitteln zur Besserung emotionaler Probleme. Fragen Sie Ihren Tierarzt, ob und welche Art von Verhaltenstraining er erlernt hat. Hat er ein Zertifikat einer anerkannten tierärztlichen oder sonstigen Fachgesellschaft? Ihr Tierarzt antwortet vielleicht, dass er über genügend Erfahrungen mit Tierverhalten verfügt, weil er jeden Tag mit Tieren arbeitet. Dann denken Sie daran, dass die meisten Tierärzte sich eher mit medizinischen Fragen als mit

Verhaltensproblemen auseinandersetzen. Oft wissen Tierärzte und ihre Mitarbeiter, wie Sie eine Prozedur durchführen können, aber nicht, wie sie einem Hund dabei helfen können, die Prozedur zu tolerieren.

Haben Sie die Empfehlungen Ihres Tierarztes befolgt? Wenn nicht, warum nicht? War es zu schwierig oder zu zeitaufwändig? Schien es Ihnen zu grob zu sein? Traten die Ergebnisse nicht schnell genug auf? War es kompliziert? Hatten Sie die Befürchtung, dass es kontraproduktiv sein könnte?

Woraus bestand die Intervention? Hat die Technik Ihrem Hund geholfen, ein weites Spektrum an Verhaltensweisen als Alternativen zur Aggression zu lernen oder diente sie nur dazu, seine emotionalen Reaktionen zu unterbinden? Beinhaltete sie systematische Maßnahmen, um den Hunde mit Hilfe von Türen, Babygittern oder Boxen von Gästen fernzuhalten? Wie wir bereits besprochen haben, sollte es unser Ziel sein, alternative Verhaltensweisen zur Aggression aufzubauen, die für den Hund leicht auszuführen sind. Wenn es für den Hund zu schwierig ist, das Richtige zu tun, wird er es lassen. In ähnlicher Weise werden auch Sie wahrscheinlich die empfohlenen Maßnahmen nicht ergreifen, wenn es Ihnen zu schwer fällt.

Haben die tierärztlichen Empfehlungen funktioniert? Hat Ihr Hund sich seltener oder weniger aggressiv verhalten? Wenn Sie die Empfehlungen befolgt haben und die Resultate Ihr eigenes Leben und das Leben Ihres Hundes verbessert haben, dann sollten Sie vielleicht bei diesem Programm bleiben. Wenn Sie alles befolgt haben und die Ergebnisse Sie nicht zufriedengestellt haben, sprechen Sie mit Ihrem Tierarzt über den Misserfolg. Erzählen Sie ihm, wo die Methode nicht gegriffen hat und fragen Sie nach einem effektiveren Weg. Fragen Sie auch, ob Sie durch eine Anpassung der Methode das Resultat verbessern könnten. Und prüfen Sie, bevor Sie die Behandlung abbrechen, ob Sie alle Anweisungen so genau wie möglich umgesetzt haben.

Wie bei Trainern sollten Sie auch nicht auf Tierärzte hören, falls diese Ihnen zu aversiven Maßnahmen raten (beispielsweise Schockhalsbänder, Stachelhalsbänder, den Hund zu Boden werfen oder ihn anzubrüllen). Wechseln Sie den Tierarzt.

Welche Art Halsband benutzen Sie (Leine, flaches Halsband, Schlupf- oder Würgehalsband/-kette, elektronisches Halsband, Stachelhalsband, Geschirr, Kopfhalfter oder anderes)?

Warum ist diese Information wichtig? Wir wollen eine Ausrüstung finden, die während des CAT-Trainings effektiv und sicher ist und die sich auch für die Zeit nach dem Training eignet.

Es gibt einige Arten von Halsbändern, die sich nicht für die CAT-Trainingsprozedur eignen. Hierzu gehören u. a. Schlupfketten und –leinen, Stachelhalsbänder, Schockhalsbänder, Anti-Bell-Halsbänder und Flexileinen. Tatsächlich ist diese Ausrüstung für die meisten Situationen ungeeignet. Jedes Utensil, das durch Zufügen von Schmerzen oder Unbehagen wirkt, kann dem Hund ebensogut beibringen, dass er jedes Mal in Gefahr schwebt, wenn er etwas Bedrohliches sieht (einen Hund, eine Person, ein Skateboard). Wenn er aber glaubt, in Gefahr zu sein, ist die Wahrscheinlichkeit groß, dass er zur Selbstverteidigung aggressiv wird.

Sicher eingezäunt

Bevor Sie mit dem CAT-Training beginnen, überprüfen Sie die Umzäunung Ihres Grundstücks. Dies dient nicht nur dem Schutz anderer vor Ihrem Hund, sondern auch dazu, dem Hund Sicherheit zu vermitteln, damit er zur Ruhe kommen und sich vertrauensvoll und freundlich verhalten kann. Probieren Sie aus, ob ein Sichtschutz oder blickdichter Zaun das Problem verbessert oder verschlimmert.

Das Ziel von CAT ist es, dem Hund dabei zu helfen, sich in der Welt, in der er lebt, weniger ängstlich oder defensiv zu fühlen. Das Ziel grober Trainingshilfsmittel ist es, das Unbehagen zu vergrößern, um ihn dazu zu zwingen, das aggressive Verhalten zu unterlassen. Das ist jedoch nicht der richtige Weg, um Aggression zu beenden. Diese Hilfsmittel unterdrücken die Aggression nur und führen dazu, dass das aggressive Verhalten heimtückischer oder weniger vorhersehbar wird. Wenn Sie irgendeines dieser Hilfsmittel benutzen, *müssen* Sie damit aufhören, bevor Sie mit dem CAT-Training anfangen; dies gilt auch für die Zeit zwischen und nach den CAT-Sitzungen. Sie können nicht zwischen CAT und aversiven Trainingsmethoden hin- und herspringen und auf Erfolg hoffen.

Es gibt noch andere Halsbänder, die zwar normalerweise keine körperlichen Schmerzen oder Beschwerden verursachen, aber den Hund auf eine andere Art und Weise ärgern oder verwirren, beispielsweise Citronella-Halsbänder oder Halsbänder, die einen Luftstoß in das Gesicht des Hundes blasen. Wir wollen den Hund nicht davon überzeugen, dass ihn die Dinge, die ihn bedrohen, auch noch erschrecken. Wir wollen ihm beibringen, dass sie kein Problem darstellen.

Kopfhalfter können für manche Hunde ein wertvolles Hilfsmittel sein. Unglücklicherweise habe ich einige Hunde mit Aggressionen gesehen, die obwohl sie ein Halfter tragen, bei aggressiven Episoden losstürmen, und ich war sehr betroffen, als sich dadurch ein Hund am Nacken verletzte. Ein anderer Trainer erzählte mir, dass ein großer Hund aggressiv mit seinem Kopfhalfter durchging, eine ernsthafte Nackenverletzung davontrug und mehrere Monate an Gleichgewichtsstörungen litt. Daher empfehle ich für das CAT-Training keine Kopfhalfter. Wenn ein Hund nicht schon vor dem CAT positive Erfahrungen mit einem Halfter verknüpft hat, wird er sich zunächst so sehr auf das unheimliche Ding an seinem Kopf konzentrieren, dass er nichts von dem aufnehmen kann, was Sie ihm über Aggression beibringen möchten. Wahrscheinlich wird er dieses neue Equipment mit dem Training verbinden und versuchen, die Sitzungen zu vermeiden, indem er sich versteckt oder seine Aggression auf die Person richtet, die ihm das Halfter anlegt. Wenn Ihr Hund schon an ein Kopfhalfter gewöhnt ist und es anscheinend gar nicht mehr bemerkt, dann können Sie es auch weiterhin benutzen. Befestigen Sie aber immer eine zusätzliche Trainingsleine am Halsband oder Geschirr, um das Verletzungsrisiko gering zu halten, wenn er losstürzt.

Wenn Ihr Hund ein Geschirr tragen soll, gewöhnen Sie ihn vor dem CAT-Training daran.

Maulkörbe sind ausgezeichnete Sicherheitsmaßnahmen, die bei Ihrem Hund nach einem Biss vielleicht eine Quarantäne oder eine mögliche Euthanasie verhindern und Ihre Helfer vor Bissen schützen. Aber wie bei den Kopfhalftern müssen Sie mit Ihrem Hund vor dem CAT-Training üben, den Maulkorb zu tragen. Auf YouTube gibt es dazu das ausgezeichnete Video „Teaching Your Dog to Wear a Muzzle" des Trainers Chirag Patel. Wenn Sie Angst haben, Ihr Hund könnte Sie beißen, arbeiten Sie mit einem positiv verstärkenden Trainer daran, dass Ihr Hund den Maulkorb sicher trägt. Sie sollten sich während dieses Prozesses sicherheitshalber Handschuhe anziehen.

Ihr Hund sollte auch an einen Maulkorb gewöhnt sein, bevor Sie mit dem Training beginnen.

Hat Ihnen schon irgendjemand zur Euthanasie Ihres aggressiven Hundes geraten oder haben Sie schon selbst daran gedacht?

Warum ist diese Information wichtig? Wir müssen überlegen, ob diese Empfehlung berechtigt ist.

Wenn Ihnen schon jemand vorgeschlagen hat, Ihren Hund einschläfern zu lassen, müssen wir überlegen, ob seine oder ihre Meinung richtig war. Stellt Ihr Hund für irgendjemanden eine Gefahr dar? Hat jemand in Ihrer Familie extreme Angst vor Hunden und benötigt professionelle Hilfe? (Ich habe schon mit Menschen gearbeitet, die so große Angst vor dem Familienhund hatten, dass sie nicht mehr nach Hause gehen wollten.) Tun die Personen oder Tiere, gegen die sich die Aggression Ihres Hundes richtet, irgendetwas, was den Hund aggressiv macht? Oder reagiert jemand über? Manchmal ist jemand aus der Familie, der nicht mit dem aggressiven Hund zusammenlebt, irritiert oder beunruhigt oder seine Gefühle wurden durch das Verhalten des Hundes verletzt, sodass er den Gedanken an eine Euthanasie äußert. In diesem Fall müssen Sie ihn erziehen. Lassen Sie ihn oder sie wissen, dass Sie mit dem Hund arbeiten und berichten Sie über das Training und die Sicherheitsmaßnahmen, die Sie ergreifen, um das Zusammenleben mit Ihrem Hund sicherer zu gestalten. Nehmen Sie die Befürchtungen der Person ernst und seien Sie eher demütig als defensiv. Können Sie die Person während des Trainings zu Hause besuchen statt sie zu sich einzuladen? Können Sie während eines Besuchs den Hund in einem separaten Zimmer unterbringen? Der letzte Punkt erfordert, dass die betreffende Person niemals unangekündigt kommt, damit Sie Zeit genug haben, den Hund wegzusperren.

Wenn jemand die Euthanasie empfiehlt, weil Ihr Hund einen Menschen verletzt hat - wie schlimm war die Verletzung? Musste die Person ärztlich versorgt werden? Wurde der Hund in Quarantäne verbracht oder von der örtlichen Behörde als aggressiver Hund registriert? Drohen Ihnen rechtliche Auseinandersetzungen mit dem Opfer? Wie können Sie verhindern, dass sich so etwas wiederholt? Wird ein Schloss am Tor Ihr Problem lösen? Beantworten Sie alle Fragen nach sorgfältiger Überlegung und seien Sie ehrlich zu sich selbst.

Ein Ketten-Würgehalsband oder andere aversive Trainingshilfsmittel können die aggressiven Tendenzen eines Hundes verschlimmern.

Wenn die Person einen Grund für den Rat zur Euthanasie genannt hat, welcher Grund war das? War der Grund vernünftig? Ist es ein Grund, den Sie ernsthaft in Erwägung ziehen müssen?

Wenn Sie dieses Buch lesen, weil Sie den Hund immer noch besitzen und immer noch mit ihm arbeiten möchten, warum möchten Sie ihn behalten? Ist er Ihr bester Freund? Oder möchten Sie nicht, dass Ihr niederträchtiger Nachbar mit seiner Argumentation durchkommt? Seien Sie ehrlich. Wie groß ist die Wahrscheinlichkeit, dass Sie sicher durch diesen Prozess des CAT-Trainings gelangen?

Hat Ihnen irgendjemand empfohlen, den Hund wegen seiner Aggression abzugeben oder haben Sie selbst schon daran gedacht?

Warum ist diese Information wichtig? Um zu erfahren, ob Ihr Hund sicher bei Ihnen bleiben kann oder ob es ein anderes Zuhause für ihn gibt, wo er niemanden verletzen kann.

Wer hat empfohlen, den Hund abzugeben? War es ein Familienmitglied, ein Freund, ein Tierarzt oder ein Trainer? Oder war es Ihre eigene Idee? Manchmal empfiehlt jemand eine Abgabe, weil er oder sie sieht, dass Ihr Hund nicht in jeder Situation eine Gefahr darstellt, aber dass er nicht gut in Ihre Familie passt. Vielleicht hat Ihr Hund Ihre ältere, im Haushalt lebende Mutter umgeworfen und es besteht das Risiko, dass er sie verletzt. Oder Ihr Hund ist zu den Freunden Ihrer Kinder nicht freundlich und deren Eltern machen sich deshalb Sorgen.

Management ist eine Option, aber wie Trainer sagen: „Management geht immer schief.“ Ein Kind oder Handwerker lässt das Tor offenstehen. Ein enger Freund spaziert direkt in die Wohnung, ohne Ihnen die Zeit zu geben, den Hund einzusperren. Sie schleppen Ihre Einkäufe und können den Hund nicht rechtzeitig an seinen sicheren Ort bringen. All dies kann passieren, weil wir Menschen sind und weil wir manchmal Fehler machen. Denken Sie daran, wenn Sie entscheiden, ob Ihr Hund bei Ihnen bleiben kann.

Wenn die Person einen Grund für Ihren Rat genannt hat, welcher war das? War der Rat vernünftig? Ist es etwas, das Sie ernsthaft überlegen müssen? Jetzt ist der Zeitpunkt für ernsthafte Überlegungen.

Wenn Sie Ihren Hund nicht abgegeben haben, warum nicht? Sind Sie bereit und fähig, mit einem aggressiven oder reaktiven Hund weiterleben zu können? Es ist sehr schwierig, für einen Hund mit Aggressionsproblemen ein neues Zuhause zu finden. Haben Sie Ihren Hund noch, weil Sie einfach niemanden finden, der ihn nehmen würde? Dann müssen Sie eventuell eine Euthanasie noch einmal in Erwägung ziehen. Aber wenn Sie wirklich an Ihrem Hund hängen und wirklich bereit sind, alles Notwendige zu tun, damit

alle sicher sind, und wenn Sie verstehen, welch große Verantwortung Sie übernehmen, dann kann CAT zusammen mit dem richtigen Management eine Lösung sein.

Warum ist Ihr Hund so wertvoll für Sie (Aussehen, Rasse, Tricks, Hundesport, Gefährte, trauriger Tierheimhintergrund usw.)?

Warum ist diese Information wichtig? Um herauszufinden, wie belastbar die Bindung zwischen Ihnen und Ihrem Hund ist.

Warum lieben Sie Ihren Hund? Jetzt ist der richtige Zeitpunkt, sich diese Frage zu stellen. Lieben Sie Ihren Hund? Wie ist er bei Ihnen an die erste Stelle gerückt? War es ein guter Grund, der Sie bewogen hat, ihn aufzunehmen? Sehen Sie ihn an. Was fühlen Sie, wenn er Sie anschaut? Gibt Ihnen dieses Gefühl einen Hinweis darauf, dass Sie in der Lage sind, die CAT-Prozedur erfolgreich durchzuführen?

Was schätzen Sie sonst noch an ihm? Was ist geschehen, seit Sie den Hund haben, dass Sie ihn so lange behalten haben? Manche Menschen empfinden echte Liebe für ihren Hundebegleiter. Andere fühlen sich schuldig, weil sie nicht in der Lage sind, Ihre Hunde zu behalten.

Empfinden Sie die Aggression Ihres Hundes als Beeinträchtigung Ihres Lebens?

Warum ist diese Information wichtig? Wir wollen herausfinden, ob die Anwesenheit des Hundes in Ihrem Leben die Opfer rechtfertigt, die Sie für ihn bringen. Manchmal ist der Einfluss auf das Familienleben so tiefgreifend, dass das Halten eines aggressiven Hundes die Lebensqualität sowohl für den Hund als auch für die Familie ernsthaft beeinträchtigt.

Ich weiß, das sind harte Gedanken, aber es ist eine Tatsache, dass wir alle für unsere Hunde Opfer bringen. Außer für Futter, Unterkunft und Tierarztkosten aufzukommen, müssen wir ihre Hinterlassenschaften beseitigen, wenn sie klein sind, noch einmal, wenn sie alt werden und gelegentlich zwischendurch. Wenn sie aggressiv werden, müssen wir vielleicht auch soziale Hinterlassenschaften beseitigen. Die Besitzerin eines großen aggressiven Hundes erzählte mir von ihrem Entschluss, sich nicht zu verabreden, solange ihr Hund lebt - also vielleicht noch zehn Jahre zu warten, weil ihr Hund keine Männer ins Haus lässt. Erkennen Sie sich darin wieder? Oder sind Sie eher wie die Eltern eines einjährigen Kindes, deren Hund anfing zu knurren, als das Kind laufen lernte? Sie hatten hart trainiert und eine Vielzahl an Techniken ausprobiert, um ihr Kind und ihren Hund zu managen, aber schließlich haben sie entschieden, dass sie ihre Bemühungen nicht sicher genug aufrechterhalten können. Diese Eltern haben ihren Hund wirklich geliebt, aber sie konnten mit dem Sicherheitsrisiko für ihr Kind nicht leben. Sie fanden ein Zuhause, in dem der große Mischling mit Erwachsenen leben konnte und nicht mit einem ungeschickten, impulsiven Kleinkind, welches ständig seine Komfortzone verletzte.

Zählen Sie alles auf, was Sie mit Ihrem Hund unternehmen würden, wenn er nicht aggressiv wäre.

Warum ist diese Information wichtig? Um mit dem Aufbauen, sozial akzeptabler Verhaltensweisen anfangen zu können, die Sie nicht an diesen Unternehmungen hindern. Vielleicht möchten Sie, dass Ihr Vater zu Besuch kommen kann, ohne dass Sie Ihren Hund immer längere Zeit einsperren müssen. Wenn Ihr Vater am Training teilnimmt, ist es möglich, dass Sie dies erreichen. Vielleicht wollen Sie mit ihm im Park spazierengehen können. Wenn Sie andere proaktiv daran hindern, es Ihrem Hund zu schwer zu machen, kann Ihnen die CAT-Prozedur auch dabei helfen.

Es ist aber eine Tatsache, dass es Dinge gibt, die ich nicht für einen aggressiven Hund empfehle. Beispielsweise gehen viele Familien liebend gerne in Hundeparks, aber ihre Hunde nicht. Ich habe mit einer Familie gesprochen, deren Hund im Hundepark von zwei großen Hunden angegriffen wurde und der sich daraufhin aggressiv zu anderen Hunden verhielt. Als ich ihnen empfahl, nicht mehr in den Hundepark zu gehen, waren sie überrascht. Die Frau fragte mit überschnappender Stimme: „Wirklich?", gefolgt von langem Schweigen. Ja, wirklich. Hundeparks werden von allen möglichen Hunden bevölkert, manche von ihnen mit verschiedenen Verhaltensproblemen. Manchmal entwickelt sich ein perfekt freundlicher Hund zu einem Flegel, wenn er sich in seiner Clique befindet, und drangsaliert einen anderen Hund. Wenn Ihr Hund aggressive Züge hat, ist ein Hundepark, in dem die Hunde unangeleint Amok laufen, während die Besitzer sich unterhalten, auf ihre Handys schauen und ihren Hunden keine Aufmerksamkeit widmen, keine ideale Umgebung. All diese Faktoren können ein Rezept sein, um das frisch erlernte, erwünschte Verhalten wieder durch das altgewohnte aggressive Verhalten zu ersetzen. Sogar wenn der Besitzer im Hundepark auf den Hund achtet, versteht er oftmals nicht, was zwischen den Hunden vorgeht. Ich kann Ihnen viele Geschichten über Leute erzählen, die glaubten, ihre Hunde würden spielen, bevor sie plötzlich zubissen.

8 Gutes Verhalten aufbauen

Manchmal wollen Hunde keine Belohnung. Manchmal wollen sie Erleichterung.

Das konstruktive Aggressionstraining wurde nicht entwickelt, um die schlechten Verhaltensweisen aus der Trickkiste eines aggressiven Hundes zu verdrängen. Wenn Besitzer eines aggressiven Hundes gefragt werden, was sie an ihrem aggressiven Hund ändern würden, antworten sie normalerweise: „Ich möchte seine Aggressionen stoppen!" Wenn wir sein aggressives Verhalten einfach stoppen möchten, müssten wir den Hund hart bestrafen, während er aggressiv ist. Wir müssten genau den richtigen Zeitpunkt abpassen, damit der Hund weiß, dass sein Verhalten eine schlechte Idee war. Eine effektive Bestrafung (oder Korrektur) reduziert die Häufigkeit der Verhaltensweise oder verhindert sie sogar für immer. Das klingt oberflächlich zunächst einmal gut, aber wie ich in dem Kapitel über Strafen geschrieben habe, wird dadurch eine Vielzahl anderer Probleme ausgelöst.

Eines dieser Probleme ist ganz simpel: Was tut der Hund anstelle der aggressiven Verhaltensweise? Ein Hund kann nicht damit aufhören, irgendetwas zu tun. Wenn er nicht mehr aggressiv ist, wird er stattdessen etwas anderes tun. Einige Hunde haben gelernt, einfach still zu sein, was sie oft noch gefährlicher werden lässt. Man kennt es, dass ruhige Hunde plötzlich zuschnappen – oder Schlimmeres. Wenn wir ihnen das Knurren verbieten, werden sie sich etwas anderes aussuchen, wie beispielsweise sofort losstürzen. Oder zubeißen. Oder urinieren und sich unter dem Bett verstecken. Dies sind nicht die Lösungen, die den Besitzern aggressiver Hunde vorschweben, aber die Wissenschaft konnte diese Art der Verhaltensreaktionen vielfach demonstrieren. Ich höre mir andauernd an, wie Hunde auf Bestrafung reagieren.

Ich bekam einmal einen Anruf von einer Frau, die mich bereits fünf Monate zuvor angesprochen hatte, weil ihr Hund Brutus sich aggressiv verhielt und sie Hilfe suchte. Bei unserem ersten Kontakt hatte ich eine Weile mit ihr gesprochen und ihr geraten, sich einen Verhaltenstrainer in der Nähe ihres Wohnortes zu suchen. Dieser sollte sie zuhause besuchen, um die Lage einzuschätzen und der Familie dabei zu helfen, ein geeignetes Management zu ergreifen und sich darüber klar zu werden, wie sie in Zukunft mit dem Hund verfahren wollten. Warum? Einen Tag, nachdem der Hund die Frau gebissen hatte, erfuhr sie, dass sie schwanger war glaubte nun, ihr Hund habe ihre Schwangerschaft bemerkt. Ich konnte sie nicht davon überzeugen, dass die Schwangerschaft sehr wahrscheinlich nicht die Aggression ausgelöst hatte.

Leider hat sie keinen Termin ausgemacht, sondern sich stattdessen alle Folgen eines bekannten Hundetrainers im Fernsehen angesehen. Zu dessen Methoden gehörte das Niederwerfen des Hundes, wenn dieser knurrte, um ihm zu zeigen, wer der Rudelführer sei. Oder: Wenn er nicht auf sein Lager gehen wollte, sollte man ihn physisch zwingen und dort festhalten, und wenn er nicht in seine Box wollte, ihm ins Hinterteil treten. Als die Besitzer diese Taktik anzuwenden begannen, folgte Brutus zwar zunächst, reagierte aber manchmal mit einem Knurren, was ihm einen Extratritt oder Geschimpfe einbrachte. Bedenken Sie: Wir sprechen hier von einem reinrassigen, erwachsenen American Bulldog von vierzig Kilo Körpergewicht - einem echten Muskelpaket. Als die Besitzerin zum zweiten Mal anrief, hatte der Hund sie gebissen, als sie sich über ihn gebeugt und ihn getadelt hatte. Er hatte beschlossen, dass er nun genug hatte. Die Besitzerin sagte: „Wir wollen keinen Hund, der sich so benimmt." Aber was hätte der Hund denn tun sollen? Er hatte versucht, es ihnen zu sagen. Er hatte versucht zu sagen, dass er mit seinem Latein am Ende war.

Brutus' letzter Biss landete bei der künftigen Oma, die nicht aufhörte, an seinen Wangen zu fummeln, sogar nachdem

Eine Box ist ein wertvolles Hilfsmittel, sollte aber niemals zur Bestrafung eingesetzt werden.

er versucht hatte wegzugehen und sogar, nachdem er geknurrt hatte, um zu zeigen, wie unbehaglich er sich fühlte. Als sie nicht aufhörte, ihn zu tätscheln biss er schließlich zu. Kann man es ihm verübeln? Zugunsten des armen Hundes sprach, dass er sie nur am Arm verletzt hatte; es hätte viel schlimmer ausgehen können.

Nun hatte die Familie einen intakten (nicht kastrierten) American Bulldog-Rüden, der nur mit Gewalt erzogen worden war und der sich oft auch sehr freundlich verhalten hatte. Es wurde von ihm erwartet, unfaires und eskalierendes Ärgern auszuhalten, sogar nachdem er versucht hatte auszuweichen und sogar nach seinem Knurren. Letztendlich hatte er mindestens zwei Menschen gebissen, und nun stand die Geburt eines Babys in wenigen Wochen bevor. Ein Drama kündigte sich an. Die Besitzer fragten mich, wie sie lernen könnten, dem noch nicht geborenen Baby beizubringen, den Hund zu dominieren. Sie konnten ihn aber als Erwachsene selbst nicht bändigen. Glücklicherweise entschied die Familie, den Hund nicht behalten zu können, „ein Hund muss begreifen, wer der Boss in unserer Familie ist; es gibt keine Alternative." Das ist aber nicht realistisch, wenn man den Hund unfair behandelt und seine Bedürfnisse ignoriert.

Es gibt verschiedene Arten von Hundeführern. An einem Ende des Spektrums sieht man einen ungebildeten und impulsiven Boss, der keinerlei Führungsqualitäten besitzt. Er oder sie ist ein Tyrann. Diese Person gibt keine klare Information über ihre Erwartungen an die Leistungen des Hundes und beschimpft den Hund, bedroht ihn, wenn er nicht funktioniert und geht großzügig mit Bestrafung um. Das Spielen ist einseitig und besteht bei Erwachsenen aus Ärgern und bei Kindern, denen man keinen Respekt vor Tieren gelehrt hat, aus Misshandlungen. Am anderen Ende des Spektrums steht der wahre und wohlwollende Hundeführer, der es dem Hund leicht macht, zu verstehen, was er tun soll und der nach Gelegenheiten sucht, um den Hund für Verbesserungen zu belohnen. Noch bevor der Hund die Anforderungen des Hundeführers verstanden hat, beginnt dieser ihm zu zeigen, welche Teile er schon fast richtig macht, welche Teile er noch verbessern kann und wie er das bekommen kann, was er in dieser Welt braucht. Er schafft dies durch positive Verstärkung zu jeder möglichen Gelegenheit. Dieser wohlwollende Hundeführer weiß, was der Hund so wertschätzt, dass er ihn damit für die Kooperation mit dem Trainingsprozess und dem Hundeführer motivieren kann.

Welcher Typ Hundeführer kann Ihrem Hund helfen? Das ist doch offensichtlich, oder? In diesem Prozess sind wir nicht überrascht, wenn der Hund nicht Ihre Ge-

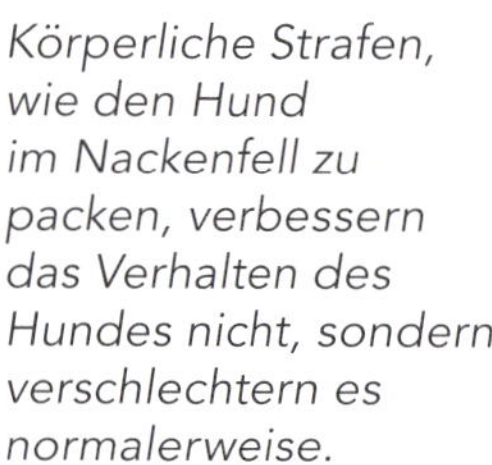

Körperliche Strafen, wie den Hund im Nackenfell zu packen, verbessern das Verhalten des Hundes nicht, sondern verschlechtern es normalerweise.

Wenn Sie wissen, warum Ihr Hund sich aggressiv verhält, können Sie ihm zu helfen beginnen.

danken dazu lesen kann, was er anstelle der Aggression tun soll. Sie werden kreativ werden und sich Wege ausdenken, wie Sie sein Verständnis unterstützen können. Die neuen Verhaltensweisen, die Ihrem Hund helfen sollen, müssen für ihn genau so gut funktionieren wie die Aggression, um ihm Distanz zu den Dingen zu verschaffen, mit denen er nicht umgehen kann. Im Idealfall kann er das neue Verhalten nicht zur gleichen Zeit ausführen wie das aggressive Verhalten. Beispielsweise kann ein Hund, der wedelt und grinst, nicht besonders gut beißen, also wollen wir ihm dabei helfen, sich so zu fühlen, als würde er wedeln und grinsen. Wir wollen ihm nicht ein Verhalten wegnehmen und ihn dann andere Dinge selbst herausfinden lassen. Vielleicht trifft er dann nicht die richtige Wahl. Wir wollen ihm zeigen, wie er Erfolg haben kann.

Ihr Hund hat Ihnen die ganze Zeit gezeigt, was er als Belohnung für sein aggressives Verhalten möchte. Er möchte, dass andere ihn alleinlassen oder mit irgendetwas aufhören. Ihr aggressiver Hund weiß bereits, wie er andere Menschen dazu bringen kann, ihn allein zu lassen und wegzugehen oder mit dem Unsinn aufzuhören. Sie vermuten sicher auch, dass Brutus' Oma wegging, nachdem er sie (endlich!) gebissen hatte, oder? Richtig! Er hatte ihr zu sagen versucht, dass er ihre Neckereien leid ist, indem er sich von ihr entfernte. Es hatte nicht funktioniert. Er hatte versucht, ihr zu sagen, dass er mit seinem Latein am Ende ist, indem er knurrte. Es hatte nicht funktioniert. Erst, als er zubiss, hatte sie die Botschaft verstanden. Was also hatte Brutus gelernt? Weggehen führt nicht dazu, dass die Leute mich alleinlassen. Knurren bringt auch nichts. Aber Beißen funktioniert.

Distanz zu Belästigungen, Bedrohungen und furchterregenden Dingen ist, was aggressive Hunde normalerweise wollen. Bei der CAT-Prozedur zwingen wir den Hund nicht in seine Box, indem wir ihn treten. Wir wollen dem Hund nicht mehr abverlangen, als er uns signalisiert, ertragen zu können, nur weil wir die vermeintlichen Hundeführer sind. Stattdessen werden wir dem, was er uns zu sagen versucht, Aufmerksamkeit schenken und ihn unterstützen, neue Verhaltensweisen zu lernen, die ihm zu mehr Erfolg im Zusammenleben mit Menschen verhelfen.

Wie können wir dies schaffen? Zunächst müssen wir herausfinden, was er mit seiner Aggression erreichen möchte. Was bringt sie ihm? Bellt und knurrt er, um Menschen oder Hunde zum Näherkommen aufzufordern, so wie der Ridgeback, von dem ich schon berichtet habe? Dieser war frustriert, weil niemand mit ihm spielte. Für diesen Hund ist CAT nicht die richtige Therapie. Oder möchte er Menschen oder Hunde vertreiben und ist aggressiv, weil er weiß, dass er damit Erfolg hat?

Was will Brutus? Er will Menschen vertreiben, weil er soviel Gewalt erfahren hat. Er hatte ihnen zu sagen versucht, dass er es nicht mehr aushält und wurde ignoriert. Brutus hatte gelernt, dass sein anfangs sicheres Verhalten – weggehen und sogar knurren – nicht half, die unerwünschten körperlichen Übergriffe abzuwenden. Er hatte gelernt, zu beißen, um die Zielperson auszuschalten. Der Besitzer erzählte, er könnte es anscheinend nicht leiden, wenn man ihm sagt, was er tun soll. Da hatte er sicher Recht. Es hört sich so an, als seien meistens Dinge von ihm verlangt worden, die für ihn sehr unangenehm waren. Was wäre gewesen, wenn sie versucht hätten, gutes Verhalten zu belohnen und es ihm leichter gemacht hätten, zu verstehen, was gutes Verhalten ist?

Falls Sie bei Ihrem Hund schon gewaltsame Methoden angewendet haben, macht Sie das nicht zu einem schlechten Menschen. Korrekturbasiertes Training begleitet uns schon sehr lange Zeit und wird wohl auch so schnell nicht ausgerottet werden. Das Internet ist voll von verschiedenen Trainingsmethoden und –techniken, und es ist schwer herauszufinden, was das Beste ist. Aber wenn Sie Verschiedenes ausprobiert haben und Ihr Hund sich schlechter benimmt oder alles nur so lange gut ist, bis er nahe genug zum Zubeißen ist, oder wenn er aufgegeben und alles Interesse an der Welt verlo-

Positives Training ist eine Partnerschaft zwischen Hundehalter und Hund.

Identifizieren Sie die Situationen, in denen sich Ihr Hund aggressiv verhält.

ren hat, dann ist es höchste Zeit für einen Neuanfang.

Wie ich schon mehrfach erwähnt habe, ist es unser Ziel, Ihren Hund neue Verhaltensweisen zu lehren, die das aggressive Verhalten ersetzen können. Wie schaffen wir das? Zuerst müssen wir darüber nachdenken, wo die Aggression stattfindet. Aggression ist situationsspezifisch. Es gibt Situationen, in denen sie sich ereignet, und Situationen, in denen sie sich nicht ereignet. *Situation* ist ein sehr allgemeiner Begriff, den ich näher erläutern möchte.

Riley verhielt sich mir gegenüber weder auf dem Bürgersteig vor seinem Haus, noch an der Haustür und noch nicht einmal im Garten aggressiv. Diese Situationen waren kein Problem. Aber er stürzte sich bellend auf mich, wenn ich das Wohnzimmer betrat. Diese Situation war problematisch. Daher mussten wir mit der Arbeit genau dort, beim Betreten des Wohnzimmers, beginnen.

Sabrina verhielt sich nur aggressiv zur Schwester ihrer Besitzerin und nur zuhause, aber nicht, wenn ihr Besitzer irgendwo im Haus oder auf dem Grundstück war. Also war die Anwesenheit der Schwester der Besitzerin im Haus Bestandteil der Situation. Zusätzlich war sie nur aggressiv, wenn ihr Besitzer ins Auto stieg und wegfuhr. Ihre spezielle Situation beinhaltete also auch die Abwesenheit des Besitzers. Ihr Training musste folglich die Anwesenheit der Schwester im Haus und die Abwesenheit des Besitzers einschließen.

Es gibt einige Hunde, deren Aggressionen sich in Zusammenhang mit Futter ereignen, andere Hunde verteidigen das Sofa oder das Bett. Und natürlich gibt es Mutterhündinnen, die ihre Welpen verteidigen. Manche definieren diese Verhaltensweisen als unterschiedliche Formen der Aggression, aber in Wirklichkeit sind dies Situationen, in denen Aggressionen vorkommen. Wenn Ihr Hund niemals im Park aggressiv ist, brauchen Sie nicht im Park zu arbeiten, obwohl es auch nicht schadet. Wenn sich die Aggression nur in Ihrem Vorgarten abspielt, ist dies der einzige Ort, an dem Sie arbeiten müssen. Viele Hunde verhalten sich in mehr als einer Situation aggressiv. Also finden Sie heraus, welche Situation Sie am meisten belastet und fangen Sie dort an. Sie müssen aber an vielen Situationen arbeiten, wenn sich

Ihr Hund in vielen Situationen aggressiv verhält.

Bestandteil der Situation sind auch die Menschen, die anwesend sind, wenn die Aggression geschieht, sowohl der Mensch, zu dem der Hund aggressiv ist, als auch der Mensch, der die Leine hält oder in der Nähe ist. Wenn der Hund sich gegenüber einer speziellen Person aggressiv verhält, muss diese ins Training einbezogen werden. Wenn der Hund sich zu einer bestimmten Kategorie von Menschen aggressiv verhält, beispielsweise Männer, oder speziell Männer mit Bärten, fangen Sie mit einem bärtigen Mann als Helfer an und wiederholen Sie das Training wieder und wieder mit anderen Bartträgern, bis Ihr Hund die Idee bekommt, dass seine Welt unabhängig davon funktioniert, welcher Mann gerade da ist.

Ob sich der Hund aggressiv verhält, kann davon abhängen, wer die Leine hält. Wie schon erwähnt, habe ich einmal mit einem Greyhound gearbeitet, der im Wohnzimmer aggressiv zu Gästen war. Die Besitzerin hielt die Leine und ich fungierte als Eindringling, weil der Hund mich nicht kannte. Nach einer Weile hatten wir große Fortschritte erzielt, wenn ich den Raum betrat, und die Intensität der Aggression war viel geringer geworden. Dann ging der Ehemann durch das Zimmer und alles war vergessen. Die Hündin wurde extrem aggressiv und wir mussten sehr viel mit dem Ehemann arbeiten.

Einmal habe ich mit einer kleinen Terrierhündin gearbeitet, die zu fast jedem aggressiv war, den sie nicht kannte, aber nur, wenn der Besitzer nicht dabei war. Wenn der Besitzer ihre Leine hielt, be-

nahm sie sich sehr gut. Dadurch wurde es sehr schwierig, sie bei Freunden oder einem Homesitter zu lassen, wenn der Besitzer verreisen wollte. Wir haben also mit Fremden gearbeitet, die ihre Leine hielten, und mit Fremden, die sich annäherten, wenn eine andere Person als der Besitzer die Leine hielt.

Haben Sie Schwierigkeiten, herauszufinden, welche Situationen die Aggressionen Ihres Hundes beeinflussen, dann überlegen Sie Folgendes: Kommt es morgens oder abends vor? Ist es draußen kalt oder warm? Hören Sie währenddessen ein Geräusch? (Wenn es ein Geräusch ist, das Sie abstellen können, brauchen Sie nichts weiter zu tun.) Geschieht es, wenn Kinder geräuschvoll im Haus spielen? (Es könnte die richtige Lösung sein, den Hund für diese Zeit in seiner Box abseits von den Kindern unterzubringen.) Ist es in dem Moment, in dem Sie von der Arbeit heimkommen? (Könnten Sie vor weiterem Training das Nachhausekommen für den Hund weniger aufregend gestalten? Oder können Sie den Hund in einem anderen Raum unterbringen, damit er erst zur Haustür kommen kann, wenn er ruhig ist?)

Wahrscheinlich sind Sie es gewohnt, dem Hund Leckerchen zu geben, um ihn für ein Verhalten zu belohnen, das Ihnen gefällt. Beim CAT verwenden wir keine Leckerchen zur Belohnung. Stattdessen verstärken wir das gewünschte Verhalten, indem wir irgendetwas (Mensch oder Tier) wegnehmen, das der Hund *nicht* mag. Um diesen Vorgang möglichst wenig aversiv zu gestalten, fangen Sie mit der Arbeit an, wenn Ihr Hund weit genug von dem anderen Tier oder Menschen entfernt ist, um sich nicht über Gebühr zu beunruhigen. Schaffen Sie eine sichere Trainingsumgebung an dem Ort, an dem sich die Aggression oft ereignet und führen Sie die bedrohliche Person oder den Hund ein. (In den folgenden Kapiteln werde ich mehr zur Auswahl dieser Helfer sagen. Es müssen Helfer sein, die wir instruieren können, sich auf bestimmte Art zu verhalten, damit wir für die ersten Arbeitsschritte eine kontrollierte Trainingsumgebung schaffen.) Das Ziel ist es, die „Bedrohung" (d. h. den Helfer) so auf Distanz zu halten, dass der Hund sich nicht darüber aufregt. Im Idealfall ist sie so weit entfernt, dass er sie zwar wahrnimmt, aber nicht darauf reagiert.

Für manche Hunde muss die Bedrohung sehr, sehr weit entfernt sein. Ich habe einmal einen Trainer durch eine Sitzung für einen Hund gecoacht, der in einem an eine Straße grenzenden Auslauf gehalten wurde und zum Berserker wurde, sobald jemand auf dieser Straße ging. Der Helfer musste hundert Meter entfernt sein! Glücklicherweise war es möglich, auf dieser Landstraße zu arbeiten, und das Training verlief erfolgreich. Aber manchmal sind Hunde nur im Wohnzimmer aggressiv und reagieren erst dann nicht mehr auf den Helfer, wenn dieser bereits auf halbem Weg rund um den Block ist. Ich habe schon die Nachbarn meiner Kunden bitten müssen, ihre Einfahrt benutzen zu dürfen, damit wir arbeiten konnten. Manchmal besteht die erste Sitzung mit einer Familie nur daraus, die Trainingsumgebung festzulegen.

Wir werden noch im Detail auf die Trainingsumgebung eingehen, aber jetzt wollen wir uns mit einigen häufigen Situationen beschäftigen, in denen Familienhunde aggressiv werden und wie CAT in diesen Situationen helfen kann. Wie bereits gesagt, bezeichnet die „Art" der Aggression Ihres Hundes in Wirklichkeit die Situation, in der er sich aggressiv verhält. (Wichtig: Fangen Sie noch nicht mit dem Training an. Lesen Sie jetzt nur dieses Kapitel und überlegen Sie, wie Sie Ihre Trainingsumgebung gestalten könnten.)

Möbel bewachen

Die Hündin Magpie liebte es, neben ihrer Besitzerin Jennie auf der Couch zu sitzen, während diese Fernsehen schaute. Wollte Jennies Mann Amos sich dazu setzen, knurrte Magpie böse und zeigte die Zähne. Zuerst lachten sie noch darüber, aber als Magpie anfing zu schnappen, wurde es zu einem immer größeren Problem.

Die Familie entschied sich dafür, CAT auszuprobieren und begann damit, dass Magpie ein paar Tage im Hause ihre Leine tragen musste. Amos näherte sich der Couch nur soweit, dass Magpie seine Anwesenheit bemerkte, und wenn sie aufhörte ihn anzustarren oder irgendetwas Akzeptableres zu tun als zu bellen, ging er weg. Erinnern Sie sich daran, dass Hunde normalerweise nicht von selbst das richtige Verhalten anbieten, also lassen Sie den Helfer sich entfernen, wenn der Hund sich nur ein winziges bisschen besser verhält, und wenn er für zwei Sekunden statt einer mit dem Bellen aufhört.

Amos wiederholte das einige Male. Erst als Magpie ihn in dieser Distanz nicht mehr besorgniserregend fand, konnte er einen kleinen Schritt näher kommen. Als die Distanz klein genug war, um Fernsehen schauen zu können, setzte er sich auf einen Stuhl und nicht auf die Couch, oder Magpie und Jennie nahmen den Stuhl. Wenn Magpie bellte, sich versteifte oder Amos anstarrte oder sich weder neutral noch freundlich verhielt, wartete Amos ruhig ab. Erst wenn Magpie ihr aggressives Verhalten stoppte und irgendein neutrales oder freundliches Verhalten zeigte, ging er fort. Es ist wichtig zu verstehen, dass er immer fortging, wenn Magpie sich

gut benahm. Er ging nie weg, wenn Magpie aggressiv war. Zusätzlich ging er nie näher an Magpie heran, wenn diese auf der Couch war und sich zuvor gut verhalten hatte. Er wusste, das würde zuviel Druck auf sie ausüben und er wollte nicht die viele bereits geleistete Arbeit zunichte machen.

Nachdem sie eine Zeitlang mit Magpie auf diese Weise trainiert hatten, rief Jennie Magpie von der Couch, brachte sie in ihre Box und gab ihr ein tolles Spielzeug, das mit Trocken- und Nassfutter befüllt war, damit sie sich eine Weile beschäftigen konnte, während das Paar Fernsehen guckte. Jeden Tag arbeitete Amos ein paar Minuten mit Magpie, bevor er sich mit seiner Frau auf die Couch setzte.

Als Amos während des Trainings bis zur Couch gehen konnte, gab er zunächst vor, sich setzen zu wollen, setzte sich aber noch nicht hin und ging fort, wenn Magpie nicht aggressiv wurde. Verstand er Magpies Komfortlevel falsch und die Hündin wurde aggressiv, hielt Jennie sie an der Leine fest, damit sie nicht nach Amos schnappen konnte. Sobald Magpie ein neutrales oder freundliches Verhalten zeigte, ging Amos fort.

Jedes Mal, wenn Amos wegging, folgte Jennie Magpies Führung. Wenn diese gestreichelt werden wollte, wurde sie gestreichelt. Wenn sie Amos hinterher schaute, blieb Jennie ruhig sitzen und wartete ab. Dieser Prozess war für Amos unbequem, der oft müde von der Arbeit kam und nur noch ausspannen wollte. Aber sowohl er als auch Jennie wussten, dass man für die Hundehaltung manchmal Opfer bringen muss. Also hielten sie das Training durch, bis die Probleme in ihrer Familie gelöst waren.

Schon gewusst?

Nutzen Sie Distanz dann als Belohnung für besseres Verhalten, wenn Sie wissen, dass Ihr Hund aggressiv ist, um jemanden zu vertreiben und Sie die Aggression durch ein anderes Verhalten ersetzen möchten. Wenn Sie dem Hund völlig neue Verhaltensweisen beibringen möchten, die er noch nicht kennt, wie etwa auf das Hörzeichen „runter" von der Couch zu springen, verwenden Sie Leckerchen als Belohnung.

Zur gleichen Zeit, zu der Amos mit Magpie trainierte, brachte Jennie ihr bei, auf das Kommando „runter" von der Couch zu springen (sie gab ihr bei der korrekten Reaktion ein Leckerchen) und in ihre Box zu gehen. Um der Hündin das Verlassen der Couch beizubringen, ging Jennie zunächst in die Küche und rief Magpie zu sich. Wenn Magpie vom Sofa sprang, bekam sie dafür ein besonderes Leckerchen anstatt des täglichen Trockenfutters oder der gewohnten Belohnungen. Jennie wählte die Küche, weil Magpie ihr immer freiwillig in die Küche folgte, um vielleicht ein Leckerchen oder heruntergefallenes Essen zu ergattern. Sie suchte immer Außergewöhnliches aus (vom Abendessen übriggebliebenes Fleisch, scharfen Käse, Leckerchen mit Lebergeschmack), weil sie sicherstellen wollte, dass Magpie wirklich gerne mitarbeitete. Jennie gab Magpie diese besonderen Belohnungen nur während des intensiven Trainings, aber nie bei anderen Gelegenheiten.

Nach einer Weile konnte Jennie neben der Couch stehen und Magpie sprang auf ihr Zeichen herunter, um eine Belohnung zu bekommen. Dann arbeitete Jennie daran, dass Magpie auf ein Signalwort das Sofa verließ und ihr Leckerchen abholte. Die Hündin durfte anschließend wieder auf die Couch springen, damit die Übung nicht wie eine Bestrafung wirkte. Im Laufe der Zeit ließ Jennie ihre Hündin immer länger und länger auf dem Boden bleiben, bis diese schließlich auf dem Boden warten konnte, während Jennie und Amos fernsahen.

An diesem Punkt sprang Magpie nur noch auf das Sofa, wenn sie von Jennie und Amos dazu aufgefordert wurde. Wenn sie auf dem Boden lag, sagte entweder Amos oder Jennie: „auf" und belohnte Magpie, wenn sie auf die Couch sprang. Allmählich musste Magpie immer länger auf das „auf" warten und lernte auf diese Weise, dass es nicht ihre Entscheidung war, aufs Sofa zu klettern, sondern die ihrer Besitzer. Normalerweise stellt es kein Problem dar, die Hunde auf Sitzmöbel zu lassen, wenn die Familie das mag. Aber in Magpies Fall war es ein großes Problem, weil sie das Sofa bewachte. Daher durfte sie ab sofort nicht mehr entscheiden, wann sie sich zu ihrer Familie auf die Couch begeben wollte.

Nach und nach lernte Magpie zu warten, bis sie auf die Couch eingeladen wurde. Jennie und Amos gaben oft das Kommando „runter", bevor Amos sich setzte und ließen sie nur „auf", wenn er sich bequem hingesetzt hatte. Zu anderen Zeiten gaben sie Magpie ein futterbefülltes Spielzeug statt ihrem Abendfutter und ließen sie in der Box fressen, während sie selbst auf der Couch Pizza aßen. Sie wollten die Schwierigkeit für Magpies korrektes Verhalten auf dem Sofa nicht erhöhen.

All diese Maßnahmen zusammen bedeuteten für die Familie Wahlmöglichkeiten und Wohlbefinden, während die Hündin verstand, dass sie nicht mit Jennie allein auf dem Sofa sitzen musste, um ein gutes Leben zu haben. Vielleicht ist Ihnen aufgefallen, dass Magpies Training aus zwei Teilen bestand: Amos führte die CAT-Prozedur mit ihr durch und Jennie brachte ihr bei, für eine Belohnung das Sofa zu verlassen und ihre Box aufzusuchen. Zusammengenommen zeigten diese beiden Techniken Magpie akzeptable Lösungen für ihr Verhalten während der Sofazeit.

Besuch von Gästen

Wenn Victors Hund Duke die Türklingel hörte, verwandelte er sich in einen Berserker, bellte und sprang im Kreis herum. Sobald Victor die Tür öffnete, starrte Duke oft den Besuch an und bellte weiter. Das letzte Mal, als jemand zu Besuch kam, hatte Duke den Gast angegriffen, und ihn – als dieser sich umdrehte – in die Wade gebissen. Victor war sehr bestürzt über Dukes Verhalten und sorgte sich um die Sicherheit seiner Freunde. Daher bat er einige Freunde und Familienmitglieder, ihm bei der Arbeit mit Duke zu helfen. Er versprach, Duke zuverlässig zu sichern und sie zum Essen einzuladen. Zu den schwierigsten Trainingsvorbereitungen gehört es, Helfer zu finden, die willens sind, mit aggressiven oder reaktiven Hunden zu arbeiten. Daher ist es immer eine gute Idee, auch die Helfer zu belohnen!

Als Victor die erste Person gefunden hatte, die mit ihm arbeiten wollte, arrangierte er zuerst die Umgebung. Vor der erwarteten Ankunft des Helfers legte Victor Duke die Leine an und ging mit ihm Gassi, damit er sich lösen konnte. (Ein Hund kann schlecht lernen, wenn er gerade ein natürliches Bedürfnis verspürt. Daher ist es gut, das „Geschäftliche" vorher zu erledigen.) Dann brachte Victor Duke wieder ins Haus und leinte ihn an einem starken Haken an, den er in der Wand befestigt hatte. Weil Duke ein sehr kräftiger Hund war, hatte Victor diese Lösung bevorzugt. Er fand es sicherer, als zu versuchen, die Leine zu halten, während er seinen Freunden die Vorgehensweise erklärte. In den Tagen vor Trainingbeginn hatte Victor Duke dort oftmals kurz und zu verschiedenen Tageszeiten angeleint. Duke bekam an diesem Platz ein bequemes Hundebett und einen Kauknochen oder ein futtergefülltes Spielzeug, damit er sich daran gewöhnte, dort Zeit zu verbringen. Wenn Sie ein Möbelstück besitzen, das schwer genug ist, dass Ihr Hund es nicht bewegt, können Sie ihn auch daran anleinen. Das Wichtigste ist die Sicherheit.

Victor prüfte doppelt, ob die Leine seines Hundes ihn sicher halten konnte. Er hatte früher festgestellt, dass Duke sich aus seinem Halsband befreien konnte, wenn er sich genug Mühe gab. Also benutzte er zusätzlich ein Geschirr und befestigte die Leine sowohl am Geschirr als auch am Halsband, um das Risiko zu reduzieren, dass Duke sich befreien konnte. Er hatte Duke an dieses Equipment in der Wohnung und auf Spaziergängen gewöhnt, wenn sie nicht trainierten. Daher konnte Duke es nicht mit dem CAT-Training in Verbindung bringen.

Außerdem hatte Victor eine Weile, bevor er mit dem Training starten konnte, einen Hinweis an seiner Haustür angebracht: „Nur einmal klingeln! Bitte haben

Sie Geduld!" Dies verschaffte Victor die Zeit, um Duke an seinem Platz zu sichern und zu belohnen, bevor jemand das Haus betrat. Victor wusste, wie wichtig es war, dass Duke niemanden mehr beißt, sowohl für die Sicherheit der Gäste als auch für Dukes eigene Sicherheit.

Als Vorbereitung auf die CAT-Prozedur und um effektiver arbeiten zu können, verbrachte Victor viel Zeit damit, die Körpersprache seines Hundes zu studieren, indem er die Beobachtungsübungen durchführte. Er beschäftigte sich auch mit allgemeinen Informationen über die Körpersprache von Hunden. (Wie sagen kluge Hundetrainer so schön: „Lernen Sie Ihre Spezies kennen!") Die meisten von uns Menschen denken, wir kennen Hunde in- und auswendig, weil wir unser ganzes Leben mit ihnen zu tun hatten. Aber leider übertragen wir oft menschliche Vorlieben, Abneigungen und Verhaltensweisen auf unsere Hunde. Auch wenn viele Hunde bemerkenswert gut mit uns zurechtkommen, bleiben es doch Hunde, die man auch als Hunde verstehen muss. Wenn wir sie als etwas anderes „verstehen", sind Probleme vorprogrammiert.

Victor verstand, dass jeder Hund ein Individuum ist, das auf seine eigene Weise aggressiv reagieren kann. Er verstand auch, wie sich Aggressionen bei Hunden im Allgemeinen zeigen können. Zum Beispiel, dass ein Hund, bevor er beißt, oft einfriert, den Kopf senkt, das Körperteil anschaut, in das er beißen möchte, und losstürmt. Er zieht seine Zunge in die Maulhöhle, damit er nicht daraufbeißt und die Zähne freie Bahn haben.

Victor hatte Dukes Verhalten an der Haustür mehrmals gefilmt und wusste daher, dass Duke sich normalerweise im Kreis drehte, bevor er einfror und den Kopf senkte, wenn jemand durch die Tür trat. Er wusste, dass das Kreiseln ein Bestandteil der aggressiven Verhaltenskette seines Hundes war.

Als Victors Freundin Glenda kam, um bei Dukes CAT-Training zu helfen, ging Victor zur Tür und begrüßte sie wie gewohnt. Sie waren gute Freunde, die bei der Begrüßung oft mit den Armen fuchtelten und laut sprachen. Victor beobachtete, dass Duke sehr aufgeregt wurde, wenn sie sich so benahmen. Er zeigte seine Aufregung durch Speicheln, Kreiseln und wiederholtes Bellen an seinem sicheren Platz. Victor erkannte, dass er es seinem Hund auf diese Weise nicht leicht machte, sich an der Tür richtig zu verhalten, und dass er seine Begrüßungen etwas weniger lebhaft gestalten sollte. Dies ist mit dem Konzept vergleichbar, aus großer Distanz anzufangen. Zu große Nähe kann zum Lernen zu stressig sein, aber auch zu viel Aktivität und Lautstärke. Fangen Sie da an, wo der Hund erfolgreich sein kann, und bauen Sie von dort aus auf.

Victor hatte sich zum Ziel gesetzt, dass seine Gäste hereinkommen und ihn auf ihre gewohnte Weise begrüßen konnten, wusste aber, dass dies eine Weile dauern würde. Jetzt ging Glenda wieder nach draußen und Victor begrüßte sie dort bei geschlossener Haustür, mit ruhiger Stimme und weniger lebhaft. Er bat Glenda, sich das nächste Mal mit einer SMS anzukündigen, damit sie sich draußen begrüßen konnten, ohne Duke aufzuregen und dann gemeinsam ins Haus gehen konnten.

Er wies Glenda an, auf dem Bürgersteig, der vom Haus wegführte, bis zur nächsten Straße zu gehen und dort stehenzubleiben. Er ließ die Haustür offen, damit Duke

Glenda von seinem sicheren Platz aus sehen konnte. Glenda drehte sich in dieser Entfernung um mit Blickrichtung auf das Haus. Duke konnte sie sehen, aber er bellte nicht. Sie beschlossen, dass dies eine gute Startposition für die Prozedur war. Victor wusste, wie wichtig es ist, eine Übererregung von Duke zu vermeiden.

Er vergewisserte sich, dass Duke gesichert war und stellte sich innen an die Tür. Auf Victors Zeichen (sie verständigten sich über ihre Handys) ging Glenda einen Schritt Richtung Haus. Dukes Ohren stellten sich auf und er schloss das Maul. Victor bat Glenda, stehenzubleiben, bis Duke etwas anderes versuchte. Weil Duke nicht besonders gestresst war, wandte er sehr bald seinen Kopf ab und Glenda drehte sofort um und ging weg. Weil Glenda nicht im Detail sehen konnte, was Duke machte, instruierte Victor sie übers Handy. Das war gut für Duke, weil Victor oft telefonierte. Das Fortgehen war die Belohnung für Dukes Kopfabwenden anstelle seiner aggressiven Verhaltensweisen. Vor diesem Tag hatte Duke mit seiner Aggression die gleiche Belohnung erhalten, nämlich dass die Leute sich (schnell!) entfernen, aber nun wurde sein freundlicheres oder neutrales Verhalten schon auf eine sehr erträgliche Distanz belohnt.

Glenda merkte sich, wie weit sie sich beim ersten Mal der Haustür nähern konnte. Viele Leute verwenden eine bewegliche Markierung wie einen Klebestreifen oder Stein als Gedächtnisstütze, damit sie nicht versehentlich zu schnell zu nahe kommen und dadurch eine aggressive Reaktion provozieren. Glenda konnte sich wegen eines Risses im Bürgersteig exakt an die richtige Position erinnern. Beim nächsten Mal näherte sie sich Duke einen kleinen Schritt weiter als zuvor. Wie beim ersten Mal wartete sie, bis Duke ein

alternatives Verhalten zur Aggression anbot. Victor informierte Glenda darüber, dass der Auslöser für Glendas Fortgehen irgendeine Bewegung von Duke sein sollte und nicht ruhiges Verhalten. Wenn er mit völliger Ruhe Glenda zum Weggehen motivieren könnte, würde Duke damit fortfahren und es Victor damit sehr schwer machen, Verhaltensweisen zu entdecken, mit denen sie arbeiten konnten.

Die nächsten Male lief alles gut und Glenda konnte jedes Mal ein paar Zentimeter näherkommen. Als sie die Distanz schon um einige Schritte verkürzt hatten, zeigte Duke plötzlich einen aggressiven Ausbruch, der wirklich furchterregend war. Glenda dachte, jetzt sei die ganze Arbeit umsonst gewesen. Es kann sehr frustrierend sein, wenn das Training gute Fortschritte macht und der Hund sich plötzlich sehr unerfreulich benimmt. Die Ursache hierfür ist irgendeine Veränderung der Situation. Vielleicht war Glenda nun nahe genug, um Duke aufzuregen und seine alten Reaktionen zu provozieren. Vielleicht war die Sonne hinter einer Wolke verschwunden und das Licht hatte sich verändert oder irgendetwas anderes hatte die Situation beeinflusst. Das bedeutet nicht, dass die Prozedur nicht funktioniert. Es heißt nur, dass sich etwas verändert hatte.

Victor verstand dies und erklärte Glenda, sie müssten Duke durch diese Veränderungen helfen, indem sie die gleiche Prozedur unter den neuen Voraussetzungen übten. Wichtig war auch, das Ganze leicht zu nehmen und zu versuchen, Duke nicht zu überfordern.

Beim nächsten Versuch wählte Glenda eine größere Entfernung als diejenige, bei der Duke aggressiv geworden war. Sie führten die Übung einige Male in dieser Distanz durch und beobachteten, ob Duke entspannt blieb, sich abwendete, sich setzte oder hinlegte oder sich auf andere Weise sicher, neutral oder freundlich verhielt. Nachdem dies einige Male geklappt hatte, entschieden sie sich, die Distanz einen kleinen Schritt zu verringern. Diesmal funktionierte es prima und alle machten Pause. Duke ging mit Victor Gassi, bekam zu trinken und durfte eine Runde mit Victor spielen. Nachdem Duke versorgt war, setzten sich Glenda und Victor mit einem nicht alkoholischen Getränk nach draußen, um den Fortschritt zu besprechen. (Beim Training mit aggressiven Hunden Alkohol zu trinken ist das Gleiche wie Trinken und Autofahren. Tun Sie es nicht!)

Nach einer halben Stunde setzten sie das Training fort, indem sie die vorigen Schritte wiederholten und Duke oft Erfolg haben ließen. Dann beendeten sie ihren Trainingstag und verabredeten einen neuen Termin für die kommende Woche.

Hundewiesen

Ich mache hier einen Abstecher an einen Ort, der regelmäßig mit Hundeaggressionen in Verbindung gebracht wird. An anderer Stelle habe ich bereits über einen Hund berichtet, der aggressiv wurde, nachdem er im Park auf der Hundewiese von zwei Hunden angegriffen wurde, und von nun an dort immer zu anderen Hunden aufdringlich und knurrig war. Dem Besitzer habe ich geraten: „Gehen Sie nie wieder mit Ihrem Hund in einen Hundepark." Ich habe nicht gesagt, kein Hund solle jemals auf irgendeine Hundewiese gehen, sondern dieser Hund solle nie wieder auf eine Hundewiese gehen. Dieser Hund hatte so schlechte Erfahrungen gemacht, dass jeder Besuch für ihn eine Qual war und seine Überzeugung, andere Hunde seien gefährlich, weiter stärkte. Es gab keine Möglichkeit zum Aggressionstraining im Hundepark, wo das Verhalten der anderen Hunde reine Glücksache ist. Es war nicht sicher und die Wahrscheinlichkeit groß, das Verhalten des Hundes weiter zu verschlechtern.

Hundewiesen können ein Riesenspaß sein, aber sie können auch gefährlich und ein Ort hoher Stressbelastung für Ihren Hund sein. Auf Hundewiesen begegnen Sie oft Hunden, die übererregt und zu schlecht erzogen sind, um sich dort aufhalten zu dürfen. Fakt ist, dass viele Hunde keine Hundefreunde brauchen. Einige profitieren von Hundefreunden, aber diese Hunde haben normalerweise keine Aggressionsprobleme mit anderen Hunden. Hunde brauchen es, dass ihre Besitzer sie vor Situationen schützen, die sie überfordern. Das soziale Leben, das Ihr Hund mit Ihnen führt, ist das soziale Leben, das für ihn wichtig ist. Ihn auf eine Hundewiese zu bringen, ist nicht immer in seinem Interesse. Ich rate Ihnen, eine Hundewiese nur dann zu betreten, wenn sich dort wenige Hunde aufhalten (nicht mehr als drei oder vier) und wenn die Besitzer ihre Hunde aktiv kontrollieren. Wenn einer der Hunde ein Schockhalsband trägt oder sich wie ein Rüpel benimmt, leinen Sie Ihren Hund an und gehen Sie. Wenn Ihr Hund der Rüpel ist, leinen Sie ihn erst recht an und gehen Sie! Mein Hund hat einmal einen Mann, den er gerade getroffen hatte, vor dessen eigenem, sechs Monate alten Golden Retriever-Welpen beschützen wollen! Es war furchtbar peinlich und ich habe mich schnell entschuldigt und bin gegangen. So sollte mein Hund sich nicht verhalten. Es ist nichts, wofür man sich schämen muss, obwohl es im Moment peinlich sein kann. Entschuldigen Sie sich einfach, wenn nötig, und gehen Sie.

Jede Woche wiederholten sie die Prozedur. Nach einigen Sitzungen konnte Glenda Duke so nahe kommen, dass sie ihn fast hätte berühren können. Also entschlossen sie sich dazu, das Training auf die Straße zu verlegen. Victor löste Dukes Leine vom Haken. Glenda ging zur Haustür hinaus. Victor und Duke folgten Glenda in sehr sicherer Entfernung. Draußen gingen sie auf dem Bürgersteig auf und ab, immer mit einigen Metern Abstand zu Glenda. Von Zeit zu Zeit, wenn Duke sich sehr gut benahm, kehrte Glenda um und entfernte sich von Duke und Victor. Dann setzten sie ihren Spaziergang fort. Manchmal ging Glenda vor, manchmal neben und manchmal hinter den beiden.

Mit fortschreitendem Training interessierte sich Duke immer mehr für Glenda. Er streckte den Hals und schüffelte in ihre Richtung und ging ein paar Schritte auf sie zu. Glenda näherte sich Duke aber nicht. Sie ließ ihn in ihre Richtung schnuppern, während Victor die Leine kontrollierte, ohne fest zu ziehen (viele Hunde haben gelernt, sich aggressiv zu verhalten, wenn sie an der Leine gezogen werden. Victor hielt die Leine nur genug unter Spannung, um Duke schnell kontrollieren zu können, sollte dieser plötzlich losstürmen).

Sie wiederholten dies einige Male, bevor sie entschieden, dass Duke bereit war, an Glendas Hand zu schnuppern und dass Glenda bereit war, dies zuzulassen. Duke berührte ihre Hand mit seiner Nase, leckte vorsichtig und ging zurück. Glenda entfernte sich und sie beendeten das Training für diesen Tag mit einem positiven Ergebnis.

Wäre es Victor und Glenda möglich gewesen, ganztägige Sitzungen durchzuführen, hätten sie vermutlich schnellere Fortschritte gemacht. Beide waren aber vollzeitbeschäftigt und hatten noch andere Verpflichtungen, die dies verhinderten. Manchmal mussten sie zu Beginn einer neuen Sitzung ein paar Schritte zurückgehen und durften nicht zuviel von Duke erwarten. Einige Wochen konnten sie genau dort weitermachen, wo sie vorher aufgehört hatten, zu anderen Zeiten mussten sie Rückschritte hinnehmen. Sie wussten, dass sie nicht mehr von Duke erwarten durften, als er ihnen freiwillig anbot, also wählten sie ihre Startpunkte vorsichtig.

Nach einigen Wochen näherte Duke sich Glenda an und erlaubte ihr, ihn zu streicheln. Manchmal legte er sich sogar neben sie, während Victor und Glenda sich unterhielten. Victor hatte viele Freunde und konnte einige motivieren, die gleiche Prozedur mit Duke durchzuführen wie Glenda. Jedesmal funktionierte die Prozedur ein bisschen besser und schneller und Duke begann zu verstehen, dass Victors Freunde keine Bedrohung für ihn darstellten.

Bis zu Dukes Lebensende blieb Victor wachsam, wenn Besuch kam, sogar nachdem Dukes Verhalten sich sehr gebessert hatte. Duke wurde oft mit einem Kauspielzeug neben seinem Hundebett angeleint, damit Victor sich um seinen Besuch kümmern konnte oder mit einem Freund fernsehen, ohne sich hundertprozentig auf Duke konzentrieren zu müssen. Manchmal wurde Duke auch in einem separaten Raum in seine Box gebracht, um sich dort zu entspannen. Victor handelte nie auf diese Weise, um Duke zu bestrafen, sondern um Besuch von Gästen stressfreier zu gestalten.

Mit der Zeit wurde Duke gegenüber Besuchern viel gelassener. Victor forderte seine Gäste auf, Leckerchen in Dukes Nähe fallenzulassen, sich aber niemals offen mit ihm zu befassen. Er blieb Dukes Schutzpatron und untersagte Besuchern, sich über Duke zu beugen, ihn zu knuddeln oder irgendetwas anderes zu tun, das Duke überfordern und ihn zu einer Rückkehr zur Aggression veranlassen könnte.

Aggressionen gegenüber anderen Hunden

Hunde verhalten sich häufig aggressiv, wenn sie fremde Hunde sehen. Viele Hunde haben nur wenig Erfahrung mit anderen Hunden, weshalb ihr Stress in deren Gegenwart steigt. Manchmal mögen Hunde bestimmte Artgenossen, andere dagegen nicht. Und manchmal mögen Hunde andere Hunde aus irgendeinem Grund nicht, den wir niemals ganz verstehen werden. Wenn es das Ziel des aggressiven Verhaltens ist, den anderen Hund zu vertreiben, können wir ihm mit der CAT-Prozedur helfen, sich in Gegenwart anderer Hunde sicher zu verhalten.

Lillies Hund Beau bellte auf Spaziergängen andere Hunde an der Leine bösartig an. Lillie fand einen Freund mit einer sehr lieben Hündin als Helfer für ihre Arbeit mit Beau. Vor der ersten Sitzung sicherte Lillie Beaus Leine an seinem Geschirr und Halsband und überzeugte sich, dass sie ihn zuverlässig zurückhalten konnte, wenn er losstürzen wollte.

Lillie ließ ihren Freund John mit seiner Hündin Belle an einer entfernten Straßenecke stehen, bevor sie mit Beau aus der Haustür ging. Wenn Beau sich beim Anblick von Belle aggressiv verhielt, blieb Lillie sofort still stehen und wartete, bis Beau ein neutrales oder alternatives Verhalten zeigte. Sie rief John auf dem Handy an und bat ihn, zu bleiben, wo er war, während sie und Beau weiter weggingen. Einige Male verlangsamte sie ihr Tempo, kehrte mit

Beau um und ging einige Schritte auf John und Belle zu. Niemals zog sie Beau oder zwang ihn, sondern sie lud ihn einfach ein, ein paar Schritte mit ihr in die andere Richtung zu gehen. Wenn Beau von Belle weit genug entfernt war, um keine Aggression zu zeigen, ließ Lillie John in gemäßigtem Tempo in die Gegenrichtung gehen. Nun liefen alle in die gleiche Richtung – John und Belle voraus. Sie blieben etwa einen Häuserblock vor Beau und Lillie und reduzierten allmählich die Distanz. Beau sollte Belle beim Gehen sehen können, um zu merken, dass sie keine Gefahr darstellte.

Im Verlauf des Trainings wurde Lillie ein wenig schneller und John ein wenig langsamer, wodurch sich die Hunde etwas näher kamen. Wenn sie an einen Punkt kamen, an dem Beau einfror, knurrte oder auf eine andere Art seine Beunruhigung über die vor ihm gehende Belle zeigte, verlangsamte Lillie das Tempo, bis er sich wieder sicherer verhielt. Solange Beau nicht versuchte, auf das Duo vor ihm loszugehen, erlaubte ihm Lillie jedes Verhalten, das sicher oder neutral war. Wenn er sich wegdrehte – super! Lillie drehte sich auch weg und sie gingen in die andere Richtung weiter. Wenn Beau starrte, wartete Lillie, bis er damit aufhörte und folgte dann wieder Belle in größerem Abstand oder sie blieb mit Beau stehen, während John und Belle weitergingen und so den Abstand vergrößerten. Lillie zwang Beau niemals zu irgendetwas, außer, um eine gefährliche Situation zu durchbrechen. Beau lernte, dass er wirksame und nicht aggressive Wahlmöglichkeiten hatte und dass sein sicheres Verhalten weder Bestrafung noch Korrekturen oder Schmerzen auslöste.

Sie sehen, dass sich dieses Szenario etwas von den ersten beiden unterscheidet, und das aus gutem Grund. Wir wollen Beau vermitteln, dass eine gute Wahl seinerseits mit einer größeren Distanz zwischen sich und dem anderen Hund belohnt wird. Während Amos Magpies besseres Verhalten belohnen konnte, indem er von der Couch wegging, hatte Magpie wenig Bewegungsspielraum. Daher zeigte Amos ihr, dass sie die Situation auf eine für sie lohnenswerte Weise kontrollieren konnte, indem sie sich freundlicher verhielt. Aber Amos war derjenige, der wegging. Wenn wir mit unseren Hunden auf der Straße gehen, können wir nicht kontrollieren, was andere Leute mit ihren Hunden tun. Wir können nicht erwarten, dass Fremde weggehen, wenn unser Hund lieb ist. Sie erwarten viel eher, dass wir unseren Hund für aggressives Verhalten bestrafen, auch wenn wir wissen, dass Bestrafung das Verhalten schnell verschlimmern kann.

Wenn Beau einsieht, den anderen Hund nicht vertreiben zu können und stattdessen selbst weggeht, warum sollten wir darüber streiten? Lassen Sie ihn! Gehen Sie mit ihm! Ihr Spaziergang muss nicht schnurgerade sein und immer in die gleiche Richtung führen. Ihr Hund soll lernen, dass Aggression nicht die einzige Möglichkeit ist, um Erleichterung von anderen Hunden zu finden, die ihm Unbehagen bereiten. Die andere Backe hinzuhalten, funktioniert auch. Wenn Sie mit einem Helfer und seinem Hund arbeiten, können Sie die Situation neu starten, um ihrem Hund zu zeigen, dass es immer wieder funktioniert, an diesem Ort und auch in der Dämmerung oder in der Mittagszeit. Der Vorteil an der Arbeit mit einem Freund und einem lieben Hund ist, dass

Sie bestimmte Situationen, die Sie üben müssen, nachstellen können bis Ihr Hund merkt, dass alles gut ist. Das ist sehr hilfreich.

Sie können auch formalere Trainingsszenarien mit Ihrem Freund und seinem Hund und später mit anderen Hunden, aufbauen, die den Prozess beschleunigen. Lillie und Beau können an einer bestimmten Stelle stehen, während sich John und Belle aus großer Entfernung nähern. Diese werden sich wie Glenda in der Konfiguration mit Victor und Duke verhalten und ein kleines bisschen näher kommen. Wenn Beau lieb ist, werden sie ihn durch Vergrößerung der Distanz belohnen. Lillie wird Beau beim Weggehen der beiden zusehen lassen, weil das eine riesige Belohnung für ihn ist und ihn dabei nicht durch Rufen oder Ansprechen ablenken. Wenn er sich ihr zuwendet, kann sie ruhig mit ihm sprechen oder ihn kurz streicheln. Sie erinnern sich: Sie belohnt sein sicheres, freundliches oder neutrales Verhalten; sie zwingt ihm nicht ihre Wünsche auf. John und Belle werden allmählich näherkommen und immer wieder weggehen. Wenn Beau aggressiv reagiert, werden John und Belle mit dem Fortgehen warten, bis er etwas Sicheres oder Neutrales tut. Während der ganzen Zeit bekommt Belle von John Streicheleinheiten, Leckerchen und Bestätigung, besonders, wenn Beau grimmig ist. Wenn Beau mit Lillie interagiert, wird er auch gestreichelt und beruhigt. Er bekommt aber keine Leckerchen, denn wir wollen ihm beibringen, wie er andere Hunde durch freundliches Verhalten vertreiben kann. Wenn er Belohnungen liebt, kann er nach dem Training eine Menge Leckerchen und Streicheleinheiten für einfache Tricks bekommen oder dafür, dass er friedlich in seinem Bett oder neben Lillie liegt.

Leckerchen sind eine großartige Trainingshilfe, aber für den Moment wollen wir dem Hund zeigen, was ihm seine Umwelt sonst noch geben kann.

Dies waren nur ein paar Beispiele dafür, wie Sie mit der Hilfe von Freunden eine Trainingssitzung für Ihren Hund aufbauen können und wie Sie die Umgebung, in der sich die Aggression normalerweise ereignet, kreativ nutzen können. Falls Sie an irgendeinem Punkt unsicher sind, machen Sie eine Pause und überdenken Sie das Ganze noch einmal. Gehen Sie nicht das Risiko ein, Ihren Hund stärker zu belasten, als er aushalten kann.

9 Sicherheit und Management

Beim Schreiben dieses Buches wurde ich während einer CAT-Prozedur von einem Hund gebissen. Es war das zweite Mal innerhalb von zwölf Jahren Arbeit mit CAT. Der erste Biss hatte sich vor vielen Jahren ereignet: Ich hatte mit einem der beiden Besitzer gesprochen und dem anderen, der den Hund an der Leine führte, nicht genug Aufmerksamkeit gewidmet. Seit damals bin ich sehr vorsichtig geworden und habe mich immer vor Beginn des Trainings vergewissert, in einer sehr sicheren Umgebung zu arbeiten. Der erste Biss hatte ein Hämatom verursacht, aber keine Verletzung der Haut, weil ich ein dickes Sweatshirt trug. Ich musste den Verlust eines Lieblingsshirts beklagen, hatte aber nur einen blauen Fleck. Ich war noch gut davongekommen.

Der letzte Biss betraf meinen nackten Unterarm und führte zum Notarzt, Antibiotika, einem schweren Bluterguss, einigen tiefen Schrammen von den Zähnen, einer tiefen Wunde und einer Narbe. Ich wurde geröntgt, um sicher zu sein, dass sich keine Zahnfragmente in der Wunde befanden und der Zahn meinen Knochen nicht verletzt hatte. Eine Krankenschwester reinigte meine Wunden gründlich. Es wurde nichts genäht, weil der Arzt nicht klaffende Bisswunden lieber offen lässt, damit die aus dem Hundemaul stammenden Keime ausgeschwemmt werden. Am Tag des Bisses blutete die Wunde ziemlich stark und nässte danach noch einige Tage und ich bekam ein starkes Schmerzmittel. Ich war heilfroh, dass es nicht mein Gesicht erwischt hatte.

Es ist absolut wichtig, sich darüber im Klaren zu sein: Die Arbeit mit einem aggressiven Hund stellt immer ein Risiko dar. Auch wenn Ihr Hund noch nie jemanden gebissen hat, gibt es immer ein erstes Mal. Ich wurde nur zwei Mal gebissen, obwohl es oft knapp davor war. Ich kenne Trainer, die viel öfter gebissen wurden - und die meisten Trainer, die mit aggressiven Hunden arbeiten, werden irgendwann gebissen. Auch wenn die Arbeit an der Aggression ein Risiko birgt, möchte ich Folgendes betonen: Wenn ein Trainer andauernd gebissen wird oder mit seinen Narben wie mit Auszeichnungen prahlt, suchen Sie sich lieber einen anderen. Egal ob Verhaltensexperte oder Hundebesitzer – die größte Auszeichnung ist, wenn Sie niemals von einem Hund gebissen wurden. Wenn Sie oder irgendjemand von Ihrem Hund gebissen wurde, sehen Sie es als Chance, zu lernen und zu planen. Ein Trainer oder Hundebesitzer, der oft gebissen wird, ergreift nicht die notwendigen Vorsichtsmaßnahmen zur Gefahrenminimierung und setzt Menschen und den Hund einem großen Risiko aus. Diese Person wird den Hund möglicherweise auch härter behandeln, als er aushalten kann, während er neues Verhalten lernt.

Natürlich besteht bei einem aggressiven Hund immer das Risiko eines Bisses. Die betroffene Person wird vielleicht bluten, Schmerzen erleiden und immer eine gewisse Angst mit sich herumtragen. In seltenen Fällen wird ein Mensch, der mit einem aggressiven Hund arbeitet, sogar getötet - das größte Risiko hierfür besteht bei Kindern und Älteren. Es ist normalerweise ein Familienhund, der jemanden beißt; Familienmitglieder oder andere Personen, die den Hund kennen, sind die wahrscheinlichsten Opfer, obwohl Hunde auch Fremde beißen.

Es fällt mir sehr schwer, darauf hinzuweisen, wieviel Schaden ein Hund anrichten kann, während ich an einem Buch über die Behandlung von Hundeaggressionen schreibe. Aber es ist eine Tatsache, dass die Gefahren real und schwerwiegend sind, und ich möchte sie nicht verschweigen, nur weil es unbequem ist, darüber zu sprechen. Es ist realistisch. Und es sind nicht nur große Hunde oder in unserer Gesellschaft stigmatisierte Rassen wie Pit Bulls oder Rottweiler, die beißen. Tatsächlich werden häufig Pit Bulls für Zwischenfälle verantwortlich gemacht, an denen Mischlinge oder Hunde unbekannter Rasse beteiligt waren. In den Medien war es immer ein Pit Bull, wenn der Hund die Größe eines Pit Bulls hatte oder seine Farbe (d. h. jede Farbe), kurzes Fell und vielleicht einen kantigen Kopf. Aber ich muss Ihnen leider sagen, dass auch kleine Dackel oder Zwergspitze schon Kinder getötet haben. Der beliebte Golden Retriever und sein Vetter, der Labrador, haben Menschen getötet. Gleichzeitig waren einige der nettesten Hunde, die ich je kennengelernt habe, Pit Bulls. Nur, weil ein Hund die Fähigkeit hat, Schaden anzurichten, heißt das nicht, dass er dies auch tun wird.

Die Vorgeschichte des Hundes

Wenn Sie überlegen, ob Sie mit Ihrem eigenen aggressiven Hund trainieren wollen, müssen Sie immer seine Vorgeschichte berücksichtigen. Wie haben Sie die Fragen im vorigen Kapitel beantwortet? Hat Ihr Hund jemals zuvor gebissen? Wie schwer war der Biss? Wurde er jemals zum Beißen abgerichtet?

Der zweite Hund, der mich gebissen war, war ein Deutscher Schäferhund, der als Junghund aus Deutschland in die Vereinigten Staaten importiert worden war. Er war in Deutschland kurze Zeit als Schutzhund trainiert worden. Nach den

Regeln der amerikanischen Schutzhundvereine dient dieser Hundesport der „Bewertung des Temperaments, des Charakters, der Trainierbarkeit und der mentalen und körperlichen Gesundheit“ des Deutschen Schäferhundes. (Auch andere Rassen können eine Schutzhundausbildung absolvieren, aber sie wurde ursprünglich für Deutsche Schäferhunde entwickelt.) Die Schutz-Komponente des

Zur Schutzhundausbildung gehört auch das Beißen. Die Trainer tragen Beißärmel und andere Schutzausrüstungen.

Trainings wird als notwendig erachtet, damit der Hund lernt, gefährliche Personen von ungefährlichen zu unterscheiden. Obwohl viele Hunde bis zu einer solchen Impulskontrolle trainiert werden können, dass sie niemals jemanden verletzen, bin ich absolut dagegen, dass irgendein Hund – Schutzhundrasse oder nicht – nach eigenem Gutdünken beurteilen darf, wer gefährlich ist, und dann darüber entscheidet, was zu tun ist. Sie sind derjenige, der die Verantwortung zu tragen hat.

Nachdem der Deutsche Schäferhund mich gebissen hatte, habe ich viel Zeit damit verbracht, zu überlegen, was ich falsch gemacht habe. Ich nehme immer die Schuld auf mich, wenn eine Sitzung nicht erfolgreich ist. Was habe ich unterlassen? Was habe ich anders gemacht als sonst? Was kann ich das nächste Mal anders machen? Wenn eine Person in der Trainingssituation gebissen wird, geschieht dies

Geschützter Kontakt

Ich möchte Ihnen unbedingt zu extremer Vorsicht raten, wenn Sie mit einem Hund arbeiten, der irgendeine Art von Schutzhundtraining absolviert hat. Arbeiten Sie nicht alleine: Tun Sie sich mit einem Trainer zusammen, der in der Anwendung moderner positiver Methoden zur Aggressionsbehandlung erfahren ist. Arbeiten Sie mit dem Hund nicht ohne Maulkorb. Wenden Sie beim Training eines Hundes mit einer Schutzhund-Vorgeschichte die Methode des geschützten Kontaktes an, die in Zoos bei potenziell gefährlichen Tieren praktiziert wird. Hierbei befindet sich das Tier auf der einen Seite einer für die Spezies geeigneten Barriere und der Trainer und alle sonstigen Personen auf der anderen Seite. Die Barriere muss robust, sicher und hoch genug sein, damit der Hund sie nicht überwinden kann. Bei der Arbeit mit einem kleineren Hund gibt es viele Möglichkeiten für einen geschützten Kontakt, um den Hund davon abzuhalten, jemanden während des Trainings zu verletzen. Leinen, ein aufstellbarer Welpenauslauf oder ein Babygitter können ausreichend sein. Wenn Sie mit einem großen, starken Hund arbeiten, sind Ihre Optionen eingeschränkter. Ein Ein-Kilo-Chihuahua kann an seinem Geschirr an einem Stuhlbein angeleint werden. Für einen Achtzig-Kilo-Mastiff mit Aggressionen kann ein massiv gebauter Zaun notwendig sein. Ist der Hund ein Entfesselungskünstler, wird ein Maschendrahtzaun nicht funktionieren. In manchen Fällen muss der Hund angeleint werden, aber die Leine muss von jemandem gehalten werden, der stark genug ist, um den Hund zu kontrollieren, und nicht loslässt. Andernfalls müssen Sie den Hund an einem festen Objekt anleinen, das er auch dann nicht umreißen kann, wenn er mit voller Kraft losstürmen will.

normalerweise, weil sie irgendein Ereignis nicht verstanden, die Schutzmaßnahmen vernachlässigt oder den Biss unabsichtlich provoziert hat. Ich versichere Ihnen, dass ich nicht absichtlich einen Biss provoziert habe und dass ich auf das Training eingestimmt war.

Ich möchte noch einmal klarstellen: Ich war über die Vorgeschichte des Deutschen Schäferhundes vollständig informiert und halte sowohl die Trainerin als auch den Besitzer des Hundes für verantwortungsbewusst und zuverlässig. Jedoch war das Verhalten des Hundes weder zuverlässig noch gleichbleibend. Ich hatte erst einmal zuvor mit ihm gearbeitet und das Training hatte an diesem Tag wunderbar geklappt: Vor dem Ende der kurzen Sitzung war er zu mir gekommen und hatte meine Hand geleckt und liebkost. Als ich ihn zum zweiten Mal sah, schien es nach einer Stunde Arbeit, als würde er zu mir kommen, um mich zu begrüßen. Seine Körpersprache war locker, aber dann straffte er sich plötzlich und biss in meinen Arm, als würde ich einen Beißarm tragen. Weder der Besitzer noch ich hatten das kommen

Kleine Hunde können schwere Bisse zufügen, sind aber wegen ihrer geringen Größe im Allgemeinen leichter zu handhaben. Das heißt aber nicht, dass wir ihr Verhalten ungestraft ignorieren könen.

sehen. Die Trainerin hielt die Leine des Hundes und zog ihn sofort zurück, obwohl sie nicht klar sehen konnte, was passiert war. Ohne die Leine und die schnelle Reaktion der Trainerin wäre der Biss viel schwerer ausgefallen. Als man mich nach dem Zwischenfall verband, sagte ich mehrmals: „Ich habe seine Körpersprache nicht richtig interpretiert. Ich habe etwas übersehen." Der Besitzer betonte: „Ich habe das nicht kommen sehen. Er schien gut drauf zu sein." Es war der klassische Fall: „Alles war gut, bis es nicht mehr gut war."

Nach vielem Überlegen glaube ich nun, dass ich den Hund unabsichtlich dazu aufgefordert habe, mich zu beißen, indem ich meinen Unterarm parallel zum Boden ausstreckte. Ich bin keine Schutzhund-Trainerin und kenne die Praktiken dieses Sports nicht. Aber aus Gesprächen mit mehreren Trainern habe ich erfahren, dass ein Schutzhund nur in den Beißärmel und nur auf Kommando beißen soll. Ich habe aber von einigen Hunden gehört und gelesen, dass sie sich nicht für den Beißärmel interessieren und stattdessen die Person attackieren. Es ist möglich, dass ich den Hund unabsichtlich zum Beißen aufgefordert habe, weil ich nicht wusste, dass die Bewegung meines Arms ein Beißsignal sein kann; dass der Hund aber darauf abgerichtet war, den Biss nur an einem Beißärmel zu halten. Hunde reagieren nicht immer auf die beabsichtigten Kommandos; sie stellen andere Verknüpfungen her und reagieren auf andere Dinge in der Umgebung, auch auf solche, die sich zufällig oder gleichzeitig ereignen.

Das Verhalten dieses Schäferhundes hatte mit seiner eigenen, individuellen Trainingsvorgeschichte zu tun. Er hatte vor mir andere Menschen gebissen und ich vermute, dass einige seiner vorhergehenden Beißangriffe Distanzierungsbisse waren. Mit anderen Worten war es sein Ziel, eine Person zu überwältigen oder zu verjagen. Das ist vermutlich auch der Grund, warum die CAT-Prozedur beim ersten Mal gut funktioniert hat. Aber er hatte noch andere Dinge gelernt, die nur schwer zu entwirren sind. Er war aus dem Schutzhundtraining genommen worden, bevor ich ihm begegnete, weil er nicht über die gewünschten Qualitäten verfügte. Noch einmal mochte ich Ihnen dringend empfehlen, CAT nicht mit einem

Hund durchzuführen, der für irgendeine Beißaufgabe trainiert wurde. Die Kommandos oder Signale des Hundes können nicht klar genug sein, um herauszufinden, was er mit seinem Verhalten erreichen möchte.

Vorbereitung der Sicherheitsmaßnahmen

Während Sie noch überlegen, ob Sie mit Ihrem Hund das CAT-Training aufnehmen wollen, lassen Sie uns darüber sprechen, welche Sicherheitsmaßnahmen Sie für sich, Ihren Hund, die Menschen, die Helfer und Tiere, vor denen Ihr Hund Ruhe haben möchte, ergreifen müssen.

Als Allererstes üben Sie mit Ihrem Hund, einen Maulkorb zu tragen, auch dann, wenn er noch nie jemanden gebissen hat. Ich habe oben das Video „Teaching a Dog to Wear a Muzzle" des Trainers Chirag Patel erwähnt. Suchen Sie es auf YouTube und schauen Sie es sich an (ungefähr 15 Mal!). Es ist ein ausgezeichnetes Tutorial, wie Sie Ihrem Hund beibringen können, entspannt den Maulkorb zu tragen. Ich empfehle Ihnen, einen Maulkorb zu kaufen, der ähnlich aussieht wie im Video. Wenn Sie ihn nicht vor Ort finden, können Sie ihn online kaufen. Dieser Maulkorb ermöglicht es Ihrem Hund, während des Tragens frei zu atmen, zu trinken und sogar Leckerchen zu fressen, aber er verhindert, dass er ernstlich jemanden verletzt- Es kann zu einigen Kratzern kommen, wenn der Hund Sie mit dem Maulkorb angreift, aber das ist doch viel besser, als wenn er Ihre Haut zwischen die Zähne bekommt.

Gelingt es Ihnen nicht, den Maulkorb anzulegen, bitten Sie einen Trainer, der mit positiver Verstärkung arbeitet. Sie werden es unter der Anleitung des Trainers lernen. Falls der Trainer das Video von Chirag Patel nicht kennt, zeigen Sie es ihm, damit er weiß, nach welcher Art Training Sie suchen.

Man sollte das Maulkorbtragen in einfachen Situationen üben, wenn gerade nichts Aufregendes passiert. Wenn Sie den Maulkorb unmittelbar vor einer Übungsstunde des Aggressionstrainings einführen oder bei einer Gelegenheit, bei der der Hund sich erfahrungsgemäß aggressiv verhalten wird, wird er den Maulkorb mit diesen Situationen assoziieren. Sie möchten einen Hund, der entspannt einen Maulkorb trägt, wenn er spazieren geht oder zum Tierarzt muss oder wenn Besuch kommt oder wenn Sie ihn einer unbekannten Situation aussetzen.

Als ich meine wunderbare Greyhound-Hündin Bravo adoptierte, bekam ich sie mit einem Maulkorb, weil alle von der Rennbahn ausge-

Zäune müssen für alle Hunde stabil, sicher und ausbruchsicher sein.

musterten Greyhounds mit einem Maulkorb abgegeben werden. Greyhounds haben einen ausgeprägten Beutetrieb und für viele ist das Jagen und Töten eine Belohnung. Daher bekam ich den Rat, sie den Maulkorb für mindestens zwei Wochen tragen zu lassen, bis wir einschätzen konnten, wie sie sich gegenüber meinen Katzen verhielt. Sie war niemals auch nur einen Augenblick aggressiv zu ihnen (und um ehrlich zu sein, hatte ich anfangs etwas Angst davor gehabt), aber es war ein guter Sicherheitstipp, den sich meine Familie zu Herzen genommen hat. Meine Hündin trug ihr ganzes Leben den Maulkorb gelegentlich in einigen Situationen. Sie war damit aus ihrer Rennlaufbahn vertraut und sträubte sich nie dagegen; es schien ihr nichts auszumachen. Wenn Sie Ihren Hund auf die richtige Weise trainieren, wird er den Maulkorb immer mit guten Erfahrungen verbinden. Sobald Ihr Hund Maulkorb-trainiert ist, legen Sie den Maulkorb nicht nur dann an, wenn es aus Sicherheitsgründen erforderlich ist, sondern zusätzlich zu anderen Zeiten, damit es für ihn etwas ganz Natürliches und Zufälliges wird.

Sie können draußen CAT mit einem Zaun zwischen Hund und Helferhund oder Menschen trainieren. Der Zaun muss stabil und sicher sein, damit der Hund nicht ausbrechen kann, indem er sich unter dem Zaun durchgräbt oder darüber springt oder ihn durchbricht. Wenn ein Tor eingefügt ist, sichern Sie es vor Trainingsbeginn mit einem Schloss.

Arbeiten Sie mit kleinen Hunden an der Leine. Die Leine sollte für die Größe des Hundes angemessen sein. Kaut der Hund auf der Leine herum und besteht die Gefahr, dass er sie durchbeißt, kann eine zweite Leine Sicherheit geben. Sie können auch den Anfang der Leine in der Nähe des Hundehalsbandes mit einem Stück PVC oder alten Gartenschlauch sichern.

Der Besitzer und die Helfer sollten zu Beginn des Trainings zunächst lange Hosen und flache, geschlossene Schuhe tragen. Das kann nicht ganz ideal sein, falls Sie einen Hund haben, der sich nur gegenüber Frauen mit Stöckelschuhen und Röcken aggressiv verhält, aber es besteht die Chance, dass es trotzdem klappt. Eventuell müssen die Helfer sich aber auch entsprechend der Kleidung der Leute anziehen, die den Hund aggressiv reagieren lassen, wenn es für den Hund einen Unterschied macht. Sie finden das heraus, indem Sie den Hund beobachten und sich die Frage stellen: „Ist der Hund aggressiv zu Personen, wenn sie diese Kleidung und nicht eine andere tragen?“ Wenn sich der Hund unabhängig von Kleidung aggressiv verhält, ist es kein Problem. In jedem Fall ziehe ich es für Anfänger vor, dass sie ihre Beine vor Bissen schützen. Eine Bedeckung der Arme ist ebenfalls hilfreich. Auch wenn es eigentlich zu warm ist, um eine Jacke oder ein Sweatshirt anzuziehen, schützt die Extrakleidung Ihre Arme.

In den Tierheimen, in denen ich gearbeitet habe, trugen wir gerne fingerlose Stulpen, die bis zu den Ellbogen oder etwas darüber reichten. Die Finger sind frei und können alle notwendigen Aufgaben verrichten, aber der Unterarm als der am häufigsten gebissene Körperteil ist bedeckt.

Denken Sie über alle Situationen nach, die sie auf der Basis Ihrer Verhaltensbeobachtungen managen müssen und werden Sie kreativ, um Sicherheits- und Managementtaktiken in Ihr Training einzugliedern. Wenn Sie im Laufe der Zeit die Probleme auf eine bestimmte Art und Weise erfolgreich lösen können, werden Sie die Umgebung noch einige Male verändern müssen. Ihr Hund soll lernen, dass er sein neues Verhalten unter allen Umständen erfolgreich anwenden kann.

10 Das Trainingsteam, die Hilfsmittel und der Ort

Wenn Sie entschieden haben, dass Sie willens und fähig sind, die CAT-Prozedur mit Ihrem Hund sicher durchzuführen, beginnen Sie mit der Planung und Vorbereitung.

Sie brauchen verlässliche Personen, die Ihnen beim Training helfen können. Ist Ihr Hund gegenüber anderen Hunden aggressiv, benötigen Sie einen zuverlässigen, ruhigen Hund mit einem kompetenten zuverlässigen Hundeführer. Neulich hat ein Trainer eine Katze als Helfer eingesetzt, weil der Hund aggressiv zu Katzen war. Aber es war eine ruhige Katze, die an Geschirr und Leine gewöhnt war. Auch wenn der Hund lautstark auf die Katze reagierte, hatte der Trainer nicht den Eindruck, dass sie Schaden nehmen würde. Er war sehr erfahren, aber diese Art von Training empfehle ich Ihnen als CAT-Anfänger definitiv nicht.

Sie werden unterschiedliche Hilfsmittel für die CAT-Prozedur benötigen und sollten wissen, wo Sie das Training durchführen können.

Die Helfer

Für die menschlichen und tierischen Helfer, die bei der Arbeit mit aggressiven Hunden die Personen und Tiere darstellen, auf welche der Hund aggressiv reagiert, werden verschiedenen Bezeichnungen verwendet. Es ist egal, wie Sie das Team (normalerweise einen Menschen und einen Hund) nennen, aber sie werden beim Erfahrungsaustausch mit anderen Trainern unterschiedliche Begriffe kennenlernen. Ich habe den Begriff *Köder* gehört und auch schon selbst verwendet. Auch habe ich sie schon Darsteller genannt, denn es ist ja grundsätzlich ihr Job, eine Rolle zu spielen. Auf manche Menschen schien das allerdings zu viel Druck auszuüben, so, als würden wir später einen Oscar oder einen anderen Preis verleihen. Das Letzte, was wir wollen, ist unnötiger Druck. Deshalb habe ich mich für den Begriff *Helfer* entschieden - er ist für Hundetrainer und Verhaltensexperten verständlich und verdeutlicht, dass die Person bei der Trainingsarbeit helfen soll, damit der Hund eine sichereres Verhalten lernt.

Menschliche Helfer müssen bereit sein, unter Ihrer Supervision zu arbeiten. Im Idealfall sollten sie mit Ihnen dieses Buch lesen und besprechen. Sowohl Sie als auch Ihre Helfer sollen die Körpersprache und das Verhalten des Hundes studieren und die zuvor beschriebenen Beobachtungsübungen durchführen. Sie müssen sich darauf verlassen können, dass sie Ihre Anweisungen befolgen und den Trainingsplan nicht eigenmächtig ändern, wenn kein unerwartetes Sicherheitsrisiko eintritt. Ihre Anweisungen nicht zu befolgen, kann in einem großen Chaos enden, das weder Ihrem Hund noch Ihnen hilft und sogar die Dinge verschlimmert. Menschliche Helfer sollten keine Angst vor Hunden haben, wohl aber einen gesunden Respekt vor dem möglichen Schaden, den Hunde jeglicher Größe anrichten können. Viele Leute sind davon überzeugt, dass Sie einen speziellen Draht zu Hunden haben und alle Hunde sie mögen. Das ist zu 100% falsch, egal, wer es sagt (und das sagen sehr viele Menschen!).

Die erste Tierschutzorganisation, für die ich gearbeitet habe, betrieb zwei Tierheime. Dort war es normalerweise so, dass die Hunde meistens die Verhaltensexperten lieber mochten als alle anderen Mitarbeitern der Organisation. Trotzdem wären die Verhaltensexperten niemals davon ausgegangen, dass diese Hunde sie niemals in einer überfordernden Situation beißen würden. Sie hatten gelernt, ihr eigenes Verhalten anzupassen, um den Stress für die Tiere zu minimieren. Wenn es angebracht war, verteilten sie Berge von Leckerchen. Die Tiere lernten, ihnen zu vertrauen, und das wirkte manchmal geradezu magisch. Aber es ist weder Magie noch ruhiges, selbstsicheres Verhalten oder irgendetwas Mystisches. Es ist Können.

Ist Ihr Hund aggressiv gegenüber allen Menschen außerhalb der eigenen Familie, müssen Sie nur jemanden finden, der vertrauenswürdig ist und gut Ihre Anweisun-

Wenn Männer mit Hüten der Trigger Ihres Hundes sind, sollte auch Ihr Helfer ein Mann mit Hut sein.

gen befolgt. Die Person muss außerdem die Fähigkeit besitzen, eine Weile ermüdungsfrei arbeiten zu können.

Viele Hunde picken sich sehr spezielle Menschen oder Tiere heraus, die sie nicht leiden können. Oft sind es Männer (tut mir leid, Jungs), aber es können auch Frauen oder Kinder sein. Es hört sich befremdlich an, aber ein Hund kann Hutträger hassen oder Menschen einer bestimmten Ethnie oder Behinderte, die sich anders bewegen, anhören oder handeln als die Personen, mit denen er vertraut ist und sich wohlfühlt. Es kann auch der eigene Besitzer sein, wenn er beispielsweise Skateboard fährt oder ein Kostüm trägt.

Mary, eine Hündin, mit der ich auf einem Seminar arbeitete, verhielt sich aggressiv gegenüber Menschen, die einen Rasenmäher benutzten. Sie mochte die Person nicht, während er oder sie den Rasen mähte und behielt ihren Groll gegen sie auch dann, wenn der Rasenmäher wieder weggeräumt worden war. Unsere CAT-Arbeit war hier sehr erfolgreich.

Einige Hunde sind aggressiv zu sehr speziellen Menschen in sehr speziellen Situationen. Andere Hunde reagieren auf Veränderungen. Manchmal lässt sich beobachten, dass sich Hunde anders verhalten, wenn Ihre Besitzer dicke Winterkleidung anziehen. Und sogar häufig kommt es vor, dass ein Hund ein Problem mit einem bestimmten Familienmitglied, aber mit niemandem sonst hat. Wir erhielten einmal einen Anruf von einem Mann, dessen Hund das Futter und das Hundebett vor ihm bewachte, während seine Frau alles mit dem Hund anstellen konnte, was sie wollte.

Wir haben schon weiter oben erwähnt, dass die Arbeit mit Kindern riskant ist. Weder ich noch mein Verleger dulden das Training mit Kindern ohne die Unterstützung eines Profis, für den die Interessen der Kinder absoluten Vorrang haben.

Es ist schwierig gute Helferhunde zu finden, weil Menschen mit lieben Hunden diese keinen riskanten Situationen aussetzen wollen. Oftmals nehmen Trainer ihre eigenen Hunde als Helfer, weil sie wissen, was sie tun und alle Sicherheitstricks in ihrem Maßnahmenkatalog beherrschen.

Als ersten Helferhund können Sie einen künstlichen Hund verwenden. Der amerikanische Spielzeughersteller Melissa & Doug® bietet fast lebensgroße, natürlich aussehende Stofftiere an. Obwohl sie als Spielzeug verkauft werden, sind es für mich Arbeitsgeräte. Ich empfehle, den Kunsthund wegzuräumen, wenn Sie ihn nicht benötigen, damit er ein nützliches Hilfsmittel für die Arbeit mit Ihrem Hund bleibt. Es gibt viele Rassen als Stofftier, vom Jack Russell Terrier bis zum Rottweiler. Ich habe am meisten Erfolg mit einem Husky. Viele Hunde verhalten sich bei ihm wie bei einem leben-

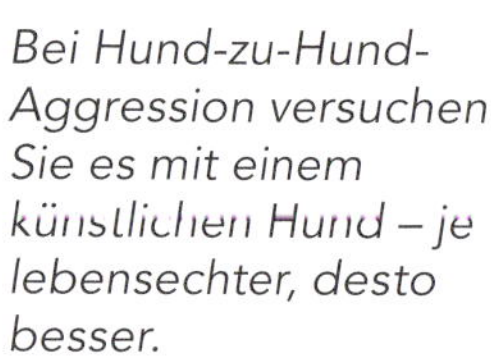

Bei Hund-zu-Hund-Aggression versuchen Sie es mit einem künstlichen Hund – je lebensechter, desto besser.

digen Hund. Oftmals bringt die Arbeit mit diesen künstlichen Hunden wichtige und interessante Erkenntnisse, die Ihnen dabei helfen, Ihre Trainingsumgebung einzurichten.

Der größte Vorteil der künstlichen Hunde ist, dass Sie ohne Verletzungsgefahr für andere Hunde eher beobachten können, wie sich Ihr Hund wahrscheinlich zu Artgenossen verhält. Sie haben dieses Verhalten vermutlich schon bei anderen Hundebegegnungen gesehen, aber in dem Moment, in dem Sie damit beschäftigt sind, die Reaktionen Ihres Hundes zu stoppen und für Sicherheit zu sorgen, können Sie ihn kaum genau beobachten. Früher stand ich den künstlichen Hunden sehr skeptisch gegenüber, aber ich habe meine Meinung geändert. Wir verwenden bei der Tierheimarbeit oft Stofftiere. Einige Hunde greifen diese an, geben nicht auf und verhalten sich wie bei einem echten Hundekampf oder einer Beute. Ich empfehle nicht, während des gesamten Trainings künstliche Hunde einzusetzen. Aber es ist eine gute Methode für den Start, um zu sehen, wie sich Ihr Hund unter verschiedenen Bedingungen verhält. Sie können mit ihrer Hilfe auch leicht den Trainingsabstand herausfinden und wie Sie sich am besten während der Arbeit bewegen, bevor Sie lebende Hunde ins Training einführen.

Helferhunde sind kostbar und Sie sollten sie gut behandeln. Der ideale Helferhund reagiert nicht aggressiv, wenn sich ein anderer Hund in seiner Gegenwart oder sogar ihm gegenüber aggressiv verhält. Dieser Hund wird ruhig bleiben, sich nach seinem Besitzer richten und nicht ängstlich sein. Idealerweise spricht er gut auf Leckerchen oder Streicheleinheiten an,

Achten Sie bei Ihrem Helferhund auf Angstsymptome.

damit er regelmäßig für seinen harten Job belohnt werden kann – und es ist kein Job, den der Hund für längere Zeit oder immer wieder verrichten kann oder sollte.

Es besteht die Gefahr, einen Helferhund zu ruinieren, indem Sie ihn davon überzeugen, dass die Welt voll von gefährlichen Hunden ist, die man besser verjagen sollte. Der Helferhund kann selbst als Kandidat für ein CAT-Training enden! Bei einem Helferhund, mit dem ich gearbeitet habe, ist das nie passiert. Aber es kann definitiv geschehen, wenn Sie nicht auf die Reaktionen des Helferhundes achten. Wenn der Helferhund beispielsweise Angstsymptome zeigt (sich duckt, zittert oder sich zu verstecken oder zu fliehen versucht), braucht er eine Pause oder einen Trainingsabbruch. Jeder Helferhund sollte nach einigen Sitzungen mit aggressiven Hunden aufhören, unabhängig davon, wie erfolgreich seine Arbeit war. Erinnern Sie sich an die Figur *Data* aus *Star Trek*? Dieser Android sah aus wie ein lebensechtes menschliches Wesen und ich habe oft gedacht, dass wir einen Hundeandroiden bräuchten. Er sollte ohne emotionale Rückwirkungen so reagieren, wie der echte Hund es braucht, um selbst reagieren zu können. Falls irgendjemand von Ihnen an solch einem Wesen arbeitet – ich hätte Interesse!

Manchmal verhält sich ein Helferhund zu Beginn einer Sitzung großartig, fängt dann aber an, aggressiv auf die Reaktionen des anderen Hundes zu reagieren. Sie müssen diesen Helferhund dann sofort herausnehmen, um sein eigenes Wohlergehen zu schützen und um einen realen Hundekampf während des Trainings zu vermeiden.

Beim Einsatz eines Helferhundes sollten Sie die Trainingssitzungen kurz halten, nicht länger als 45 Minuten bis höchstens eine Stunde. Einige Helferhunde brauchen sogar noch kürzere Sitzungen. Manchmal können mehrere sehr kurze Einheiten (15 Minuten) über den Tag verteilt werden, aber Sie werden dann mehr Sitzungen benötigen, um mit dem aggressiven Hund Fortschritte zu erzielen.

Belohnen Sie den Helferhund oft während und nach dem Training und sorgen Sie dafür, dass er immer Wasser zur Verfügung hat. Wenn mein Greyhound Bravo meine Helferin war, habe ich oft mit ihr nach dem Training zur Entspannung einen Spaziergang im Park gemacht oder habe sie mit anderen freundlichen Hunden spielen lassen.

Trainingshalsbänder für CAT

Ihr aggressiver Hund braucht ein geeignetes Halsband und andere Ausrüstung, damit Sie ihn kontrollieren und davor schützen können, sich oder andere in der Trainingsumgebung zu verletzen. Auch dann, wenn Ihr Hund noch nie jemand gebissen hat, ist dies erforderlich.

Das Kernstück der Ausrüstung ist ein gut passendes Halsband mit einem stabilen Verschluss (vorzugsweise aus Metall). Am besten sind Leder- oder Nylonhalsbänder. Ein gut sitzendes Halsband muss so eng sein, dass es nicht mehr über den Hundekopf gezogen werden kann. Viele Hunde versuchen, sich rückwärts aus dem Halsband zu ziehen, wenn sie angeleint sind, was ein großes Risiko für den Hund und für jeden birgt, gegen den sich die Aggression richtet. Manche Hunde laufen weg und lassen sich nur schwer einfangen, andere nutzen die Gelegenheit für einen Angriff. Beides ist nicht akzeptabel.

Besitzer eines Hundes, der normale Halsbänder leicht abstreift, nehmen gerne ein Halsband mit Zugstopp.

Können Sie kein Halsband mit einer Metallschließe finden, ist ein stabiler Kunststoffverschluss okay, aber testen Sie zwei Dinge, bevor Sie es Ihrem Hund anlegen: 1. Schließen Sie das Halsband und versuchen Sie, es mit beiden Händen mit aller Kraft auseinanderzuziehen. Benutzen Sie es nicht, wenn es dabei aufgeht. 2. Prüfen Sie bei einem verstellbaren Halsband, ob sich die Größe durch Zug ändert. Manche Halsbänder, besonders solche aus Baumwolle oder Stoff, halten den Umfang nicht und sollten nicht zum Training benutzt werden. Solch ein Band sitzt beim Trainingsbeginn gut, kann sich aber dehnen, wenn Ihr Hund zieht, bis er schließlich hinausschlüpft. Verwenden Sie kein Halsband, das die Größe nicht hält.

Ein Hund mit einem schmalen Kopf wie ein Greyhound, Afghane oder Collie oder ein Hund mit einem sehr dicken Kragen aus Fell oder einem muskulären Nacken kann sich sogar dann aus dem Halsband ziehen, wenn es richtig angepasst wurde. Langhaarcollies haben beides, einen schmalen Kopf und einen dicken Fellkragen, d. h. ihr Halsband muss besonders sorgfältig ausgesucht werden. Für Hunde, deren Hals genauso groß ist wie ihr Kopf oder größer, gibt es Würgehalsbänder oder Halsbänder mit Zugstopp. Nehmen Sie nur solche aus Nylon und nicht aus Metallketten. Diese Halsbänder werden enger, wenn der Hund zieht, aber Sie müssen sie so einstellen, dass sie den Hund nicht würgen. Lesen Sie die Hinweise für die richtige Einstellung sorgfältig.

Nicht anfassen!

Ein Zeichen am Hundehalsband ist eine gute Idee, wenn Sie mit Ihrem Hund draußen irgendwohin müssen, wo Sie ihn nicht vor anderen Hunden schützen können. Das Projekt „Gelber Hund" empfiehlt ein gelbes Band oder Halstuch für Hunde die „mehr Freiraum" brauchen; aber nicht jeder weiß, was das bedeutet. Ideal ist es, Ihren Hund in einem privaten Areal, wie einem eingezäunten Garten, üben und entspannen zu lassen, aber das ist nicht immer möglich. Leute, die in Wohnungen wohnen, müssen mit ihren Hunden mehrmals täglich nach draußen. Ein Warnsignal kann ihnen das Gassigehen erleichtern. Befestigen Sie einen Anhänger an der Leine oder ziehen Sie dem Hund eine Weste an mit dem Hinweis „Im Training: Bitte nicht anfassen!" Bezeichnen Sie ihn niemals als gefährlichen Hund, um nicht zum Ziel für Belästigungen zu werden. Auch sollten Sie immer Servicehunden ausweichen und nicht versuchen, an ihnen vorbeizugehen. Dies kann Menschen, die einen ausgebildeten Servicehund führen und ihn brauchen, um am öffentlichen Leben teilnehmen zu können, in große Schwierigkeiten bringen.

Ein Halsband mit Zugstopp hat einmal meine Greyhound-Hündin gerettet, als wir spazierengingen und ein altes Auto direkt neben ihr eine Fehlzündung hatte. Sie wäre aus dem Halsband geschlüpft und direkt in den Verkehr gerast, wenn es nicht korrekt angepasst gewesen wäre. So hatte ich zwar für ein paar Sekunden einen wirbelnden Derwisch an der Leine, aber sie war in Sicherheit und seither bin ich ein Fan dieser Halsbänder für manche Hunde.

Trotzdem ziehe ich für die meisten Hunde ein Geschirr vor, und der Zwischenfall mit meinem Greyhound war für mich der Auslöser, auf ein Geschirr zu wechseln. Es gibt verschiedene Modelle; nehmen Sie das, das am besten zur Körperform Ihres Hundes passt. Für schlanke Hunde mit tiefem Brustkorb eignet sich ein einfaches H-förmiges Geschirr gut. Für zerrende Hunde gibt es eine Reihe von Modellen, die das Ziehen verhindern sollen. Im Idealfall sollten Sie das Geschirr routinemäßig anlegen und nicht nur während des CAT-Trainings. Wir wollen den Hund nicht auf die Idee bringen, dass das Geschirr bedeutet, dass gleich etwas Komisches passieren wird. Dies können wir vermeiden, indem wir das Geschirr zu unterschiedlichen Zeitpunkten benutzen. Ich bevorzuge das Geschirr gegenüber dem Halsband, denn Sie können noch so vorsichtig sein: Sie werden nicht verhindern können, dass irgendetwas Ihren Hund unabsichtlich überfordert oder ein unvorhersehbares Ereignis geschieht. Für viele Hunde ist es schwierig, sich aus einem Geschirr zu befreien, aber manche können es doch. Bei diesen Hunden empfiehlt es sich, zur doppelten Sicherheit die Leine mittels eines Verbindungsstücks so-

Bei Kopfhalftern gibt es einige Besonderheiten zu beachten, besonders bei aggressiven Hunden.

wohl mit dem Geschirr als auch mit dem Halsband zu koppeln.

Ich bin kein großer Fan von Kopfhalftern für aggressive Hunde, außer gelegentlich für solche Hunde, die schon daran gewöhnt sind. Ich habe aggressive Hunde gesehen, die losstürmen und sich mit ihrem ganzen Gewicht in das Halfter werfen und dabei ihren Nacken verdrehen. Der Hund kann sich auf diese Weise schwer verletzen (und ich kenne einige, bei denen das passiert ist). Außerdem kann das plötzliche Herumwirbeln des Hundes, wenn er losstürmt, die ganze Situation noch verschärfen. Das ist nicht unser Ziel, denn wir wollen dem Hund zeigen, dass er sich nicht aufregen muss. Wenn der Hund jedoch mit einem Halfter entspannt ist und es auch außerhalb des Trainings und nach den Trainingsstunden trägt, können Sie es verwenden. Aber befestigen Sie Ihre Leine eher am Halsband als am Halfter. Benutzen Sie kein Halfter, das sehr eng am Kiefergelenk anliegt, um korrekt zu sitzen, denn das kann den Stress des Hundes vergrößern. Eine weitere Herausforderung beim Halfter ist, dass sich manche Hunde daraus befreien. Hier ist die Lösung, es korrekt anzupassen und über einen Nylonriemen mit Clip mit dem Halsband oder Geschirr zu verbinden. Schauen Sie im Zoohandel oder online nach.

Stachelhalsbänder, Schockhalsbänder und Schlupfleinen sind *absolut inakzep-*

Schon gewusst?

Wenn Sie in kürzeren Sitzungen trainieren, ist es oft nötig, zu Beginn der Stunde die letzten Trainingsschritte der vorigen Sitzung zu wiederholen und sich wieder bis zum Fortschritt dieser Sitzung vorzuarbeiten. Das ist kein Weltuntergang und weniger frustrierend für Sie, wenn Sie wissen, dass es einfach vorkommen kann. Der Hund bekommt dadurch eine zusätzliche Chance zum Üben, und das ist doch letztlich gut.

Modifizieren Sie das Training nach Bedarf, wenn Ihr Hund stark zieht.

tabel für unsere Arbeit. Sie verursachen Schmerzen und Unbehagen und wir wollen keine Verknüpfung zwischen einem bedrohlichen Menschen oder Hund und einer unangenehmen Erfahrung durch das Halsband verstärken. Man wird Ihnen vielleicht erzählen, dass diese Halsbänder keine Unannehmlichkeiten verursachen, wenn sie richtig angewendet werden. Aber das stimmt nicht, denn es ist der Grund, warum sie bei Trainingsmethoden eingesetzt werden, die auf Bestrafung basieren.

Schon gewusst?

Ein Hund kann herausfinden, dass Sie das Training abkürzen, wenn er zu schlafen versucht. Ich habe einige Hunde gekannt, die gelernt hatten, sich sofort hinzulegen und schlafend zu stellen, wenn es mit dem CAT-Training losgehen sollte – sogar, bevor wir mit der eigentlichen Arbeit angefangen hatten.

Wenn Sie bereits eins dieser Halsbänder verwenden, hören Sie sofort damit auf. Statt eines Stachelhalsbandes nehmen Sie ein Geschirr, das ans Halsband gekoppelt ist. Wenn Ihr Hund ein eingefleischter Zerrer ist, arbeiten Sie an der Leinenführigkeit, bevor Sie mit CAT beginnen, und wenn Sie mit kleinen Runden im eigenen Garten anfangen müssen.

Wie bereits im Sicherheitskapitel besprochen wurde, ist ein Maulkorb ein sehr wichtiger Ausrüstungsgegenstand. Der Hund sollte sich schon vor dem Aggressionstraining daran gewöhnt haben, damit es für ihn keine große Sache mehr ist. Manche Leute machen sich Sorgen, wenn Sie einen Hund mit Maulkorb sehen, andere könnten Ihren Hund für aggressiv halten. Vielleicht haben Sie sich beim Lesen dieses Buchs auch schon ähnliche Gedanken gemacht. Wenn Sie jemand danach fragt und die Situation ruhig genug ist, könnten Sie sagen: „Er trägt ihn, um die Leute daran zu erinnern, ihn während des Trainings nicht anzufassen." Versuchen Sie, nicht unhöflich zu werden, aber treten

Sie bestimmt auf. Es ist schon erstaunlich, wieviel die ganze Welt über Ihren Hund weiß, oder? Wenn irgendjemand versucht, Ihrem Hund zu nahe zu kommen oder ihn zu berühren, verteidigen Sie ihn: „Stopp. Fassen Sie bitte meinen Hund nicht an."

Wenn Ihr Hund superstark ist oder wenn Sie oder jemand anderes, der Ihren Hund führt, daran gewöhnt ist, an der Leine zu rucken, um sein Verhalten zu korrigieren, könnten Sie je nach Trainingssituation seine Leine an einem starken Pfosten, einem Möbelstück oder einem Zaun befestigen. Der Leinenruck ist eine sehr häufige Angewohnheit, die für den Besitzer nur schwer abzulegen ist. Den Hund während des Trainings an einem stabilen Gegenstand anzubinden, gibt dem Besitzer oder Hundeführer die Gelegenheit, einige Zeit sicher mit dem Hund zu arbeiten, ohne selbst an der Leine zu ziehen. Wenn Sie in eine andere Trainingsumgebung wechseln, können Sie auch seine Leine an Ihrem Gürtel befestigen. Der Hund ist dann mit Ihrem Schwerpunkt verbunden und kann nicht fliehen und Sie können sich immer noch frei mit ihm bewegen. Dies ist auch eine gute Methode, um sich das Leinenrucken abzugewöhnen.

Bringen Sie ein paar bequeme Klappstühle mit, wenn Sie lange Sitzungen vorhaben oder einer der Teilnehmer körperlich eingeschränkt ist. Es ist sehr gut, einige Stunden zu arbeiten, solange alle Hunde und Menschen zu trinken haben und regelmäßig Pausen machen können. Pausen sind für den Hund hilfreich und erlauben den Menschen, das Training Revue passieren zu lassen und über erforderliche Veränderungen nachzudenken. Kürzere Sitzungen sind auch gut und oft notwendig, aber manchmal erreicht man in längeren Übungseinheiten mehr. Es kann sein, dass der Hund mitten im Training müde zu werden scheint, und vielleicht ist er es

Belohnenswertes Verhalten

Es ist sehr wichtig, zu Beginn des Trainings freundliche und neutrale Reaktionen zu sammeln, aber wenn Sie im Laufe der Zeit mit der CAT-Prozedur fortfahren, werden sich die Belohnungskriterien ändern. Unerwünschtes Verhalten bemerkt man leicht, aber manchmal erscheint ein gutartiges Verhalten nicht belohnenswert, obwohl es für den Trainingsfortschritt sehr nützlich sein kann. Ich bevorzuge einen Hund, der sich die Lefzen leckt anstatt zu knurren. Wenn er also bei den letzten zwei Ansätzen geknurrt hat, sich aber beim dritten Ansatz die Lefzen leckt, nehmen Sie dieses Verhalten und verstärken es! Gehen Sie weg. Es wird Leute geben, die sagen, dass das Lefzenlecken ein Beschwichtigungssignal ist und auf Stress hinweist. Ich widerspreche da nicht, weiß aber, dass die Besitzer es dem Knurren vorziehen, also verstärke ich es. Später gehen Sie nicht mehr fort, wenn der Hund seine Lefzen leckt, sondern suchen sich ein anderes Verhalten aus, zum Beispiel Hinsetzen oder Umkehren.

auch, aber wenn man mit ihm ein bisschen spazierengeht, ist er wieder lernbereit. Einerseits wollen wir den Stress für den Hund minimieren, aber wir können ihn nicht völlig ausschalten, sonst kann er nicht lernen. Dies gilt für jede Trainingsmethode, die es gibt.

Andere Trainingshilfen

Ortsmarkierungen

Weil der Helfer sich dem Hund jedes Mal etwas mehr nähert, muss er wissen, wie groß die Distanz zuletzt war. Konnte er bis auf zehn Meter herankommen, hat das aber vergessen (das kommt vor!) und geht dem Hund beim nächsten Mal acht Meter entgegen, kann das viel zu nah sein und er provoziert wahrscheinlich eine aggressive Reaktion. Wenn es deutliche Markierungen auf dem Boden gibt, wie beispielsweise Fliesen, muss der Helfer sich einprägen, bis zu welcher Fliese er gehen konnte. Geht der Helfer auf einem Gehweg oder Teppich oder ist der Hund extrem sensibel gegenüber Veränderungen, muss er jeden Versuch sorgfältig markieren. Ich habe schon alles ausprobiert, von Haftzetteln über Geldstücke bis hin zu Kieselsteinen. Einmal habe ich ein Set aus kleinen Bean Bags gebastelt, aber die Hunde wurden davon sehr abgelenkt. Oder ich habe ein langes Maßband an der Kante des Bürgersteigs auslegt und mit Steinen beschwert. Das war sehr genau, aber wenn es jemand unabsichtlich berührt oder verzogen hat, konnten die plötzlichen Geräusche oder Bewegungen einen Rückschritt hervorrufen. Wählen Sie Ihre Markierungen sorgfältig aus und finden Sie einen Weg, die letzte Distanz zwischen Helfer und Hund sicher zu kennzeichnen.

Listen
Machen Sie eine Liste mit den freundlichen oder neutralen Verhaltensweisen des Hundes auf der einen Seite und den aggressiven Verhaltensweisen auf der anderen Seite. Wie Sie wissen, ist es unser Ziel, mehr freundliches und neutrales und weniger aggressives Verhalten zu sehen. Sie können bei Ihrer Liste die Notizen verwenden, die Sie bei den Beobachtungsübungen gemacht haben.

Neuer Versuch

Kommen Sie im Training an einen Punkt, an dem Sie keine Fortschritte machen und nicht wissen, warum, machen Sie eine Pause oder beenden Sie das Training für diesen Tag. Überlegen Sie vor der nächsten Sitzung, was Sie verbessern können.

Schutzausrüstung
Zäune und andere Barrieren sind manchmal notwendig, wenn eine hohe Beißwahrscheinlichkeit besteht oder wenn sich die Aggression normalerweise am Zaun ereignet. Manchmal muss man den Hund und seinen Besitzer auf einer Seite des Zauns platzieren. Zappelt der Hund aufgeregt herum und zwickt oder beißt seinen Besitzer – was nicht ideal ist –, muss man ihn alleine auf einer Zaunseite unterbringen. Der Besitzer oder Hundeführer ist dann aus Sicherheitsgründen in der Nähe auf der anderen Seite des Zauns. Oder man bindet den Hund nahe beim Besitzer oder Hundeführer an, aber nicht so nahe, dass er beißen kann. Der Besitzer muss in der Nähe sein, wenn er auch sonst bei einer Aggression des Hundes dabei ist.

Wenn der Hund klein ist oder normalerweise nicht fest zubeißt, kann der Hundeführer Hosen oder Stiefel tragen und lange Ärmel oder sogar spezielle Tierfang-Schutzhandschuhe. Handschuhe mit Beißlappen sind extrem hilfreich; auf jedem Handschuh ist ein rechteckiger Lederlappen oberhalb der Knöchel aufgenäht. Im Fall eines Bisses erwischt der Hund dann ein Stück Lappen und nicht ein Stück von Ihnen. Sie müssen keine Angst haben oder sich schämen, weil Sie eine Schutzausrüstung tragen. Auf der anderen Seite darf der Schutz Sie nicht leichtsinnig machen – und glauben Sie nicht, es würde dem Hund nicht schaden, wenn er härter bedrängt wird, weil er Sie ja nicht verletzen kann. Das Ziel ist es, dass der Hund andere Verhaltensweisen als Aggressionen lernt, und nicht, ihn über seine Reaktionsschwelle zu treiben.

11 Der Ablauf des CAT-Trainings

Der konstruktive Ansatz berücksichtigt die meisten Trainingstechniken der positiven Verstärkung. Sie definieren zunächst die aktuelle Situation und dann, wo Sie am Ende des Trainings stehen möchten. Mit anderen Worten, Sie entscheiden, was Ihr Hund anstelle der Aggression tun soll. Im Trainingsverlauf bestimmen Sie, wie Sie von hier nach dort kommen wollen und wie Sie die Veränderungen beibehalten können. In gewisser Hinsicht bedeutet dies, dass das Training niemals endet.

Zur Vorbereitung auf die Arbeit an der Aggression Ihres Hundes stellen Sie sich selbst folgende Fragen:

1. Wie verhält sich Ihr Hund aktuell?
   a. Wie äußert sich das Problemverhalten?
   b. Wie schlimm ist das Verhalten?
   c. Wer ist dabei, wenn es passiert?
   d. Wo passiert es?
   e. Wann passiert es?

2. Was ist Ihr Ziel? (Was soll Ihr Hund statt der Aggression tun?)

3. Wie wollen Sie dies erreichen? (Welche Techniken wollen Sie anwenden, damit Ihr Hund freundliche Alternativen zur Aggression lernt?)

4. Wie wollen Sie die Veränderung fixieren? (Worauf müssen wir achten, um nach dem Training sicherzustellen, dass die Aggression nicht erneut auftritt?)

In den vorigen Kapiteln haben Sie gelernt, das Verhalten Ihres Hundes zu beobachten und die Situationen zu erkennen, in denen es sich ereignet. Dann haben Sie dies weiter präzisiert und damit begonnen, sich Notizen über die Verhaltensketten zu machen, die zur Aggression führen, die Situationen, in denen sie auftraten, wer dabei war und wann es passierte. Fahren Sie damit fort, sich täglich Notizen zu machen. Dieses Tagebuch wird Ihnen eine große Hilfe dabei sein, Verhaltensweisen und Situationen zu identifizieren. Also: Wenn Sie irgendetwas sehen, schreiben Sie es auf.

Es wird wahrscheinlich Dinge geben, mit denen Sie das Verhalten Ihres Hundes verbessern können, ohne das CAT-Training anzuwenden, und einiges davon kann sehr wichtig sein. Zum Beispiel verhält sich Ihr Hund vielleicht am Abend schlechter oder wenn er morgens als Erster aufwacht. Und er verhält sich direkt nach dem Frühstück gut. Wenn er sich spät am Tag oder morgens, wenn er als Erster aufwacht, schlechter verhält, aber besser nach dem Essen, was ist dann offensichtlich zu tun? Haben Sie ihn bisher nur einmal täglich gefüttert, können Sie ihm später am Tag eine zweite Mahlzeit geben, damit er sich wohler fühlt und abends nicht aufregt. Ihn morgens früher zu füttern, kann ihn davon abhalten, direkt nach dem Aufwachen so schwierig zu sein. Machen Sie sich Sorgen, die zusätzliche Mahlzeit könnte zu Übergewicht führen, dann teilen Sie die tägliche Ration in zwei Portionen und servieren eine Hälfte morgens und die andere abends. Wir haben es so gehandhabt, als ich vor Jahren im Tierheim gearbeitet habe, und es wurde leichter mit den Hunden umzugehen, ohne mehr Geld für Futter auszugeben oder dass die Hunde zunahmen. Vierundzwanzig Stunden auf das Fressen zu warten ist eine sehr lange Zeit, und die meisten von uns werden grantig, wenn sie Hunger haben. Sie können eine Menge kleiner Verbesserungen finden, wenn Sie regelmäßig Aufzeichnungen machen.

Wenn Sie entscheiden, wo Sie Ihre ersten CAT-Sitzungen durchführen wollen, denken Sie an die Situationen, die für Sie am wichtigsten sind. Ihr Trainingsszenario soll die realen Situationen imitieren, in denen Ihr Hund Probleme hat. Ist es Ihr Wunsch, mit dem Hund in der Nachbarschaft hinter anderen Leuten hergehen zu können, dann ist das genau das Szenario, mit dem Sie mit Hilfe kooperativer Helfer anfangen sollten.

Sehen Sie sich die gewählte Situation an und überlegen Sie die praktischen Einzelheiten, wie Sie sie umsetzen können. Oft ist es hilfreich, den Trainingsplan ein wenig abzuändern, damit er praktikabler wird. Stellen wir uns vor, Ihr Hund ist aggressiv zu anderen Leuten auf dem Bürgersteig, aber meistens nach dem Abendessen, wenn Dutzende Menschen mit ihren Hunden spazierengehen. Dann starten Sie Ihre Sitzungen an diesem Ort, aber zu einer anderen Zeit, wenn nicht so viel los ist, um es Ihrem Hund leichter zu machen. Wenn aber immer viel Betrieb in Ihrer Nachbarschaft ist, bleibt Ihnen wahrscheinlich nichts anderes übrig, als zunächst in einer ruhigeren Gegend zu üben. Das ist nicht ideal, weil Ihr Hund ja in Ihrer Umgebung freundlich sein soll, aber er kann nicht lernen, wenn er zuviel Stress hat.

Im Folgenden werde ich im Detail die CAT-Prozedur zur Rehabilitation eines Hundes beschreiben, der sich beim Spaziergang gegenüber anderen Menschen und Hunden aggressiv verhält. Ich verwende den Begriff *Helfer* für einen menschlichen Helfer, *Helferhund* für einen Helferhund und *Rehabhund* für den aggressiven Hund, der rehabilitiert werden soll.

Vorbereitung

1. Entscheiden Sie, welche Trainingsausrüstung Sie verwenden und/oder welche Sicherheitsmaßnahmen Sie für die Umgebung ergreifen müssen. Wenn der Rehabhund einen Maulkorb tragen muss, sollte er im Voraus daran gewöhnt sein.
2. Identifizieren Sie die Person, die am häufigsten mit dem Hund umgeht oder in seiner Nähe ist, wenn er aggressiv wird. Wenn normalerweise niemand in seiner Nähe ist, kann eine Kamera ergänzt werden oder jemand, der das Geschehen sorgfältig beobachtet.
3. Ohne, dass der Rehabhund dabei ist, markieren Sie die Grenze, bis zu der sich der Hund bewegen kann. Halten Sie Ihren Hund an der Leine, ist die Grenze die Distanz zwischen Ihrem Körper und dem Kopf des Hundes bei völlig gestreckter und sicher gehaltener Leine. Halten Sie die Leine immer mit beiden Händen. Eine Hand sollte eine Leinenschlaufe halten und die andere Hand das gesamte Ende der Leine. Lassen Sie die Leine etwas durchhängen, wenn der Hund nicht zieht. Der Hundeführer sollte darauf vorbereitet sein, den Hund davon abzuhalten, den Helfer mit irgendeinem Körperteil zu erreichen.

Bereit zum Training!

Halten Sie die Leine mit beiden Händen.

4. Der Helfer sollte eine Schutzausrüstung tragen, die an die Aggression des Hundes angepasst ist. Wenn der Hund schon einmal gebissen hat, besonders wenn es ein schwerer Biss war, sollte der Helfer Schutzhandschuhe, lange Hosen, bevorzugt feste Jeans, und feste Schuhe anziehen.
5. Vergewissern Sie sich, dass der Hundeführer eines Helferhundes die ganze Zeit eine Menge begehrenswerter Belohnungen dabei hat.
6. Halten Sie separate Wassernäpfe für den Rehabhund und den Helferhund bereit.

Die Prozedur

1. Helfer und Helferhund beginnen mit einer Distanz, die groß genug ist, dass der Rehabhund den Helfer bemerkt, aber nicht aggressiv auf ihn reagiert. Diese Entfernung nennen Hundetrainer die Schwelle. Wenn Sie weiter weg sind als diese Schwelle, nennt man dies unterhalb der Schwelle. Unterhalb der Schwelle ist gut. Wenn Sie näher kommen als die Schwelle und der Hund aggressiv wird, sind Sie oberhalb der Schwelle. Oberhalb der Schwelle sollten Sie vermeiden.

2. Der Helfer markiert den Startpunkt. Dann gehen Helfer und Helferhund etwa zwei kleine Schritte auf den Rehabhund zu. Notieren oder markieren Sie die neue Position. Wenn der Rehabhund nicht aggressiv reagiert, wird diese neue Position der Startpunkt – oder die Schwelle – für den nächsten Ansatz.
   a. Wenn der Rehabhund aggressiv wird, achten Sie sorgfältig auf jedes Verhal-

ten neben der Aggression und gehen Sie weg. Zeigt der Hund eine heftige Reaktion, beginnen Sie den nächsten Ansatz aus einer größeren Distanz und halten Sie früher an als bei dem vorherigen Versuch.

i. *Ist der Rehabhund nicht aggressiv und bietet stattdessen irgendein anderes geeignetes Verhalten an (außer ganz still zu liegen), dreht der Helfer schnell um und geht vom Rehabhund weg. Manche Hunde reagieren sehr heftig, und der Helfer muss darauf vorbereitet sein, genau in dem Moment umzudrehen und wegzugehen, in dem der Rehabhund ein erwünschtes alternatives Verhalten zeigt, auch, wenn es nicht sehr lang anhält.*

ii. *Beachten Sie: Der Hundeführer des Rehabhundes sollte seinem Hund nicht signalisieren, was dieser tun soll. Er oder sie sollte es den Rehabhund allein herausfinden lassen. Wenn der Hundeführer dem Rehabhund die Entscheidung und das Denken abnimmt, wird dieser nichts lernen. Lassen Sie dem Hund die Wahl zwischen sicheren Verhaltensweisen, damit er lernt, dass seine sichere Wahl sehr effektiv ist.*

Vermeiden Sie es, den Rehabhund bis oberhalb der Schwelle zu treiben.

b. Der Helfer sollte den Helferhund streicheln, ihm Leckerchen geben oder auf andere Weise für sein Wohlbefinden sorgen.

c. Der Helfer wartet zehn bis dreißig Sekunden, bevor er das nächste Mal vorwärts geht. Die genaue Dauer ist nicht wichtig, sie muss nur für den Helferhund lang genug sein. Der Helfer sollte nicht sofort wieder direkt auf den Rehabhund zugehen. Variieren Sie die Zeitdauer zwischen den einzelnen Ansätzen, damit sie für den Rehabhund nicht voraussehbar wird.

d. Beim nächsten Ansatz kommen Helfer und Helferhund dem Rehabhund ein kleines Stückchen näher. Das Ziel ist es, nicht so nahe zu sein, dass der Rehabhund aggressiv wird. Normalerweise sind die Abstände sehr klein, für manche Hunde müssen sie sogar winzig sein. Sie können die Abstände jedes Mal variieren, um zu sehen, was funktioniert, aber der Helfer sollte niemals in Riesenschritten näherkommen.

i. *Manchmal brechen die Rehabhunde erst aus, wenn der Helfer sich umdreht, um wegzugehen. Passiert dies, sollte der Helfer stehenbleiben und warten, bis der Hund ein besseres Verhalten zeigt, und sich erst dann entfernen. Es kann sein, dass Sie dies einige Male wiederholen müssen, bevor der Rehabhund ein Verhalten zeigt, dass das Weggehen rechtfertigt.*

ii. *Der Rehabhund muss sehen können, dass der Helfer fortgeht. Das ist seine Belohnung. Wir möchten, dass er Erleichterung empfindet, indem er sieht, dass sich etwas Unliebsames entfernt. Ich nenne das den „Uff!"-Effekt. Er soll auch erkennen, dass seine alten aggressiven Reaktionen nicht länger dazu beitragen, den fürchterlichen Menschen oder Hund zu vertreiben; jetzt funktioniert nur noch freundliches und sicheres Verhalten.*

iii. *Der Helfer sollte seine Körpersprache bei jedem Ansatz verändern. Dadurch soll der Rehabhund lernen, dass die neuen Regeln nicht nur dann zum Erfolg führen, wenn der Helfer vorsichtig ist oder selbstbewusst oder dominierend, sondern dass Sie auf jedes Verhalten des Helfers anwendbar sind. Lassen Sie den Helfer bei einem Ansatz nach links abdrehen und bei dem anderen nach rechts. Wenn diese Veränderungen für den Rehabhund einen großen Unterschied ausmachen, müssen Sie eventuell diesen Ansatz bei gleicher Entfernung oftmals wiederholfen, bevor Sie die Distanz verkürzen können.*

e. Helfer und Helferhund wiederholen nun Schritt 2 so lange, bis sie nur noch wenige Schritte vom Rehabhund entfernt sind, aber immer noch in sicherem Abstand.

f. Der Helfer nähert sich nun einige Male der neuen Schwelle und bebachtet dabei genau, ob der Rehabhund irgendein neugieriges Verhalten zeigt. Der Hund neigt vielleicht seinen Kopf, schnuppert in Richtung Helfer oder versucht sich diesem freundlich zu nähern, ohne loszustürmen oder sich auf irgendeine Art aggressiv zu verhalten.

g. Wenn sich der Rehabhund kontinuierlich neugierig verhält, fahren Sie fort mit Schritt 3. Versteift er sich oder wird aggressiv, gehen Sie im Trainingsplan zurück und wiederholen einige Schritte. Sie starten an der Stelle, an der sich der Rehabhund noch wohlgefühlt hat. Kommen Sie nun dem Hund in kleineren Schritten näher, um es ihm leichter zu machen.

3. Sobald sich der Helfer und der Helferhund der Schwelle sicher mehrere Male nähern konnten, können der Helfer und der Hundeführer des Rehabhundes an einem Parallelgang mit beiden Hunden arbeiten. Dabei gehen alle auf neutralem Gebiet nebeneinander. Der Abstand zwischen beiden Hunden muss groß genug sein, dass sie sich nicht erreichen können, aber nahe genug, um sich der Anwesenheit des anderen bewusst zu sein. Während des Gangs sollte sich der Helfer im Rahmen der Sicherheitsdistanz wiederholt mal weiter, mal näher entfernen. Wenn sich der Rehabhund

gut verhält, vergrößert der Helfer den Abstand etwas, während alle weitergehen. Wird der Rehabhund aber aggressiv, bleiben alle stehen und warten auf eine erwünschte Reaktion, bevor der Spaziergang zwanglos fortgesetzt wird.

4. Hat der Rehabhund nach langem Training regelmäßig ein freundliches und sicheres Verhalten gezeigt, darf er sich dem Helfer und Helferhund aus sicherem Abstand nähern, solange sich der Helferhund wohlfühlt. Wird der Rehabhund starr, gehen Sie entweder weiter oder üben noch ein paar Mal den Ansatz des Annäherns und Zurückziehens.

Sie können diese Schritte in langen Sitzungen durchführen, die Sie bequem und mit vielen Pausen gestalten. Oder Sie wählen kürzere Sitzungen (die oft besser in einen engen Terminkalender passen) und fangen beim nächsten Mal von vorne an. Wie oben gesagt, werden Sie bei jedem Neuanfang wahrscheinlich etwas Boden verloren haben. Arbeiten Sie einfach weiter und lassen Sie zwischen den (längeren oder kürzeren) Sitzungen möglichst wenig Zeit verstreichen.

Freundliches Verhalten shapen

Während Sie sich durch die einzelnen Schritte arbeiten, wird Ihr Hund wahrscheinlich nicht immer das Verhalten anbieten, das Sie sich wünschen. Es kann schwierig sein, den richtigen Zeitpunkt zu finden, an dem der Helfer umkehrt und weggeht. Sie werden sich das Ganze in mundgerechte Portionen aufteilen müssen. Vielleicht fängt der Hund bei der ersten Annäherung an zu bellen. Und er bellt und bellt und hört nicht auf. Der Helfer sollte warten, bis der Rehabhund Luft holt und eine winzige Pause zwischen zwei Bellern macht, und genau dann abdrehen.

Nehmen Sie anfangs, was Sie bekommen können, auch wenn es nicht viel ist. Bietet der Hund nicht viel an, belohnen Sie kleine Veränderungen. Vielleicht sollte der Helfer sich weiter vom Rehabhund entfernen und von dort neu starten. Oder lassen Sie ihn sich in eine andere Richtung wegdrehen. Im Laufe der Zeit sollte der Helfer seine Positionen in Bezug auf den Rehabhund ändern, aber das Wichtigste beim Aufbau von Verhalten ist es, das Verhalten „einzufangen", wie Bob Bailey sagt. Sie müssen das gewünschte Verhalten „einfangen", bevor Sie es verstärken können.

Später werden Sie damit aufhören, diese nicht wirklich erwünschten Verhaltensweisen zu verstärken und etwas länger darauf warten, was der Hund Ihnen anbietet. Nach einer Weile wird er etwas anderes anbieten, das Sie einfangen können, indem Sie fortgehen, sobald er es zeigt. Wenn er den Kopf oder seinen Rumpf wegdreht oder eine Pfote hebt oder sogar nur eine Augenbraue bewegt, gehen Sie sofort davon. Es kann sich auch der Klang seines Bellens ändern. Manchmal hört es sich anfangs sehr bedrohlich an. Wenn er mit diesem Bellen keinen Erfolg hat, wird er vielleicht probieren, ob es mit einer anderen Stimmlage klappt.

Wenn der Hund kein besseres Verhalten zeigt, ist es das wichtigste Ziel, es ihm leichter zu machen und nicht schwerer. Sie könnten es mit einem anderen Helferhund versuchen. Oder Sie gehen fort, wenn er blinzelt, und warten nicht auf eine Drehung des Kopfes.

Denken Sie daran, dass Sie die Arbeit um so schwerer machen, je mehr Sie Bewegungslosigkeit verstärken. Nur weil der Hund sich nicht bewegt, ist er nicht zwangsläufig ruhig. Oft findet ein Hund heraus, dass Sie weggehen, wenn er sich nicht viel bewegt. Versuchen Sie zu gehen, während der Hund sich bewegt. Falls er sich nicht bewegt, lassen Sie den Helfer etwas auf der Arbeitsfläche herumgehen und sich erst entfernen, wenn der Hund Sie anschaut.

Gehen Sie auf die Straße – Generalisierung

Es gibt ein paar Schlüsselelemente, an die Sie beim Training denken müssen. Eines ist selbstverständlich, die Prozedur an die Situation anzupassen, in der sich die Aggression ereignet. Wenn Ihr Hund Ihren Partner anbellt, sobald er dem Sofa zu nahe kommt, wird Ihr Partner der Helfer sein und sich entfernen und wiederkommen, bis er sicher zum Sofa gehen und sich hinsetzen kann. Manchmal muss er sich einige Male zum Schein setzen, bis er Platz nehmen kann.

Es wird Zeiten geben, in denen Sie bei Ihren Spaziergängen in der Nachbarschaft unerwartet Menschen oder Hunden begegnen. Nähert sich ein unangeleinter Hund, müssen Sie Schadensbegrenzung betreiben, um einen Kampf zu vermeiden. Eine Dose Citronellaspray ist normalerweise nicht mein Lieblingsweg zur Lösung von Problemen, aber es kann im Notfall das Richtige sein. Sie müssen darauf vorbereitet sein, dass der andere Hund nicht unter Kontrolle ist. Kommt eine andere Person auf Sie und Ihren Hund zu, setzen Sie sich durch: „Fassen Sie bitte meinen Hund nicht an. Er ist im Training." Kann sein, dass das der anderen Person nicht gefällt, aber er oder sie will nicht gebissen werden und Ihr Hund nicht wegen eines Bisses in Quarantäne.

Lassen Sie Ihren Hund auf dem Spaziergang immer seinen Maulkorb tragen, egal, ob Sie im Training sind oder nicht. Maulkörbe schrecken die meisten Menschen ab, auch wenn der Hund überhaupt nicht aggressiv ist. Werden Sie gefragt, warum er einen Maulkorb hat, sagen Sie nur: „Für alle Fälle!" Mehr muss der- oder diejenige nicht wissen.

Leider gibt es viel zu viele Situationen, um sie alle in diesem Buch erklären zu können, aber richten Sie immer Ihren Fokus auf Folgendes: Was will Ihr Hund in diesem Moment? Was wird er unternehmen, um es zu bekommen? Wie kann ich sein aktuelles Verhalten (Aggression) in freundliches Verhalten ändern? Wie kann

Durch Generalisation wird das Training in die reale Welt übertragen.

ich es ihm leicht machen, das Richtige zu tun?

Es ist wichtig zu verstehen, dass eine erfolgreiche Trainingssitzung noch keinen rehabilitierten Hund ausmacht, solange es noch eine einzige enge Situation gibt, in der er aggressiv wird. Die meisten Hunde brauchen einen Prozess der *Generalisation*, dies bedeutet Training in vielen unterschiedlichen Situationen, mit vielen Menschen und Hunden, an verschiedenen Orten, mit verschiedenen Menschen (auch wenn der Hund niemals diesen gegenüber aggressiv war) und bei verschiedenen Tätigkeiten.

Nehmen wir so etwas Einfaches wie das Lernen des Hinsetzens auf Kommando. Der Hund muss verstehen, dass „Sitz" immer das Gleiche bedeutet, ob er mit Ihnen alleine in der Küche ist, wenn die Oma zu Besuch ist, wenn Johnny aus der Schule kommt oder wenn der Lieferwagen von FedEx vorfährt. Der Hund sollte in jeder dieser Situationen etwas bekommen, das er mag. Bob Bailey sagte vor Jahren in einem Interview des *Fort Worth Star Telegram*: „Geben Sie ihnen etwas, das sie lieben im Austausch dafür, dass sie Ihre albernen Spiele mitspielen." Manchmal ist ein Leckerchen das Einzige, wofür der Hund mitarbeitet. Wenn er etwas Neues lernen soll, wie sich auch bei Rasenmäherlärm hinzusetzen, kann ein Leckerchen den Ausschlag geben.

Kontrolliertes Spielen

Ist Ihr Hund aggressiv zu anderen Hunden, sehnt er sich nicht nach einem Hundefreund. Oft kommen die Leute ins Tierheim und suchen nach einem Gefährten für ihren reaktiven Hund, weil dieser doch so einsam ist und einen Freund braucht. Nein. Mit seiner Aggression gegenüber anderen sagt er: „Ich mag keine anderen Hunde, und ich möchte ihnen nicht nahekommen." Er braucht Sie. Er braucht keine anderen Hunde. Nehmen Sie ihn nicht mit in einen Hundepark. Durch das CAT-Training kann er vielleicht lernen, mit anderen Hunden zu spielen, aber es bleibt die Möglichkeit, dass er zu seinem alten Verhalten zurückkehrt.

Eine bessere Option ist, nach erfolgreich beendetem CAT-Training Termine zum überwachten Spielen mit Hunden und deren Besitzern, die Sie aus der Umgebung kennen, zu vereinbaren. Dann kann man beiden Hunden eine Pause gönnen, bevor sie überfordert sind. Ein Hund, der gut mit anderen klarkommt, weist einige Kennzeichen angemessenen Spielens auf, nach denen Sie Ausschau halten sollten. Zum Beispiel spielt er eine Weile und macht dann eine Pause. Während der Pausen drängt kein Hund den anderen zu spielen. Sie rennen und toben fünf Minuten herum, dann stehen sie oder legen sich hin und gucken gemeinsam in die Ferne. Das ist wünschenswertes Hundeverhalten.

Wenn ein Hund den anderen nicht pausieren lässt, sollten sie den Drängler an der Leine wegführen, um etwas mit ihm zu trainieren oder ihn zum Ausruhen in seine Box bringen. Manchmal benehmen sich die Hunde wie kleine Rowdies, die nicht wissen, dass sie erschöpft sind, und sie profitieren von einer kleinen Hilfe, um herunterzukommen. Ist es Ihr aggressiver Hund, der eine Pause möchte, geben Sie ihm die Auszeit, bevor er sich schlecht verhält. Dies kann den Unterschied ausmachen zwischen der Erinnerung an das CAT-Training und der Entscheidung, das alte Verhalten wieder aufzunehmen, weil der andere Hund nicht richtig handelt. Falls Ihr aggressiver Hund den anderen nicht rasten lässt, ist er vielleicht übererregt und Sie müssen mit einem Problem rechnen, falls Sie nicht ruhig intervenieren.

Umgekehrt trifft dies auch auf sicheres, freundliches Verhalten anstelle der Aggression zu. Wenn Ihr Hund gelernt hat, dass gutes Benehmen zu Mitbewohnern sich dadurch auszahlt, dass diese ihn nicht verletzen, muss er es auch auf andere Situationen anwenden können. Es gilt auch im Garten, auf dem Parkplatz und im Auto. Sie müssen in all diesen Situationen trainieren (oder genauer in den Situationen, die für Sie und Ihren Hund wichtig sind), damit Ihr Hund Erfolg hat. Generalisierung funktioniert im Allgemeinen so, dass nach vielem Üben einiger neuer Situationen dem Hund plötzlich ein Licht aufgeht: Er erkennt, dass seine Welt nun überall so funktioniert. Wie lange er dafür braucht, hängt von vielen Faktoren ab. Wie lange war er aggressiv? Wie oft wurde er in der Vergangenheit für seine Aggression be-

lohnt, indem er unerwünschte Dinge verjagen konnte? In wievielen einzelnen Situationen hat er sich aggressiv verhalten? Wie oft war er noch aggressiv, nachdem Sie mit dem CAT-Training begonnen haben? (Hier sind Ihre Maßnahmen wichtig. Sie müssen so oft wie möglich vermeiden, dass Ihr Hund für Aggressionen belohnt wird. Ich sage nicht, Ihr Hund sollte sich nicht mehr verteidigen, wenn er in Gefahr ist. Ich meine nur, er sollte keinen Situationen ausgesetzt werden, von denen er annimmt, er könne sie nur mit Bösartigkeit kontrollieren.)

Sie müssen der Wächter Ihres Hundes sein und sicherstellen, ihn nicht in Situationen zu bringen, die er nur mit den Zähnen kontrollieren kann. Sie würden Ihren Hund nicht zu einem Hundekampf mitnehmen, richtig? Also bringen Sie ihn auch nicht in Situationen, die ihn überfordern. Sie wissen ja schon, welche es sind und passen Sie auf, diese in Zukunft zu vermeiden. Halten Sie Interaktionen kurz. Beenden Sie Interaktionen positiv. Vermeiden Sie Situationen, in denen Ihr Hund sich nicht wohl fühlt. Instruieren Sie andere Leute, wie man sich gegenüber Ihrem Hund verhält, und halten Sie ihn von Menschen fern, die nicht kooperieren. Meiden Sie Orte, an denen viele Menschen oder Hunde ihn überfordern könnten.

Der Umschalt-Effekt

Eine Frage wird immer wieder gestellt: Muss ich meinen Hund ab jetzt immer belohnen, wenn andere Menschen oder Hunde weggehen? Ich möchte doch, dass er sie mag und nicht für immer hasst. Die korrekten Antworten sind ja, nein und vielleicht.

Hat Ihr Hund die CAT-Prozedur erfolgreich durchlaufen und alle Situationen generalisiert, in denen er aggressiv reagieren könnte, und Sie waren konsequent, wird sich etwas einstellen, das wir den *Umschalt-Effekt* genannt haben. Es ist überraschend, was passiert, wenn Tiere mit größerer Distanz zu Menschen und Tieren trainiert wurden, die sie aversiv finden: Die Tiere ändern oft ihre Meinung über diese „Bedrohungen". Wenn ich einen Hund mit einer schweren Aggression zum ersten Mal treffen, sieht er möglicherweise aus, als würde es ihn zutiefst befriedigen, mir den Kopf abzureißen. Aber wenn wir alle Schritte der Prozedur beendet haben, fängt dieser bösartige Hund damit an, freundlich um meine Aufmerksamkeit zu bitten.

Der Umschalt-Effekt ist der gefährlichste Punkt der CAT-Prozedur und ihn zu unterschätzen eine schlechte Idee. Es kann sehr schwierig sein, zu entscheiden, wann der Hund für eine Interaktion reif ist. Das ist der Grund, warum ich eher Parallelgänge empfehle, sobald wir uns dem Hund nähern können, und erst den persönlichen Kontakt mit einem Helfer erlaube, wenn absolut kein Zweifel mehr an seiner Freundlichkeit besteht. Auch, wenn Sie glauben, es käme zu einem Umschalten, besteht immer noch ein Risiko. Wir wollen das Verhalten des Hundes bei möglichst vielen Gelegenheiten überprüfen. Wir wollen sehen, ob sein Körper angespannt bleibt oder sich lockert und die Muskeln entspannen. Sehen Sie Ihre Beobachtungsnotizen durch und verstehen Sie, wann Ihr Hund sich freundlich verhält und wann weniger freundlich. Er ist vielleicht am freundlichsten, wenn er mit Ihnen allein ist. Wie sieht das aus? Wie unterscheidet es sein Verhalten dann von seinem Verhalten in den Momenten, bevor er jemanden jagt oder beißt? Wenden Sie jede Information Ihrer Beobachtungen am Ende des Sich-nähern-und-zurückziehen-Trainings an.

Erst danach lassen Sie den Rehabhund schnuppern, wenn er dies möchte und der Helfer und der Helferhund damit einverstanden sind. Ich rate zu einem kurzen Erstkontakt und dass der Helfer seine Leine sicher festhält und sich entfernt, bevor er einen neuen Versuch wagt. Überprüfen Sie das Verhalten des Rehabhundes und sehen Sie, ob er immer noch entspannt und interessiert ist. Falls ja, versuchen Sie es erneut. Ich habe viele Hunde, die nach der CAT-Prozedur zu mir kommen, meine Hand lecken und sich an mich schmiegen, aber ich gehe immer noch häufig weg. Dr. Rosales hat dazu gesagt: „Auf diesem Weg haben wir gutes Verhalten erzielt. Wir wollen das jetzt nicht stoppen."

Aber, wenn sich Umschalt-Interaktionen ereignen, sind sie wundervoll anzuschauen. Wie es eine Besitzerin ausdrückte, als ihr Hund diesen gigantischen Schritt machte: „Lennie! Du hast einen Freund!"

Straff gehaltene Leinen können die Angst des Hundes vergrößern.

12 Schlussfolgerungen

Dieses Buch hat Sie mit einigen Unterrichtsstunden, Sicherheitsmaßnahmen und einer Prozedur versorgt, die sich weltweit bei der Arbeit mit vielen Hundebesitzern und Trainern bewährt hat. Meistens haben Trainer damit gearbeitet, aber auch viele Hundebesitzer, die Unterstützung bei der Arbeit mit ihren aggressiven Hunden brauchten. Sie sind schon derjenige, der mit Ihrem aggressiven Hund umgeht. Sie verdienen zu wissen, wie Sie ihm dabei helfen können, die Welt aus einer neuen Perspektive zu sehen, die Ihr Leben und das seinige verbessert. Sie möchten, dass er und jeder in Ihrer Welt sicher ist, daher müssen Sie entscheiden, ob Sie die CAT-Prozedur mit Ihren körperlichen Fähigkeiten, Ihrer Ausdauer, Ihren Ressourcen und den Hilfsmitteln, die Sie jetzt besitzen, bis zu Ende durchführen können.

Es gibt auch andere Wege, wie man an Aggressionen arbeiten kann, und einige von ihnen können immens hilfreich sein, besonders solche, in denen es darum geht, mit der Aggression Ihres Hundes umzugehen und die ihm beibringen, dass Gutes geschieht, wenn auch er gut ist. Trotzdem ermutige ich Sie, darüber nachzudenken, für welches Ergebnis Ihr Hund schon bereitwillig gearbeitet hat und Verhaltensweisen zu verstärken, die für Ihren Hund, Ihre Familie, Ihre Freunde, Sie selbst und Ihre Umgebung sicherer sind. Ihr Hund will kein Leckerchen, wenn er Menschen und Hunde angreift. Er versucht, diese loszuwerden. Lassen Sie uns ihm zeigen, dass Menschen ihn nicht plagen, wenn er nett ist. Dies erreichen Sie, indem Sie seine Welt so inszenieren, dass sie ein sicherer Ort ist, wenn Sie ihn nur Menschen und Tieren aussetzen, die er um sich herum ertragen kann. Wenn Sie damit anfangen, ihn in Situationen zu bringen, die Sie mit CAT trainiert haben, halten Sie diese kurz und tun Sie alles, um diese positiv enden zu lassen. Gehen Sie fort, wenn es gut läuft, so wie Ihre Helfer in der CAT-Prozedur weggegangen sind, wenn Ihr Hund sich gut verhalten hat.

Ihr Hund sieht jemanden in der Ferne und ist besorgt. Er sucht nach einem Ausweg, ist aber angeleint und kann nicht fliehen. In der Vergangenheit ist er dann immer eingefroren, hat gestarrt, seinen Kopf gesenkt, geknurrt, sich aufgerichtet, ist losgestürmt und hat zu beißen versucht. Wenn Sie jetzt sehen, dass er nach einem Ausweg sucht, bieten Sie ihm einen an. Sie gehen mit ihm in eine andere Richtung, die nicht von ihm verlangt, mit dem gruseligen Fremden zu interagieren. Das ist ein Teil der Lösung. Sie sind nun informiert und respektvoll und wissen, was Ihr Hund braucht, um sich gut benehmen zu können.

Ihr Hund sieht jemanden näherkommen und friert ein. Aber der Fremde geht nicht fort, sondern dieses Mal haben Sie jemanden engagiert, der sich erst in der Sekunde abwendet und weggeht, wenn der Hund seinen Kopf oder seine Pfote bewegt. Er kann viele Alternativen zur Aggression anwenden und Dinge ausprobieren, die einfacher sind und genau so gut wirken, oder sogar besser. Und er beginnt, diese besseren Verhaltensweisen sogar bei den normalen Spaziergängen in der Nachbarschaft anzuwenden. Er wählt das gute Verhalten zuerst und lässt die Aggression hinter sich.

Ihr Job ist es, die Welt Ihres Hundes proaktiv so zu gestalten, dass das freundliche Verhalten auch weiterhin für ihn lohnenswerter ist als alles andere. Obwohl Sie für immer der Anwalt Ihres Hundes bleiben müssen, wird Ihr Leben mit der CAT-Prozedur in Ihrem Werkzeugkasten leichter sein. Ihre Familie und Ihre Freunde werden sicherer sein, und Ihr Hund das Leben mit neuen Augen betrachten, um sich in seiner Welt wohler zu fühlen.

Über die Autorin

Kellie Snider hat ihr Bachelor- und Master-Studium der Verhaltensanalyse an der Universität von Nord-Texas mit dem Diplom abgeschlossen. Ihre Diplomarbeit *A Constructional Canine Aggression Treatment* (Eine konstruktive Aggressionsbehandlung für Hunde) unter Leitung von Dr. Jesús Rosales-Ruiz führte dazu, dass sie mehrere Jahre durch die USA, Kanada und England reiste, um Trainern und Verhaltensexperten auf Seminaren ihr Programm zur Rehabilitation aggressiver Hunde vorzustellen. Kellie referierte in Universitätssymposien, Kolloquien, Seminaren, Webinaren, Radiosendungen und Konferenzen über eine Vielzahl von Verhaltensproblemen bei Tieren.

Im Jahr 2007 erhielt Kellie von der International Positive Dog Training Association Preise für humane Rehabilitation der Hund-Hund-Aggression und humane Rehabilitation der Hund-Mensch-Aggression. Durch die fortwährende Arbeit in Tierheimen hatte Kellie sehr viele Gelegenheiten eine Vielzahl von Verhaltensauffälligkeiten bei Tierheimhunden und -katzen zu beobachten und zu behandeln. Sie wurde 2008 von der Tierschutzorganisation SPCA1 in Texas angestellt, um ein Tierverhaltensprogramm zu entwickeln, und blieb fast zehn Jahre lang dort. Als Tierheimmanagerin des Tierschutzvereins Dallas ist sie mit allen Aspekten der Tieraufnahme und –abgabe für die Stadt Dallas vertraut. Zwischen 2012 und 2016 hat sie als Verhaltensberaterin bei dem nationalen Hundetransportprogramm PetSmart Charities Rescue Waggin' mitgearbeitet, hierfür ein Verfahren zur Verhaltensbeurteilung entwickelt und die Mitarbeiter von 56 Tierheimen geschult. Das Transportprogramm trägt dazu bei, die Rate an Euthanasien landesweit zu reduzieren, indem die Tiere in die Tierheime transportiert werden, in denen die Chancen für eine Vermittlung am größten sind. Kellie ist Mitglied der Arbeitsgruppe Fear Free Pets (www.fearfreepets.com), lizenzierte Family-Paws-Pet-Ausbilderin und Vizepräsidentin der National Association of Animal Behaviorists.

Kellie lebt in Dallas/Texas. Sie ist verheiratet und hat zwei erwachsene Söhne, drei Katzen und zwei Hunde. Wenn sie nicht mit Tieren arbeitet, ist sie künstlerisch tätig (Malen mit Wasserfarben und Buntstiften, Teppichknüpfen) und schreibt.

1 Society for the Prevention of Cruelty to Animals

Meinungen von Kellies Kollegen und Kunden

„Kellie Snider ist eine kämpferische Anwältin für Hunde und diejenigen, die sie lieben, besonders für die Vierbeiner, die vor Angst wild um sich schlagen oder die sich winselnd vor der Welt zurückziehen. Ihr innovativer, wissenschaftlich basierter und humaner CAT-Ansatz ... kann die Beziehung zwischen Hunden und Hundemenschen retten. Dies Buch verändert die Welt für Hundeliebhaber."

– Amy Shojai, CABC, Tierverhaltensberaterin und Autorin

„Es ist sehr leicht, sich in Emotionen zu verstricken, wenn man mit einem Hund zu tun hat, der sich reaktiv gegenüber Menschen oder anderen Hunden verhält. Kellie Snider benutzt wissenschaftliche Methoden, um hinter den emotionalen Zustand zu blicken, und dringt zum Kern der klassischen und operanten Konditionierung vor, um Hunden nach ihren Reaktionen zu helfen. Dies Buch ist ein Muss für Jeden, der an Verhaltensproblemen arbeitet und gibt Trainern und Verhaltensexperten ein Fundament, um mehr Hunden zu einem bewussteren und entspannteren Verhalten zu verhelfen."

– Nan Arthur, CDBC, CPDT-KSA, KPACTP, *Karen Pryer Dog Training Academy*, Zertifizierungsausbilderin der *dog**tec Dog Walking Academy*, zertifizierte *DogSafe First Aid*-Instruktorin und Autorin von *"Chill Out Fido! How to Calm your Dog"*

„So, mein Frauchen brachte diesen neuen Hund in *mein* Haus, und ich kam gut mit ihm aus, bis er ein Jahr alt war. Ich versuchte, ihr zu sagen: ‚Er ist kein Welpe mehr und muss jetzt gehen.' Aber sie bestand darauf, dass er bleibt. Ich versuchte es mit mehr Nachdruck ... aber Frauchen wurde immer frustrierter wegen meiner Eskalationen. Aber dann gab ihr jemand Hilfestellung – sie sagte, es war ganz einfach, aber es veränderte meine Perspektive vollkommen. Es erinnerte mich daran, wie sehr ich eigentlich diesen kleinen Bruder liebe, und nun sind wir wieder beste Freunde. Frauchen sagt ständig „Danke, Kellie!'. Ich denke, da kann ich ihr nur zustimmen."

– Caleb, der Cairn Terrier

„Kellie gab mir einen anscheinend harmlosen Ratschlag, um meinen zwei kämpfenden Cairns bei ihren Problemen zu helfen. Dieser Rat veränderte die Dynamik in unserem Haushalt komplett, und meine zwei Kampfhähne sind nun wieder glückliche ‚Brüder'! Wir verdanken ihr den häuslichen Frieden. Danke, Kellie!"

Tina Vial

„Als eine unserer führenden Tierverhaltensexperten widmet Kellie Snider ihr Leben der Aufgabe, verängstigte oder missverstandene Tierheimtiere in glückliche, gesunde Familienmitglieder zu verwandeln. Sie schreckt vor keinem schwierigen Thema zurück und versucht jeden Tag und auf jede Art und Weise, das Beste in Hunden hervorzubringen, die ein liebevolles Zuhause verdienen. Sie haben sich einen Hund geholt? Sie brauchen dieses Buch."

– Arden Moore, The Pet Health and Safety Coach und Autor von „Fit Dog"

„Als ich meine Reise ins Hundetraining begann, war Kellie Snider eine der Ersten, die bereit war, ihre Kenntnisse in der Verhaltensanalyse beim alltäglichen Tiertraining zu teilen. Sie regte mich zur Fortsetzung meiner eigenen Ausbildung an, und ich höre nicht auf, von ihrer Forschung und ihrer Arbeit mit Tierheimhunden zu lernen."

– Barb Gadola, CPDT-KA, *Distinctive Dog Training LLC*

„Kellie Snider ist einer der wunderbaren Trainer, denen ich meine eigenen Hunde anvertrauen würde. Dieses unglaubliche Protokoll hat schon unzählige Hunde gerettet und kann nun unzählig mehr Hunde retten."

– Melissa Alexander,
Autorin von *„Click for Joy: Questions and Answers from Clicker Trainers and Their Dogs"*

„Ich traf Kellie zum ersten Mal 2008 bei einem CAT-Seminar und war von ihrem unkonventionellen Ansatz fasziniert, Hunden mit Aggressionsproblemen zu einem besseren Sozialverhalten zu verhelfen. Im Laufe der Jahre wurde Kellie zu einer großzügigen Orientierungshilfe für mich und für zahllose Andere, die Hundeverhalten zu ihrem Lebensinhalt gemacht haben. Ich habe erfolgreich die Konzepte aus Kellies Arbeit übernommen, um zig Hunden mit einer Vielzahl an Problemen zu helfen. Das gründliche Verstehen von CAT ist für das Handwerkszeug eines jeden Hundetrainers eine unschätzbare Ergänzung."

– Barbara Davis, CPDT-KA, CDBC

„Kellie Snider hat umfangreich mit ängstlichen und aggressiven Hunden gearbeitet und ihre Techniken so verfeinert, dass sie maximal effektiv sind. Außer ihrer jahrelangen praktischen Erfahrung hat sie ihre Masterthese zur erfolgreichen Anwendung von CAT abgeschlossen und besitzt die Kenntnisse über die Prinzipien der Verhaltensforschung, die wir brauchen. Ihr Wissen der angewandten Tierhaltenskunde und ihre Erfahrungen machen sie zu einer dringend benötigten Quelle, und ich freue mich, dass sie ihre Kenntnisse mit anderen Praktikern teilt."

– Erica Feuerbacher, PhD, BCBA-D, CPDT-KA

Bildnachweis:

Titelbild: Eric Isselée

Bild der Autorin: Glamour Shots

Illustrationen: Heitor Barbosa/Shutterstock, 10, 20, 47, 49, 50, 146, 163, 193, 194, 197; LANTERIA/Shutterstock: 179, 192, 195, 209

Kellie Snider, 34, 48 (Illustration), 101

Jennifer Thornburg, 24, 53, 92–96, 110 (oben)

Shutterstock: 0meer, 158; Janice Adlum, 109; agrofruti, 21; alexei_tm, 35, 133; Alzbeta, 61; Duncan Andison, 8 (unten); annamarias, 19, 31 (oben), 184-185; Sofya Apkalikova, 71; Aree, 107; ARENA Creative, 85; arrowsmith2, 104-105; ArtBitz, 58 (unten Mitte) ; Art_man, 58 (oben Mitte), 110 (unten), 183; Inna Astakhova, 139; bestv, 143 (unten); Irina Bg, 140; bilderfinder, 88-89; Bokeh Blur Background, 170; Javier Brosch, 200, 206; Joy Brown, 98, 124 (oben); Grisha Bruev, 120-121; cat3n, 60; cellistka, 114; Jaromir Chalabala, 56-57, 202; VeronikaChe, 12; WilleeCole Photography, 132, 149; Barbara Csaba, 124 (unten); cynoclub, 135, 138, 156; DANACAN, 41; De Jongh Photography, 181; Ganna Demchenko, 193; Dimj, 84; Djomas, 58 (unten) ; dwphotos, 8 (oben) ; Ebtikar, 187; EsHanPhot, 40; Evdoha_spb, 162; Evok20, 83; exopixel, 191 (unten) ; Fotyma, 123; Four Oaks, 204; Ilja Generalov, 103; patita haengtham, 20; yvonnestewarthenderson, 191 (oben); Anna Hoychuk, 25; hurricanehank, 210; Petrovskii Ian, 22; KAZLOVA IRYNA, 203; Eric Isselee, 15, 74, 82, 87, 100, 102, 144, 215; Jagodka, 176; Rosa Jay, 5; Jody, 70 (oben) ; Aneta Jungerova, 45, 51, 108; Agnes Kantaruk, 42; Matej Kastelic, 33; Tatiana Katsai, 147 (oben); Rob kemp, 10; Rolf Klebsattel, 178 ; kikovic, 69; Devin Koob, 75; Yuri Kravchenko, 64; krushelss, 147 (unten); Liliya Kulianionak, 116; Heiko Küverling, 58 (Vorsicht Hund!-Schild); l i g h t p o e t, 130; Soloviova Liudmyla, 211; Christin Lola, 112; Mac-leod, 118; Aliaksandra Markava, 70 (unten) ; Marsan, 81; matabum, 128 (oben) ; Dorottya Mathe, 29; Melounix, 7; Kellymmiller73, 169; MirasWonderland, 99, 154; Christian Mueller, 143 (oben) ; Ivanova N, 38; Naamtoey, 157; Igor Normann, 201; Zaretska Olga, 119; Thanapum Onto, 16-17; otsphoto, 173; Page Light Studios, 31 (unten) ; pattarawat, 125; PhlllStudio, 128 (Mitte) ; photastic, 128 (unten) ; Photology1971, 79; photo one, 188; pig photo, 28; PornongPin, 46; Volodymyr Plysiuk, 58 (oben), 174-175; Andrey Pnevskiy, 26; ANURAK PONGPATIMET, 63 (unten) ; Nitikorn Poonsiri, 150; David Porras, 14; S. Quintans, 113; Vernica Raluca, 66; Rasulov, 23 (oben), 72-73; Reddogs, 182; Robynrg, 187; rodimov, 190; romul014, 37; Ron Rowan Photography, 214; Maria Sbytova, 186; Susan Schmitz, 77, 142, 160, 189; schubbel, 23 (unten); Yakovlev Sergey, 63 (oben) ; SGM, 155; OLEKSANDR SHEVCHENKO, 159; sima, 65; Ljupco Smokovski, 59; SpeedKingz, 152-153; Kristina Sorokina, 76; Stieber, 148; Sundays Photography, 167; supercat, 126-127; Svetography, 91; Swebbie, 4; Csehak Szabolcs, 194; Verkhovynets Taras, 3; tobkatrina, 6; Tamika Toune, 52; Tony Tueni, 208; D. Uzunov, 196; Jiri Vaclavek, 11, 180; Veronika 7833, 80; Piotr Wawrzyniuk, 137; Lou WOZ, 117; Robert Wydro Studio, 68; Olena Yakobchuk, 198-199; Teerawat Yongpanit, 165; Zadranka, 131; Dora Zett, 106, 115, 129; Dmytro Zinkevych, 212;

INDEX

A

B

C

D

E

F

G

H

I

K

L

M

O

P

Q

R

S

Inga Jung

Betreten verboten!

Territorialverhalten bei Hunden verstehen

Hunde haben es oft nicht leicht: Jahrtausendelang wurden sie zum Bewachen von Haus, Hof und Eigentum gezüchtet, und plötzlich sind diese Eigenschaften nicht mehr gefragt. Der Hund soll plötzlich jeden Gast freundlich willkommen heißen – aus Hundesicht häufig ein Unding.
Das „Aberziehen" dieses in vielen Rassen tief verwurzelten Verhaltens, womöglich noch durch Strafen, hat folglich wenig Erfolgsaussichten – wohl aber das Umlenken in gewünschte und akzeptable Bahnen, wenn man den Hund und sein Denken auch ernst nimmt und seine Bedürfnisse berücksichtigt.
Aus Erfahrung selbst schlau geworden, erklärt Hundetrainerin Inga Jung, wann und warum sich Hunde territorial verhalten und bewirkt damit zahlreiche „Aha-Momente" auch bei erfahrenen Hundebesitzern.

ISBN: 978-3-95464-097-3
Preis: 19,95 €

Viviane Theby

Verstärker verstehen

Über den Einsatz von Belohnung im Hundetraining

Belohnen ist weit mehr als nur gelegentlich Leckerchen geben: Im richtigen Belohnen steckt ein riesiges Potenzial, um das Training von Hunden effektiver zu gestalten und gewünschte Verhaltensweisen felsenfest zu verankern.
Die erfolgreiche Tiertrainerin Viviane Theby erklärt auf solider wissenschaftlicher Grundlage aktueller Lerntheorie, warum richtige Belohnungen so machtvolle Verstärker von Verhalten sind, worin der Unterschied zwischen primären und sekundären Verstärkern besteht, warum das exakte Timing entscheidend ist und was es mit Belohnungskriterien und Belohnungsraten auf sich hat.
Damit Sie die Verstärker nicht nur verstehen, sondern auch anwenden können, bietet das Buch zahlreiche Praxisübungen zur Verfeinerung Ihrer eigenen Technik.

ISBN: 978-3-95464-184-0
Preis: 24,95 €